中等职业学校草原建设与保护专业用书

ورتا دارەجەلى كاسپتك مەكتەپتەردىڭ

جايىلىمدى قورىلستاندىرۋ جانە قورعاۋ كاسپتەرىنە پايدانىلادى

草原建设与保护 专业词汇手册

汉哈对照

جايىلىمدى قورىلستاندىرۋ جانە قورعاۋ كاسپتىك تەرمىندەر قولدانباسى

(حانزۋشا ـ قازاقشا سالىسترىما تەرمىندەر)

主　编　努尔沙拉·哈力克

副主编　夏力哈尔·达吾列提别克

　　　　木热力·巴格孜

　　　　叶尔肯·加尔木哈买提

审　稿　侯新锋　董翠翠

北京语言大学出版社
BEIJING LANGUAGE AND CULTURE
UNIVERSITY PRESS

图书在版编目（CIP）数据

草原建设与保护专业词汇手册：汉哈对照 / 努尔沙拉·哈力克主编. — 北京：

北京语言大学出版社，2013.8

ISBN 978-7-5619-3624-5

Ⅰ.①草…　Ⅱ.①努…　Ⅲ.①草原建设—名词术语—手册—汉语、哈萨克语

（中国少数民族语言）②草原保护—名词术语—手册—汉语、哈萨克语（中国少数

民族语言）　Ⅳ.① S812-62

中国版本图书馆 CIP 数据核字（2013）第 191288 号

书　　名：	草原建设与保护专业词汇手册：汉哈对照
	CAOYUAN JIANSHE YU BAOHU ZHUANYE CIHUI SHOUCE:
	HAN-HA DUIZHAO
责任编辑：	金季涛
封面设计：	张　娜
责任印制：	姜正周

出版发行：**北京语言大学出版社**

社　　址：北京市海淀区学院路 15 号　　邮政编码：100083

网　　址：www.blcup.com

电　　话：发行部　82303650 / 3591 / 3651

　　　　　编辑部　82303390

　　　　　读者服务部　82303653 / 3908

　　　　　网上订购电话　82303668

　　　　　客户服务信箱　service@blcup.com

印　　刷：北京京华虎彩印刷有限公司

经　　销：全国新华书店

版　　次：2013 年 10 月第 1 版　　2013 年 10 月第 1 次印刷

开　　本：787 毫米 ×1092 毫米　1/16　印张：15

字　　数：377 千字

书　　号：ISBN 978-7-5619-3624-5 / H·13209

定　　价：35.00 元

凡有印装质量问题，本社负责调换。电话：010-82303590

قۇراستىرۇۇشىدان

شىنجىياڭ التاي مالشارۇاشلىق مال دارىگەرلىك كاسپتىك مەكتەبى ــ حانزۇشا ـ قازاقشا قوس تىلدە ساباق وتەتىن كاسپتىك مەكتەپ. مەكتەپتەگى وقۇشلاردىڭ باسىم كوبى شالعاي شەت رايونداعى ەگىن ـ مال شارۇاشلىق رايوننان كەلگەندىكتەن حانزۇشا ساۋياسى ءبىرشاما تومەن. كاسپتىك وقۇلىقتار باسپادان حانزۇ تىلىندە قۇراستىرىلىپ شعارىلعاندىقتان، وقۇشلاردىڭ وسى كاسپتىك بىلمدەردى ۇيرەنۇىنە كوپتەگەن اۋىرتپالىقتار تۋدىرۇدا. ءبىز جايىلىم شارۇاشلىسىنىڭ ۇيرەنىشلەردىڭ وسى قيىنشىلسىن ەسكەرىپ، وقۇشلاردىڭ كاسبي بىلمدەردى جۇيەلى ۇيرەنۇىنىڭ قاجەتى ءۇشىن وسى سوزدىك قۇرامدى قۇراستىردىق.

بۇل سوزدىك قۇرام جايىلىم قۇرىلىستاندىرۇ جانە قورعاۇ كاسپىنىڭ وقۇلقتارنا ساي قۇراستىرىلعان بولىپ، وقۇشلارعا سوندا-اق وسى كاسپتەن شۇعىلدانىپ جاتقان نەگىزگى ساتداعى تەحنيك قىزمەتكەرلەرگە ارنالعان پايدالانۇ ماتەريالى بولىپ، سولتۇستىك شىنجىياڭ رايوندا ۇنەمى كەزدەسەتىن وسىمدىك اتتارى مەن كاسپتىك اتاۇلاردان جيىنى 7800 گە جۇىق ءسوزدى قامتعان.

قۇراستىرۇ بارسىندا اتاۇلاردى نزدەپ تابۇعا قولايلى بولۇ ءۇشىن، حانزۇشا دىبستالۇنىڭ باسقى ءارىبىنىڭ رەت-ءتارتبى بويىنشا ءتىزىلدى. باستى قۇراستىرۇۇشى: نۇرسانا حالىق قىزى، قۇراستىرۇۇشىلار: شالقار داۇلەتبەك ۇلى، مۇرال باگاز ۇلى، ەركىن جارمۇقامەت ۇلى. باسپاعا دايىنداعان: ساميگۇل ابدول قىزى، انار ەركەباي قىزى.

قۇراستىرۇ بارسىندا اعاتتىقتار مەن ولقىلقتاردان اۇلاقپىز دەپ ايتا المايمىز، قۇندى سىن ـ پىكىرلەرىڭىز بەن تۇزەتۋ بەرۇلەرىڭىزدى ءۇمىت ەتەمىز.

前　言

　　新疆阿勒泰畜牧兽医职业学校是以汉、哈两种语言授课的中等职业学校，在校生大多数来自偏远农牧区，汉语水平普遍较低，而我们目前使用的专业教材是用汉语编写的，学生在理解和掌握专业知识方面存在一定困难，为此我们特编写了这部专业词汇手册，以满足学生学习专业知识的需要。

　　本书收录了草原建设与保护专业常见专业词汇以及北疆地区常见草地植物名称、病虫鼠害名称等 7800 余条，供中等职业学校草原建设与保护专业的学生和从事本专业工作的基层技术人员使用。

　　本书所收词汇汉、哈双语对照，按照汉语拼音字母顺序排列。为了便于初学者学习，所有词语都注有汉语拼音。本书由努尔沙拉·哈力克主编；副主编为：夏力哈尔·达吾列提别克、木热力·巴格孜、叶尔肯·加尔木哈买提；打印：塞米古丽·阿布都力、阿娜尔·叶尔克拜；审稿人：侯新锋、董翠翠。

　　由于时间仓促，编者水平有限，书中错误和遗漏在所难免。我们诚恳地希望使用者多提出宝贵意见，以便今后进一步修订，不断提高质量，使本书在帮助学生学习专业知识、促进教师教学等方面发挥更好的作用。

编者

2012 年 9 月

音序索引

阿尔泰羽衣草	Ā'ěrtài yǔyīcǎo	التاي تەڭگە جاپىراعى
阿拉善黄鼠	Ālāshàn huángshǔ	اراسان ساري تىشقانى
阿拉套柳	ālātàoliǔ	الاتاۋ تالى
阿拉套羊茅	Ālātào yángmáo	الاتاۋ بەتەگەسى
阿勒泰白头翁	Ālètài báitóuwēng	التاي قوندىرؤ ٴشوبى، جەل ايدار
阿勒泰百里香	Ālètài bǎilǐxiāng	التاي جەبىرى، التاي تاس ٴشوبى
阿勒泰大黄	Ālètài dàhuáng	التاي راؤا اعاشى
阿勒泰飞蓬	Ālètài fēipéng	التاي مايدا جەلەگى
阿勒泰鼢鼠	Ālètài fénshǔ	التاي كور تىشقانى
阿勒泰狗哇花	Ālètài gǒuwāhuā	التاي شەكەلدەۋگى
阿勒泰旱麦草	Ālètài hànmàicǎo	التاي مورنسعى
阿勒泰旱獭	Ālètài hàntǎ	التاي سؤرى
阿勒泰金莲花	Ālètài jīnliánhuā	التاي ساري گۇلى، كؤنكەلدىسى
阿勒泰瑞香	Ālètài ruìxiāng	التاي ۋ سويە قس، قاسقىر جيدەك
阿勒泰鼠	ālètàishǔ	التاي تىشقانى
阿勒泰叶甲	Ālètài yèjiǎ	التاي جاپىراق قوڭىزى
阿勒泰银莲花	Ālètài yínliánhuā	التاي جەز بۇزارى
阿里红	ālǐhóng	دارىللك قۇ
阿氏黄芪	Ā shì huángqí	اق تاسپا
阿魏	āwèi	ساسىر
埃塞俄比亚界	āisài'ébǐyàjiè	ەفيوپيا شەگاراسى
矮扁桃	ǎibiǎntáo	الاسا بادام، ٴهشكى ساباق
矮菜豆	ǎicàidòu	الاسا ورمه بۇرشاق
矮草草原	ǎicǎo cǎoyuán	تاقىر جايىلم، قىرىق وتتىر جايىلم
矮杆作物	ǎigǎn zuòwù	قىسقا ساباقتى داقىلدار
矮桦	ǎihuà	الاسا قايىڭ
矮碱蓬	ǎijiǎnpéng	ەرگە جەل سورا
矮脚龙胆	ǎijiǎo lóngdǎn	جاتاعان كوك گۇل، جاتاعان شەرمەندى
矮锦鸡儿	ǎijǐnjī'er	تاپال قاراعان
矮牵牛	ǎiqiānniú	جاتاعان مەڭباس شەرماۋنق
矮生树	ǎishēngshù	شەلك، الاسا اعاشتار
矮生优若藜	ǎishēng yōuruòlí	الاسا وسەتىن بوز تەرىسكەن

矮嵩草	ǎisōngcǎo	الاسا سرتان
矮小	ǎixiǎo	الاسارۇ، الاسا
矮亚麻	ǎiyàmá	بۆيرعسن
矮羊茅	ǎiyángmáo	الاسا بەتەگە
矮羽衣草	ǎiyǔyīcǎo	الاسا تەڭگە جايداق
矮獐毛	ǎizhāngmáo	جاتاعان اجسرق
艾草	àicǎo	شوشقا جەم
艾蒿	àihāo	ەرمەن، جۇسان، قارا ەرمەن
艾虎	àihǔ	ساسق كۆزەن
艾菊	àijú	تۆيە شەتەن
安根水	āngēnshuǐ	تامسر سۋى (قاۇسن تۇرالى) تامسر
安全过冬	ānquán guòdōng	قستان امان ٴوتۇ
安山岩	ānshānyán	انتەزيت
氨	ān	اممياك
氨化	ānhuà	امميا كتاندرۇ
氨化物	ānhuàwù	امميا كتى قوبلستار
氨基	ānjī	امينو گرۇپپاسى، امين توبى
氨基葡萄糖	ānjī pútáotáng	كليۇ تۆز امين
氨基酸	ānjīsuān	امين قشقلى
氨水	ānshuǐ	امميا ك سۋى، سۇيق اميلك
铵	ǎn	اممونى
铵态氮	ǎntàidàn	امميلك ازوتى
铵态氮肥	ǎntài dànféi	اممونى كۆيندەگى ازوتتى تەڭايتقش
铵盐	ǎnyán	اممونى تۇزى
胺基	ànjī	امين گرۇپپاسى
胺甲萘	ànjiǎnài	فورادان
暗窗	ànchuāng	كومەسكى ٴىن ٴوزى
暗沟排水	àngōu páishuǐ	جابسق اريقپەن سۇ شعارۇ
暗化	ànhuà	كومەسكلەنۇ
暗滩	àntān	قايراك
暗棕色	ànzōngsè	قوڭرقاي، قويۇراق
凹脉	āomài	ويسق تامسر
奥秘	àomì	سىر
澳大利亚界	àodàlìyàjiè	ۇستراليا الەمى

八角	bājiǎo	جۇلدىزشا
八星叶甲	bāxīng yèjiǎ	سەگىز تەڭبەلى، جاپراق قوڭىز
八叶车叶草	bāyè chēyècǎo	سەگىز جاپراقتى بوياۋ ئوشوپ
八月春	bāyuèchūn	بوتاقۇلاق، لەگونيا
八字地老虎	bāzì dìlǎohǔ	تامىر تاڭبالى جەڭى八
八足虫	bāzúchóng	بۇناق اياقتىلار
巴丹	bādān	بادان
巴旦杏	bādànxìng	بادام
巴山虎	bāshānhǔ	شىرالعىن
扒雪采食	bāxuě cǎishí	قار تارپىپ ئوشوپ جەۇ
芭蕉属	bājiāoshǔ	بانان تۆسى
拔节	bájié	بۇىن تارتۇ، بۇىن الۇ
拔节肥	bájiéféi	بۇىنداندىرۇ تىڭايتقىشى
拔节期	bájiéqī	بۇىنداندىرۇ مەزگىلى
拔节水	bájiéshuǐ	بۇىنداندىرۇ سۇى، قۇلاق سۇى
拔苗移栽	bámiáo yízāi	مايسانى كوشىرىپ ەگۇ
霸王	bàwáng	تۆيە تابان، بال جاپىراق، شوگىر تىكەن
白氨酸	bái'ānsuān	لەيتسىن
白斑	báibān	اق داق
白边地老虎	báibiān dìlǎohǔ	اق جيەكتى سارى جەر جولبارسى
白边痂蝗	báibiān jiāhuáng	پىرىلداۇنق اق شەگىرتكە
白滨藜	báibīnlí	اق كوكپەك
白草	báicǎo	اقباس ئوشوپ
白菖蒲	báichāngpú	ايىر، اندىر، ساسىق قوۋا
白车轴草	báichēzhóucǎo	اق بەدە، اق گۇلدى بەدە
白椿	báichūn	ساسىق ۇيەڭكى، شۇلىك
白刺	báicì	اق تىكەن، اق مونشاق
白刺菊花	báicì júhuā	اق تىكەن، شاشىراتقى
白葱	báicōng	اق جۇا
白蛋白	báidànbái	البۇمين
白垩假木贼	bái'è jiǎmùzéi	اق بۇيرعىن، جەرتەزەك بۇيرعىن
白萼黄芪	bái'è huángqí	اق توستاعانشالى تاسپا

白儿松	bái'érsōng	شرشا، اق شرشا
白粉病	báifěnbìng	اق ۇنتاق اۋرۋى، اق توزاڭ اۋرۋى
白粉蝶	báifěndié	اق توزاڭ كوبەلەك
白粉菌	báifěnjūn	اق توزاڭ باكتەرياسى
白凤蝶	báifèngdié	اق كوبەلەك
白腹巨鼠	báifù jùshǔ	ۇلكەن اق باۋىر تىشقان
白腹鼠	báifùshǔ	تىشقان
白根	báigēn	اق تامىر
白果树	báiguǒshù	اق ورىك
白蒿	báihāo	اق ەرمەن
白胡杨	báihúyáng	اق توراڭعى
白花百合	báihuā bǎihé	اق گۇلدى سارانا
白花草木栖	báihuā cǎomùqī	اق گۇلدى تۇيە جوڭىشقا
白花枣	báihuāzǎo	تاسپا جوڭىشقا
白槐	báihuái	ەسەك ميا
白芥子	báijièzǐ	اق قىشى
白蜡虫	báilàchóng	بالاۋىز قۇرت، شاعىن بالاۋىز قۇرت
白柳（娟柳）	báiliǔ（juānliǔ）	اق تال، اۋليە تال
白茅	báimáo	اقباس بەتەگە
白蓬草	báipéngcǎo	مارال وتى
白皮锦鸡儿	báipí jǐnjī'er	اق قابىق قاراعان
白皮沙拐枣	báipí shāguǎizǎo	اق جۇزگەن
白皮松	báipísōng	اق قابىقتى قاراعاي
白屈菜	báiqūcài	سۇيەل ٴشوپ، اق تار ٴشوپ
白三芒草	báisānmángcǎo	اق سەلەۋ بوياۋ، اق سەلەۋ
白三叶草	báisānyècǎo	ٴۇش قۇلاق اق ٴشوپ
白桑	báisāng	اق توتى
白色	báisè	اق ٴتۇستى
白色体	báisètǐ	لەيكوپلاست، اق ٴتۇستى دەنە
白沙蒿	báishāhāo	قۇم جۇسان، شاعىل جۇسان
白芍	báisháo	اق شۇعىننىق
白穗现象	báisuì xiànxiàng	بوس ماساقتىلىق
白梭梭	báisuōsuō	اق سەكسەۋىل، ساربالاق
白头翁	báitóuwēng	قۇندىزدىرۋىش ٴشوپ، جەل ايدار، ماقپال باسى
白尾松田鼠	báiwěi sōngtiánshǔ	اق قۇيرىق تىشقانى

白藓	báixiǎn	توپپن، كۇيمەس گۇلى
白羊草	báiyángcǎo	اسەم، ايسۇلۇ
白杨	báiyáng	اق تەرەك
白叶蒿	báiyèhāo	اق جاپىراقتى ەرمەن
白蚁	báiyǐ	اق قۇمىرسقا
白榆	báiyú	اق قارا اعاش
白云石	báiyúnshí	ءمار-ءمار
百分比例	bǎifēn bǐlì	پروتسەنت سالستىرماسى
百分率	bǎifēnlǜ	پروتسەنت مولشەرى
百合科	bǎihékē	ءلالا گۇل تۇقىمداسى
百里香	bǎilǐxiāng	جەبىر، تاس ءشوپ
百脉根	bǎimàigēn	مەڭتامىر
百日菊（百日草）	bǎirìjú（bǎirìcǎo）	زيناگۇل
百叶胃	bǎiyèwèi	جالپىرشاق قارىن
柏科	bǎikē	ارشا تۇقىمداسى
稗子	bàizi	كۇرمەك
斑点	bāndiǎn	داق
斑点病	bāndiǎnbìng	وسمەدىك تەڭبىلدىگى
斑点虎耳草	bāndiǎn hǔ'ěrcǎo	تەڭبىل تاسىر جارعان
斑蛾	bān'é	وزگەرگىش الا كوبەلەك
斑黄鼠	bānhuángshǔ	سارشۇناق تىشقان
斑蜻蜓	bānqīngtíng	شبار ينەلىك
斑叶兰属	bānyèlánshǔ	ۇيا ءشوپ
斑叶蓼	bānyèliǎo	الا جايىراق تاران
斑状物	bānzhuàngwù	داق ءتارىزدى زات
搬运	bānyùn	جوتكەۇ
瘢痕	bānhén	تـرتـق
板齿鼠	bǎnchǐshǔ	جالپاق ءتىس تىشقانى
板结	bǎnjié	قابىرشاقتانۇ، قابىرشاقتانىپ قاتۇ
板蓝根	bǎnlángēn	قاس بوياۇ، قاس بوياۇ تامىرى
板岩	bǎnyán	تاقتا جىنس
板状干茎	bǎnzhuàng gànjīng	تاقتا تامىر
板状厚角组织	bǎnzhuàng hòujiǎo zǔzhī	قىسقا قابىرعاسى جۇعقا بولىپ كەلگەن كلەتكالاردىڭ ۇزىن قابىرعاسى قالىڭ،
半包心	bànbāoxīn	جارتىلاي تۇينەك ءتۇيۇ
半孢子	bànbāozǐ	جارتى سپورا

半必需氨基酸	bànbìxū ānjīsuān	جارتىلاي قاجەتتى امينو قىشقىلى
半边莲属	bànbiānliánshǔ	لوبەليا
半变态	bànbiàntài	جارتىلاي ٴتۇر وزگەرتۇ
半不育	bànbùyù	جارتىلاي ۇرىقسىزدانۇ
半不育化制种	bànbùyùhuà zhìzhǒng	جارتىلاي ۇرىقسىزدانۇ ارقلى تۇقىم جەتستىرۇ
半草原	bàncǎoyuán	ورماندى جايلىم، ورماندى دالا
半成株	bànchéngzhū	جارتىلاي جەتىلگەن ٴتۇپ
半翅目	bànchìmù	جارتىلاي قاتتى قاناتتىلار
半倒生花	bàndǎoshēnghuā	جارتىلاي تەرس گۇل
半冬性牧草	bàndōngxìng mùcǎo	جارتىلاي قىستىق ٴشوپ (1 دە ، 2 رەت شابىلاتىن ٴشوپ)
半腐熟	bànfǔshú	جارتىلاي شىرىگەن
半覆翅	bànfùchì	جارىم قاتتى قانات
半干草青贮料	bàngāncǎo qīngzhùliào	سۇ قۇرامى تومەن سۆرلەم
半干生阔叶林	bàngānshēng kuòyèlín	قاعىرلاۇ جەردە وسەتىن كەڭ جاپىراقتىلار
半灌木	bànguànmù	شالا بۇتالار
半胱氨酸	bànguāng'ānsuān	سيستەرين
半合子	bànhézǐ	جارىم زيگونا
半荒漠	bànhuāngmò	جارتىلاي شولدىك
半机械化	bànjīxièhuà	جارتىلاي ماشينالاندىرۇ
半集约式放牧制	bànjíyuēshì fàngmùzhì	جارتىلاي جيناقتى مال جايۇ ٴتۇزىمى
半集约饲养法	bànjíyuē sìyǎngfǎ	جارتىلاي جيناقتى ازىقتاندىرۇ ٴادىسى
半牧区	bànmùqū	جارتىلاي مال ـ شارۇاشلىق رايون
半鞘翅	bànqiàochì	جارىم قاتتى قانات
半球形	bànqiúxíng	باس قابىعى
半人工草场	bànréngōng cǎochǎng	جارتىلاي جاساندى جايلىم
半日花	bànrìhuā	ساۇلەگۇل
半头无足型	bàntóuwúzúxíng	جارىم باس اياقسىز ٴتيپى
半透明	bàntòumíng	جارتىلاي ٴمولدىر
半下位子房	bànxiàwèi zǐfáng	ارالىق ٴتۇيىن
半纤维素	bànxiānwéisù	جارتىلاي تالشىق، كەميتسەللۇكوز
半显性	bànxiǎnxìng	جارتىلاي اشقتىق، جارتىلاي كورنەكتىلىك
半休闲草场	bànxiūxián cǎochǎng	جارتىلات تىنىقتىرعان جايلىم
半知菌亚门	bànzhījūnyàmén	جارتىلاي بەلگىلى باكتەريا
半致死剂量	bànzhìsǐ jìliàng	شالا ٴولتىرۇ دوزاسى
半致死因子	bànzhìsǐ yīnzǐ	جارتىلاي ولتىرەتىن گەنىندەر

伴孢晶体	bànbāo jīngtǐ	كەلتكادا ۋربىگش كرىستال
伴胞	bànbāo	سەربك كەلتكا
伴发症状	bànfā zhèngzhuàng	قوسالقى بەلگىلەر
伴生树	bànshēngshù	قوسارلانىپ وسكەن اعاش
伴生种	bànshēngzhǒng	سەربك ٴتۇر ،قوسمشا ٴتۇر
伴性致死基因	bànxìng zhìsǐ jīyīn	تۇقمى قۇالاۋ ، جەستەك تەزبەكتەلىپ تۇقمى قۇالاۋى
拌种	bànzhǒng	تۇقىمعا ارالاستىرۇ
拌种法	bànzhǒngfǎ	تۇقىمعا ارالاستىرۇ ٴادسى
瓣花唐松草	bànhuā tángsōngcǎo	جالعان كۇلتەلى مارال وتى
瓣鳞花	bànlínhuā	ٴيتتابان، اشتى قاراماتاۋ
瓣膜	bànmó	جاپقش، قاقپاقشا
瓣鳃纲	bànsāigāng	قوس جاپىراقتىلار
瓣胃	bànwèi	جالبىرشاق، ٴۇششنشى قارىن
瓣胃秘结	bànwèi mìjié	جالبىرشاق قارنى بتەلۇ
瓣胃小瓣叶	bànwèi xiǎobànyè	جالبىرشاقتىك ۇساق جالبىرى
瓣胃黏膜	bànwèi niánmó	جالبىرشاق كەلەگەي قابعى
瓣胃中瓣叶	bànwèi zhōngbànyè	جالبىرشاقتىك ورتاشا جالبىرى
瓣爪	bànzhǎo	كۇلتە ساعاسى
棒翅	bàngchì	تاياقشا قانات
棒头草属	bàngtóucǎoshǔ	مىسىق قۇيرىق تۇسى
棒叶节节木	bàngyè jiéjiémù	تومپەشەك سەكسەۋىلشەسى
棒状	bàngzhuàng	ورامالى تاياق
包被	bāobèi	قابقتى كەلتكا
包菜（莲花白）	bāocài (liánhuābái)	كاپۇستا
包谷	bāogǔ	جۇگەرى، بورمى، كومبە، قوناق
包裹体	bāoguǒtǐ	قالتا، قالتالى دەنەشەك
包括	bāokuò	ٴوز ٴشنە الۇ
包膜	bāomó	قابىق، قاپشىق
包皮	bāopí	تۇيەك، ٴورەك
苞（苞片）	bāo (bāopiàn)	گۇل جايداعى، گۇل سەرلسگى
苞虫（毛虫）	bāochóng (máochóng)	جۇلدىز قۇرت
苞鳞	bāolín	جابىن جاپىراعى
苞笋	bāosǔn	قستىق بامبۇك
苞叶（苞被）	bāoyè (bāobèi)	جابىن جاپىراعى
苞叶松散	bāoyè sōngsǎn	جابىن جاپىراعىن اجراتۇ
孢芽	bāoyá	جاس بۇرشك، ٴورىق بۇرشك

孢子	bāozǐ	سپورا
孢子虫	bāozǐchóng	سپورالى قۇرت
孢子虫病	bāozǐchóngbìng	سپورىدىيور ىندەتى
孢子堆	bāozǐduī	سپورا ٴۇيىندىسى
孢子梗束	bāozǐgěngshù	سپورا ساعاسى
孢子果	bāozǐguǒ	جەمىس جاپىراعى
孢子生殖	bāozǐ shēngzhí	سپورامەن كوبەيتۋ
孢子束	bāozǐshù	سپورالى قالتا
孢子体	bāozǐtǐ	سپورا دەنەشىگى
孢子体阶段	bāozǐtǐ jiēduàn	جىنسسىز ٴۇرپاق كەزى
孢子植物	bāozǐ zhíwù	سپورالى وسىمدىكتەر
胞果	bāoguǒ	سەرگەلدەك
胞核	bāohé	كلەتكا يادروسى
胞核接合	bāohé jiéhé	كلەتكا يادروسىنىڭ بىرىگۋى
胞囊孢子	bāonáng bāozǐ	قاپتالعان سپورا
胞体	bāotǐ	كلەتكا دەنەسى
胞芽	bāoyá	گەمما، گەممالار
胞质	bāozhì	سيتوپلازما، پروتوپلازما
胞质基因	bāozhì jīyīn	كلەتكا زات كەنى
胞质配合	bāozhì pèihé	سيتوپلازمانىڭ بىرىگۋى
雹害	báohài	بۇرشاق زيانى
雹子	báozi	بۇرشاق
薄壁细胞	báobì xìbāo	جۇقا قابىقتى كلەتكا
薄壁组织	báobì zǔzhī	جۇقا قابىق، جۇقا تكان
薄翅螳螂	báochì tángláng	جارعاق قاناتتى تاۆەت
薄膜组织病害	báomó zǔzhī bìnghài	قابىرشاقتى تكان دەرتى
薄膜组织坏疽	báomó zǔzhī huàijū	قابىرشاقتى تكاننىڭ ٴشىرۋى
宝贵	bǎoguì	قۇندى
饱和	bǎohé	قانعۇ، قانۇ
饱和含水量	bǎohé hánshuǐliàng	قانىققان سۋ قۇرامى
饱和脂肪酸	bǎohé zhīfángsuān	قانىققان ماي قىشقىلى
饱满种子	bǎomǎn zhǒngzi	تولىق تۇقىم
保持系	bǎochíxì	وسىمدىك اتالىعىنىڭ ٴۇرىقسىزدىعىن ساقتاۋ جۇيەسى
保存	bǎocún	ساقتاۋ
保肥	bǎoféi	توپىراقتىڭ قۇنارلىعىن ساقتاۋ
保肥措施	bǎoféi cuòshī	قۇنار ساقتاۋ شارасى

保护	bǎohù	قورعاۋ
保护行	bǎohùháng	قورعاۋ قورى
保护剂	bǎohùjì	اسراعىش ٴدارى، قورعاعىش
保护林	bǎohùlín	قورعاۋ ورمانى، ورماندى قورعاۋ
保护膜	bǎohùmó	قورعاۋشى پەردە
保护区	bǎohùqū	قورىق رايونى
保护色	bǎohùsè	قورعاعىش ٴتۇس
保护素	bǎohùsù	پروتەكتين
保护性	bǎohùxìng	قورعاۋ سيپاتتى، قورعاعىش
保护性杀菌剂	bǎohùxìng shājūnjì	قورعاعىش سيپاتتى باكتەريا ولتىرگىش ٴدارى
保护组织	bǎohù zǔzhī	قورعاعىش تكان، قابىق تكان
保留	bǎoliú	ساقتاپ قالۋ، ساقتاپ قويۋ
保苗	bǎomiáo	مايسانى قورعاۋ، مايسانى ساقتاۋ
保全成本	bǎoquán chéngběn	وزىندىك قۇنىن ساقتاۋ
保全价格	bǎoquán jiàgé	باعاسىن ساقتاۋ
保墒	bǎoshāng	ىلعالدىق ساقتاۋ، دىمقىلدىق ساقتاۋ
保墒剂	bǎoshāngjì	ىلعالدىقتى ساقتايتىن ٴدارى
保湿能力	bǎoshī nénglì	ىلعالداق ساقتاۋ قۋاتى
保水	bǎoshuǐ	سۋ ساقتاۋ
保土	bǎotǔ	توپىراقتى ساقتاۋ
保土作物	bǎotǔ zuòwù	توپىراق ساقتاۋ داقىلدارى
保温	bǎowēn	جىلۇلىق ساقتاۋ
保温床	bǎowēnchuáng	جىلۇلىق ساقتايتىن تاقتا
保温性	bǎowēnxìng	ىلعالدىق ساقتاعىشتعى
保鲜	bǎoxiān	جاس كۇيىن ساقتاۋ
保续生产（永续生产）	bǎoxù shēngchǎn（yǒngxù shēngchǎn）	تۇراقتى ٴوندىرىس
保蓄	bǎoxù	ساقتاۋ، ٴىركۋ، توپتاۋ
保蓄性	bǎoxùxìng	ساقتاعىشتعى
保育	bǎoyù	باپتاۋ، ٴوسىرۋ، كۇتۋ
保证	bǎozhèng	كەپىلدىك ەتۋ
报春花	bàochūnhuā	بايشەشەك
抱蛋母鸡	bàodàn mǔjī	ٴويا باسقان مەكيەن، كۇرىك تاۋىق
抱茎	bàojīng	ساباقتى قورشاۋشى
抱茎独行菜	bàojīng dúxíngcài	تاس جابىرتىق
抱茎叶	bàojīngyè	ساباقتى ورامالدى جاپىراق، ساباقتى وراپ تۇراتىن جاپىراق
抱石莲	bàoshílián	سۇيەك قىرىق قۇلاۋ

抱握足	bàowòzú	قارمالايتىن اياق
杯状花序	bēizhuàng huāxù	ستاكان ٴتارىزدى گۇل شوعىرى
杯状细胞	bēizhuàng xìbāo	ستاكان ٴتارىزدى كلەتكا
北方冠芒草	běifāng guànmángcǎo	ايدار ٴشوپ
北高南低	běi gāo nán dī	سولتۇستىكتە جوعارى، وڭتۇستىكتە تومەن
北坡	běipō	تەرىسكەي
北纬	běiwěi	سولتۇستىك ەندىك
贝母	bèimǔ	سەكپىل گۇلى، ٴشوپ
贝叶树	bèiyèshù	پالما اعاشى
背板	bèibǎn	ارقا تاقتايشاسى
背膘	bèibiāo	جونى، جون ماي، جون ەتى
背产卵瓣	bèichǎnluǎnbàn	ۇستىڭگى جۇمىرتقالاۋ جاپىراقشاسى
背翅	bèichì	ارتقى قانات
背单眼	bèidānyǎn	توبە جاي كوزى
背地性	bèidìxìng	تەرىس قيسايىپ ٴوسۋى
背风地	bèifēngdì	ىقتاسىن، قالقا، دالدا جەر
背腹线	bèifùxiàn	ارقا، باۋىر سىزىعى، جوتا ـ باۋىر سىزىعى
背膈	bèigé	ارقا بولگىش
背根	bèigēn	تۇيسىك ٴتۇبىرى
背光性	bèiguāngxìng	جارىقتان جاسقانۋشىلىق
背甲	bèijiǎ	ساۋىت، جون قابىق
背裂	bèiliè	جونىنان جارىلۋ
背气管	bèiqìguǎn	ارقا تىنىس تۇتىكشەسى
背血窦	bèixuèdòu	ارقا تامىر قۋىسى
背血管	bèixuèguǎn	ارقا قان تۇتىكشەسى
倍比（倍率）	bèibǐ（bèilù）	ەسەلىك سالستىرما، ەسەلىك قاتىناسى
倍频	bèipín	كوبەيگىش جيىلىك
倍体	bèitǐ	ەسەلىك دەنە، ەسەلەنگەن دەنە
被草地带	bèicǎo dìdài	شوپتەسىن ٴوڭىر، شەمدىر ٴوڭىر
被迫休眠	bèipò xiūmián	زورلىقتى ۇيقۇ، ەرىكسىز ۇيقۇ
被芽	bèiyá	جابىق بۇرشىك
被蛹	bèiyǒng	جابىق بالاپان قۇرت، بتەۋ بالاپان قۇرت
被子雌蕊	bèizǐ círuǐ	جابىق اتالىق (گۇل)
被子植物	bèizǐ zhíwù	جابىق تۇقىمدالار، بتەۋ تۇقىمدى وسىمدىكتەر
贲门瓣	bēnménbàn	قارىن ساعا جاپىراقشاسى
本草植物	běncǎo zhíwù	دارىلىك وسىمدىكتەر

本地品种	běndì pǐnzhǒng	جەرلىك سورت، بايەسى تۆقىم
本地树种	běndì shùzhǒng	جەرلىك ئاعاش ئتۆرى
本交（自然交配）	běnjiāo（zìrán jiāopèi）	ەركىن شاعەلىسۇ، ەركىن ۇرپقتاندىرۇ
本身	běnshēn	وزىندىك
本质	běnzhì	ئمانى
苯	běn	فەنزول
苯胺	běn'àn	انىلىين
苯酚（石碳酸）	běnfēn（shítànsuān）	فەنول، فەنيل سپيرتى
苯甲酸	běnjiǎsuān	بەنزوي قشقىلى
崩解	bēngjiě	وپىرىلۇ
鼻道	bídào	ەڭىرۇ مۇرىن جولى
鼻骨	bígǔ	مۇرىن سۆيەك
比较	bǐjiào	ئبىرشاماا
比例	bǐlì	سالىستىرماسى
比例尺	bǐlìchǐ	ماششتاپ، ماششتاپتى سىزعىش
比色法	bǐsèfǎ	ئتۆس سالىستىرۇ ئادىسى
比色计	bǐsèjì	ئتۆس سالىستىرعىش
比色器	bǐsèqì	ئتۆس سالىستىرعىش اسپاپ
比色溶液	bǐsè róngyè	ئتۆس سالىستىرعىش ەرتىندى
秕子	bǐzi	سەمگەن ئدان
必需氨基酸	bìxū ānjīsuān	قاجەتتى امينو قشقىلدارى
必需矿物质元素	bìxū kuàngwùzhì yuánsù	قاجەتتى مينەرال ەلەمەنتتەر
必需脂肪酸	bìxū zhīfángsuān	قاجەتتى ماي قشقىلدارى
必要元素	bìyào yuánsù	قاجەتتى ەلەمەنت
闭果	bìguǒ	جابىق جەمىسى
闭合花	bìhéhuā	جابىق گۆل
闭合授粉	bìhé shòufěn	جابىق توزاڭدارى
闭合性	bìhéxìng	جابىقتىلىق
闭合组织	bìhé zǔzhī	جابىق تكان
闭花受精	bìhuā shòujīng	جابىق ۇرپقتانۇ
闭花授粉花	bìhuāshòufěnhuā	جابىق توزاڭداناتىن گۆلدەر
闭孔	bìkǒng	جاپقىش تەسىك
蓖麻	bìmá	ۋپىلمالىك
壁虎	bìhǔ	كەسەرتكى
篦穗冰草	bìsuì bīngcǎo	تالان ـ تارالاۇ
避病	bìbìng	دەرتتەن تاسالانعش

避敌	bìdí	قاس جاۇننان تاسالانۇ
避钙植物	bìgài zhíwù	كالتسي تۇزىنا ۇيلەسە الماپتىن وسمەدىك
避免	bìmiǎn	ساقتانۇ
边材	biāncái	شەل قابىق
边收边耕埋	biān shōu biān gēngmái	ٴبىر جاعىنان ٴونىمدى جيناپ،
		ٴبىر جاعىنان جەرتىپ كومۇ
边缘	biānyuán	جيەك
边缘生长	biānyuán shēngzhǎng	جيەكتەن ٴوسۇ
边缘胎座式	biānyuán tāizuòshì	تۇقىم ٴبۇردىڭ ٴتۇيىن شەتىنە ورنالاسۇى
边缘效应	biānyuán xiàoyìng	جيەكتىك اسەر
蓄蓄	biānxù	قىزىل تاسپا، تاسپا جوڭىشقا
编号	biānhào	نومەرلەۇ
蝙蝠	biānfú	جارعاناتان
鞭草（牛草）	biāncǎo（niúcǎo）	سيەر وتى
鞭杆芽接	biāngǎn yájiē	ساباق بويلاتا جارىپ بۇرشەك تەلۇ
鞭节	biānjié	ورمە بۇىن
鞭毛	biānmáo	قىل اياق تۇك
鞭毛藻	biānmáozǎo	تالشىقتى بالدىر
鞭子草	biānzicǎo	باق وتى، اشتى ٴوشوپ
扁柏	biǎnbǎi	ارشا، سارى ارشا
扁虫	biǎnchóng	جالپاق قۇرت
扁豆	biǎndòu	جامباس بۇرشاق، سۇمبىل بۇرشاق
扁豆子	biǎndòuzǐ	تاۇبەدە، سارباس جوڭىشقا
扁甲科	biǎnjiǎkē	جامباس قوڭىز تۇقىمداسى
扁茎灯芯草	biǎnjīng dēngxīncǎo	جالپاق ساباقتى ٴهلەك ٴوشوپ
扁穗草	biǎnsuìcǎo	سۇلدىر
变淡	biàn dàn	سولعىنداۇ
变幅	biànfú	وزگەرىس كولەمى
变化	biànhuà	وزگەرىس
变劣	biàn liè	ناشارلاۇ
变清	biàn qīng	كونۇ
变色	biànsè	ٴتۇس وزگەرتۇ
变色性	biànsèxìng	تۇرلەنگىش، قۇبىلعىش
变态	biàntài	ٴتۇر وزگەرتۇ
变态的托叶	biàntài de tuōyè	وزگەرگەن ومىرتقالى جاپىراق
变态的叶柄	biàntài de yèbǐng	وزگەرگەن جاپىراق ساعاعى

变态根	biàntàigēn	ۋزگەرگەن تامىر
变态叶	biàntàiyè	ۋزگەرگەن چاپراق
变体	biàntǐ	ۋزگەرگەن دەنە
变温处理	biànwēn chǔlǐ	ۋزگەرمەلى تەمپەراتۇرادا باسقارۇ
变温催芽	biànwēn cuīyá	ۋزگەرمەلى تەمپەراتۇرادا بۇرشكتەندىرۇ
变细	biàn xì	مايدالانۇ
变形	biànxíng	ٴپىشىن ۋزگەرتۇ
变性	biànxìng	قۇرىلىسى ۋزگەرۇ، قاسيەتى ۋزگەرۇ
变异	biànyì	تەگىنەن ازۇ، ۋزگەرۇ
变异性（多样性）	biànyìxìng（duōyàngxìng）	الۋان تۇرلىلىك، ارتۇرلىك
变质	biànzhì	ازعىنداۇ، ساپاسى ۋزگەرۇ
变质岩	biànzhìyán	ساپاسى ۋزگەرگەن جىنىستار
变种	biànzhǒng	ۋزگەرگەن ٴتۇر، ازۇ
变种间杂交	biànzhǒngjiān zájiāo	ۋزگەرگەن تۇرلەر، ارا بۇىنداستىرۇ
标本	biāoběn	ٴۇلگى، نۇسقا
标本采集	biāoběn cǎijí	ٴۇلگى جيۇ، نۇسقا جيۇ
标本园	biāoběnyuán	ٴۇلگى باقشاسى
标杆	biāogān	ولشەۇ باعانا، الاباعات
标高	biāogāo	بيىكتىك
标号	biāohào	ساپالىق ٴنومىرى
标记	biāojì	بەلگى قالتىرۇ
标签	biāoqiān	ەتسيكەتكا، ماركا، بەلگى
标准	biāozhǔn	ٴۇلشەم
标准草堆法	biāozhǔncǎoduīfǎ	ٴۇلگى شومەلە ٴادىسى
标准差	biāozhǔnchā	ٴۇلشەمدى پارقى
标准肥料	biāozhǔn féiliào	ٴۇلشەمدى تىڭايتقىش
标准化	biāozhǔnhuà	ٴۇلشەمدەندىرۇ، ٴۇلشەمگە كەلتىرۇ
标准种子	biāozhǔn zhǒngzi	ٴۇلشەمدى تۇقىم
蔗草	biāocǎo	ولەك ٴشوپ
表层	biǎocéng	قىرتىسى، سىرتقى قابىق، بەتكى قابات
表流	biǎoliú	جەلپ اعۇ، قالقىپ اعۇ
表面（叶面）	biǎomiàn（yèmiàn）	جايراق بەتتى، سىرتقى بەتى
表膜菌根	biǎomó jūngēn	سىرتقى پەردە باكتەريا تامىرى
表皮层	biǎopícéng	بەتكى قابىقشا
表皮虫沟	biǎopí chónggōu	قابىقتاعى قۇرت جەگەن ٴىز
表皮根冠原	biǎopí gēnguānyuán	سىرتقى تامىر ٴتاجىسى، سىرتقى تامىر ۋيماقشاسى

表皮寄生	biǎopí jìshēng	سىرتقى قاباق پارازىتى
表皮内突	biǎopí nèitū	بەتكى قابىرشاقتىڭ ىشكە ۋىسۇي
表皮外突	biǎopí wàitū	سىرتقى قابىرشاقتىڭ ىشكە ۋىسۇي
表皮组织	biǎopí zǔzhī	سىرتقى قاباق تكانى
表墒	biǎoshāng	بەتكى ىلعالدىق
表示	biǎoshì	كورسەتۇ
表土层	biǎotǔcéng	سىرتقى توپىراق قاباتى، ۇستەڭگى توپىراق قاباتى
表现	biǎoxiàn	بەينەسى
表现型	biǎoxiànxíng	بەينەلىك تيپ
表现型选择	biǎoxiànxíng xuǎnzé	بەينەلىك تيپكە قاراي سۇرىپتاۇ
表现值	biǎoxiànzhí	بەينەلىك تيپ مانى
表型选种	biǎoxíng xuǎnzhǒng	سىرتقى تۇرىنە قاراي توقىم تاڭداۇ
表型遗传	biǎoxíng yíchuán	بەينەلىك، تيپتىك توقىم تاڭداۇ
表型组合	biǎoxíng zǔhé	بەينەلىك تيپ توبى
滨蒿	bīnhāo	اق جۇسان
滨藜属	bīnlíshǔ	الا بۇتا تۇسى، كوكپەك تۇسى
滨茅属	bīnmáoshǔ	اق قىلتان تۇسى
滨鼠科	bīnshǔkē	جەر تەسەر توقسىمداسى
冰草	bīngcǎo	بيدايىق، ەركەك بيدايىق
冰草花叶病毒	bīngcǎo huāyè bìngdú	جۇسان الا
冰冻	bīngdòng	قاتۇ
冰冻干燥	bīngdòng gānzào	مۇزداتىپ كەپتىرۇ
冰冻害	bīngdònghài	ۇسىك زيانى
冰碛母质	bīngqì mǔzhì	مۇز قورسانعان انا جىنىستار
冰山雪地	bīngshān xuědì	اق ـ قار كوك مۇز
冰杉	bīngshān	سامىرسىن، كادىمگى سامىرسىن
冰糖	bīngtáng	تريوزا
冰雪植物	bīngxuě zhíwù	سۇققا توزىمدى وسىمدىك
丙氨酸	bǐng'ānsuān	الا تيين
丙酸	bǐngsuān	پروپيون قىشقىلى
柄	bǐng	گۇل ساعاسى
柄节	bǐngjié	ساعاق بۇنى
柄下芽	bǐngxiàyá	ساعاق استى بۇرشىگى
饼肥	bǐngféi	كۇلجارا تىڭايتقىش
并生（侧生）	bìngshēng（cèshēng）	قاتارلاسىپ وسۇ

并头草	bìngtóucǎo	توماعا ٴشوپ
病变	bìngbiàn	اۆزرۆ وزگەرىسى
病虫	bìngchóng	دەرت جاندىك
病毒	bìngdú	ۆيرۆس
病毒蛋白	bìngdú dànbái	ۆيروستق بەلوك
病毒抗原	bìngdú kàngyuán	ۆيروستق انتيگەن
病害	bìnghài	دەرت ـ دەربەز، اۆزرۆ
病因	bìngyīn	اۆزرۆ سەبەبى
病原菌	bìngyuánjūn	اۆزرۆ قوزدىرعىش باكتەريا، دەرت قايناري باكتەرياسى
病原物	bìngyuánwù	دەرت قايناري
剥蚀	bōshí	جەمىرىلۆ، مۇجىلۆ
播娘蒿	bōniánghāo	سار سالما، ٴيت جۇمىرشاق
播种	bōzhǒng	تۆقىم ٴسەگىرۆ، تۆقىم سەبۆ، تۆقىم ٴسەمىرۆ
播种地	bōzhǒngdì	تۆقىم ەگەتىن تاقتا
播种行	bōzhǒngháng	تۆقىم ەگۆ قاتاري، قۇر
播种量	bōzhǒngliàng	ەگىلەتىن تۆقىم مولشەرى
播种前除草	bōzhǒngqián chúcǎo	ەگۆدەن بۇرىن ٴشوپ وتاۆ
播种前整地	bōzhǒngqián zhěngdì	تۆقىم ٴسەگىرۆدىڭ الدىندا جەر تەگىستەۆ
播种深度	bōzhǒng shēndù	تۆقىم ٴسەگىرۆ تەرەڭدىگى
播种穴	bōzhǒngxué	تۆقىم ەگۆ شونەگى(ۇياسى)
薄地	bódì	قۇنارسىز جەر، جۇتاڭ جەر
薄荷	bòhe	جالبىز
补播	bǔbō	تولىقتاپ تۆقىم شاشۆ
补偿	bǔcháng	تولىقتاۆ
补充	bǔchōng	تولىقتاۆ
补充料	bǔchōngliào	ۇستەمە ازىقتىق
补墒	bǔshāng	ىلعالدىقتى تولىقتاۆ
补血草	bǔxuècǎo	تۇمار بوياۆ، كەرمەك
捕鼠笼	bǔshǔlóng	تىشقان اۇلاعىش تور
捕捉足	bǔzhuōzú	ۇلايتىن اياق
哺乳纲	bǔrǔgāng	ٴسۇت حورەكتىلەر كلاسى
哺乳类	bǔrǔlèi	ٴسۇت حورەكتىلەر
哺乳期	bǔrǔqī	ٴسۇت حورەكتىلەر
不饱和脂肪酸	bùbǎohé zhīfángsuān	قانىقپاعان ماي قىشقىلى
不被采食草	bùbèicǎishícǎo	جەۇگە كەلمەيتىن ٴشوپ

不等交换	bùděng jiāohuàn	ءبىر كەلكى الماسپاۋشلىق
不等叶性	bùděngyèxìng	جاپىراقتىڭ ءبىر كەلكى جەتىلمەۋى
不定根	bùdìnggēn	قوسىمشا تامىر، تۇراقسىز تامىر
不定胚	bùdìngpēi	قوسىمشا ەمبريون
不定芽	bùdìngyá	قوسىمشا بۇرشكتەر
不定枝	bùdìngzhī	تۇراقسىز ۆركەن
不断	bùduàn	ۇزدىكسىز
不对称花冠	bùduìchèn huāguān	سيمەترياسىز كۇلتە
不发育系	bùfāyùxì	وسپەيتىن جۇيە، جەتىلمەيتىن جۇيە
不结实	bùjiēshí	جەمىس بەرمەۋ، ءدان ۇستاماۋ
不结实性	bùjiēshíxìng	ۇرىقسىزدىق
不可逆性	bùkěnìxìng	قايتىمسىزدىق
不利于	bùlì yú	ءتيىمسىز
不连续性遗传	bùliánxùxìng yíchuán	ۇزىلمەلى تۇقىم قۋالاۋ
不毛土壤	bùmáo tǔrǎng	قلتانسىز توپىراق
不溶于水	bù róng yú shuǐ	سۇدا ەرىمەيتىن
不适生境	bùshì shēngjìng	ۇيلەسىمسىز تىرشىلك ورتاسى
不完全变态	bùwánquán biàntài	ءشىنارا
不完全花	bùwánquánhuā	شالا گۇل
不完全显性	bùwánquán xiǎnxìng	جارتىلاي اشقتىق
不完全叶	bùwánquányè	شالا جاپىراق، تولىقسىز جاپىراق
不稳性胚珠	bùwěnxìng pēizhū	جەتىلمەگەن دانەك
不选择性	bùxuǎnzéxìng	تالعامسىزدىق
不育心皮（雌蕊）	bùyù xīnpí（círuǐ）	ۇرىقسىز انالىق
不孕花	bùyùnhuā	ۆركەنسىز گۇل، تۇقىم بولماۋ
不整齐花冠	bùzhěngqí huāguān	تەرىس كۇلتە
不正常授粉	bùzhèngcháng shòufěn	قالىپسىز توزاڭدانۋ
布顿大麦	bùdùn dàmài	قارا قياق
布氏田鼠	Bù shì tiánshǔ	بىرانەدي تىشقانى
步甲	bùjiǎ	جۇردەك قوڭىز
步甲科	bùjiǎkē	جورعالاعىش قوڭىز تۇقىمداسى
步行足	bùxíngzú	جۇردەك اياق

擦木属	cāmùshǔ	ساری ىشتەن تۆسسى
擦忍冬	cārěndōng	ساری ۋۇشقان
擦种	cāzhǒng	تۆقىمدى ىسقىلاۋ
采集	cǎijí	جیناۋ
采取	cǎiqǔ	قولدانۋ
采食量	cǎishíliàng	جەلىنۋ مولشەرى
采食率	cǎishílù	جەلىنۋ مولشەرى، شاماسى
采样	cǎiyàng	ۈلگى الۋ
采种	cǎizhǒng	تۆقىمنىڭ الۋ ، تۆقىم جیناۋ
菜豆	càidòu	ورمە بۇرشاق
菜籽油饼	càizǐyóubǐng	قىشى كۆنجاراسى
参与	cānyù	قاتناسۋ
残毒	cándú	قالدىق ۋت، سارقىن ۋت
残积物	cánjīwù	جىنىس
残留（存留）	cánliú（cúnliú）	قالدىرىپ كەتۋ، تاستاپ كەتۋ
残留量	cánliúliàng	قالدىق مولشەرى
残落物	cánluòwù	قالدىق زاتتار
残体	cántǐ	قالدىق دەنە
残效	cánxiào	قالدىق ۋنىمدىلگى
残效期	cánxiàoqī	قالدىق قالتىرۋ مەزگىلى
残雪	cánxuě	سوڭعى قار
蚕豆	cándòu	اتپاس بۇرشاق
蚕豆象	cándòuxiàng	كوك بۇرشاق، ٴپىل تۆمسعى
蚕蛾	cán'é	جىبەك كوبەلەگى
仓库	cāngkù	قامبا
仓鼠	cāngshǔ	قاپتەسەر، قامبا ەگەۋ قۇيىرىعى
仓鼠科	cāngshǔkē	قاپتەسەر تۆقىمداسى
苍耳	cāng'ěr	وشاعان، كارقىز
糙草	cāocǎo	جاپىسقاق
糙粗	cāocū	قوزى قۇلاق
糙叶黄芪	cāoyè huángqí	كوكتەمدىك تاسپا
糙隐子草	cāoyǐnzǐcǎo	جاتاعان تارلان، ٴىرى بۇقبا ٴشوپ

草被	cǎobèi	ٴشوپ جامىلعى
草本层	cǎoběncéng	شوپتەسىن قاباتى
草本植物	cǎoběn zhíwù	ٴشوپ ساباقتى وسىمدىك
草场	cǎochǎng	جايلىم، شاپپالىق جايلىم
草场补播	cǎochǎng bǔbō	جايلىمعا تولىقتاپ تۇقىم شاشۋ
草场恢复	cǎochǎng huīfù	جايلىمنىڭ قايتا قالپىنا كەلۋى
草场踏查	cǎochǎng tàchá	جايلىمدى بارلاۋ
草翅目	cǎochìmù	جارعاق قاناتتىلار
草畜平衡	cǎo chù pínghéng	جايلىم مەن مالدىڭ تەڭ ـ تەڭدىگى
草地	cǎodì	شالعىندىق جايلىم، جايلس
草地等级	cǎodì děngjí	جايلىم دارەجەسى
草地狐茅	cǎodì húmáo	جايلىم بەتەگەسى، قوي كۇدە
草地螟	cǎodìmíng	جايلىم كۇبەلەگى
草地评价	cǎodì píngjià	جايلىمدى باعالاۋ
草地生产力	cǎodì shēngchǎnlì	جايلىم وندىرىستىك قۋاتى
草地生态	cǎodì shēngtài	جايلىم ەكولوگياسى
草地畜牧业	cǎodì xùmùyè	ساحارا مال شارۋاشىلعى
草地演替	cǎodì yǎntì	جايلىمنىڭ الماسۋى
草甸	cǎodiàn	شالعىن، شالعىندىق
草甸草原	cǎodiàn cǎoyuán	شالعىندى دالا، شالقىندىق جايلىم
草甸碱土	cǎodiàn jiǎntǔ	شالعىندى سورتاڭ
草甸土	cǎodiàntǔ	شىرىك توپىراق
草甸盐土	cǎodiàn yántǔ	شالعىندى سور
草甸羊茅	cǎodiàn yángmáo	شالشەندى بەتەگە
草甸沼泽	cǎodiàn zhǎozé	سازدى جەر، شمداۋىت
草堆	cǎoduī	شومەله
草垛	cǎoduò	ٴشوپ ماياسى
草蒿子	cǎohāozi	كۇك ەرمەن
草化	cǎohuà	جايلىمعا اينالدىرۋ
草荒	cǎohuāng	ٴشوپ باسىپ كەتۋ
草灰	cǎohuī	كۇل، ٴشوپ كۇلى
草捆	cǎokǔn	ٴشوپ باۋى، ٴشوپ باۋلارى
草兰	cǎolán	جىلان قياق
草蛉	cǎolíng	التىن كۇز
草蛉科	cǎolíngkē	التىن كۇز تۇقىمداسى
草麻黄	cǎomáhuáng	قىلشا، كادىمگى قىلشا

草莓	cǎoméi	بۆلدۇرگەن، قوي بۆلدۇرگەن
草木	cǎomù	ئاعاش ـ ئوت
草木灰	cǎomùhuī	ئوتۇن ئوت كۈلى
草木樨	cǎomùxī	سېرىق جۆڭشقا
草木樨白粉病	cǎomùxī báifěnbìng	سېرىق جۆڭشقا اق توزداق دەرتى
草木樨花叶病	cǎomùxī huāyèbìng	سېرىق جۆڭشقا تەكبۇل جاپراق دەرتى
草木樨立枯病	cǎomùxī lìkūbìng	سېرىق جۆڭشقا تىكتەي قۇرۇغ دەرتى
草木樨霜霉病	cǎomùxī shuāngméibìng	سېرىق جۆڭشقا قىراۋ ئارىزدى كۆگەرۈۈ دەرتى
草木樨炭疽病	cǎomùxī tànjūbìng	سېرىق جۆڭشقا كۆيدۈرگى دەرتى
草木樨锈病	cǎomùxī xiùbìng	سېرىق جۆڭشقا تات دەرتى
草木樨籽象	cǎomùxī zǐxiàng	سېرىق جۆڭشقا توقۇم ئۇپۇل تۆمسەسى
草耙	cǎopá	تىرما، تىرناۋۇش
草皮	cǎopí	شىم قىرتىسى
草皮泥	cǎopíní	شىم تەزەك
草皮土	cǎopítǔ	شىم توپراق
草坪	cǎopíng	كوگال، كوك مايسا
草芍药	cǎosháoyào	قىزىل شۆەننەق
草生地腐殖质	cǎoshēngdì fǔzhízhì	جايىلما شىرىندىسى
草生植物	cǎoshēng zhíwù	جايىلمعا ۋەستىن وسمدكتەر
草生植物群	cǎoshēng zhíwùqún	شۆپتەسىن وسمدكتەر توبى
草食	cǎoshí	ئوت قورەكتى
草食性	cǎoshíxìng	ئوت قورەكتىلەر قاسيەتى
草鼠	cǎoshǔ	جايىلم تىشقانى
草酸	cǎosuān	قىمز قىشقىلى
草兔	cǎotù	ئوت قويان
草叶	cǎoyè	ئەتتى جاپىراق، قالىڭ جاپراق
草原	cǎoyuán	ساحارا، جايلاۋ، جايىلم
草原分布	cǎoyuán fēnbù	جايىلمداردىڭ ورنالاسۇيى
草原鼢鼠	cǎoyuán fénshǔ	شابىندىق كور تىشقانى، بوزاۇباس تىشقان
草原改良	cǎoyuán gǎiliáng	جايىلمدى شۆرايلاندىرۇ
草原害虫	cǎoyuán hàichóng	جايىلم زياندى جاندكتەرى
草原锦鸡儿	cǎoyuán jǐnjī'er	سارى تىكەن
草原看麦娘	cǎoyuán kānmàiniáng	شالعىندى تۈلكى قۇيرىعى
草原类	cǎoyuánlèi	جايىلم تۈرلەرى، جايىلم تيپتەرى
草原类型图	cǎoyuán lèixíngtú	جايىلمنىڭ ئتۈرى جونىندەگى قارىتا
草原利用方式	cǎoyuán lìyòng fāngshì	جايىلمدى پايدالانۇ ئتاسىلى

草原毛虫	cǎoyuán máochóng	جايلىم زياندى قۇرت
草原灭鼠工作	cǎoyuán mièshǔ gōngzuò	جايلىمداعى تىشقاندى جويۇ جۇمىسى
草原排水	cǎoyuán páishuǐ	جايلىمنىڭ سۋىن ىعىستىرۇ
草原培育	cǎoyuán péiyù	جايلىمداردى جەتىستىرۇ
草原三化	cǎoyuán sān huà	جايلىمنىڭ ۇش تۇرلى كەرى قايتۇى
草原生态学	cǎoyuán shēngtàixué	جايلىم ەكولوگيالىق عىلمى
草原土壤	cǎoyuán tǔrǎng	جايلىم توپىراعى
草原兔尾鼠	cǎoyuán tùwěishǔ	جايلىم سارشولاعى، جايلىم قويان قۇيرىق تىشقانى
草原退化	cǎoyuán tuìhuà	جايلىمنىڭ جۇتاۇى
草原叶甲	cǎoyuán yèjiǎ	جاپىراق قوڭىزدار
草原载畜量	cǎoyuán zàichùliàng	جايلىمنىڭ مال سيمدىلىگى
草原植被	cǎoyuán zhíbèi	جايلىمنىڭ ءوسىمدىك جاملىعىسى
草原植物的经济类群	cǎoyuán zhíwù de jīngjì lèiqún	جاعنان توپقا ءبولىنۇى
		جايلىمداعى ءوسىمدىكتەردىڭ ەكونوميكالىق قونى
草原资源	cǎoyuán zīyuán	جايلىم بايلىعى
草泽	cǎozé	ساز، سازدى ءشوپتى جەر
草籽	cǎozǐ	ءشوپ ۇرىعى
侧柏属	cèbǎishǔ	بوزارشا ءتۇس، ەكپە ارشا
侧板	cèbǎn	جان تاقتايشاسى
侧单眼	cèdānyǎn	ەكى جاق كوزى، ءبۇيىر دارا كوز
侧根（支根）	cègēn（zhīgēn）	ءبۇيىر تامىر
侧花	cèhuā	جاناما گۇل
侧脉	cèmài	قوسالقى جۇيكە
侧膜	cèmó	ءبۇيىر تامىر
侧偏	cèpiān	جالپاق
侧生	cèshēng	جانامالاي ءوسۇ، قوسالقى ءوسۇ
侧生分生组织	cèshēng fēnshēng zǔzhī	جاننان ءبولىنىپ وسەتىن تىكان
侧输卵管	cèshūluǎnguǎn	ءبۇيىر ۇرىق تاسمالداۇ تۇتكىشەسى
侧位再生	cèwèi zàishēng	جاننان ءوسۇ
侧芽	cèyá	جاناما بۇرشىك
侧叶	cèyè	جاناما جاپىراق
侧缘	cèyuán	ءبۇيىر جيەك
侧枕骨	cèzhěngǔ	قاراقۇس جان سۇيەك
侧枝	cèzhī	جاناما بۇتاق
侧纵干	cèzònggàn	ءبۇيىر تىك جيەگى
测产	cèchǎn	ءونىمىن ولشەۇ

测点	cèdiǎn	ولشەنەتىن تۆتكشە
测定	cèdìng	ولشەپ بەلگىلەۋ، ولشەۋ، ولشەپ تۇراقتاندىرۇ
测绘	cèhuì	ولشەپ ـ سىزۇ
测交	cèjiāo	سىناپ بۇدانداستىرۇ
层次	céngcì	قابات رەتى
层积	céngjī	قاباتتالۇ
层间杂交	céngjiān zájiāo	ارالىق بۇدانداستىرۇ
层群	céngqún	قاباتتسق توپ، توپ
叉茅蓬	chāmáopéng	سوراڭشا
叉状脉序	chāzhuàng màixù	ايىر جۈيكەلەنۇ
差异	chāyì	پارقى
插干（插杆）	chāgàn（chāgǎn）	قالامشا، كۇشەت، قالامشا وتىرعىزۇ
查苗补种	chámiáo bǔzhòng	مايسالاردى تەكسەرىپ تولىقتاپ ەگۇ
茬	chá	بايا
茬子地	cházidì	اڭىز
茶	chá	شاي
茶树	cháshù	شاي اعاشى
茶条	chátiáo	وزەندىك ۋيەڭكى
茶叶柳	cháyèliǔ	تاۇ شىلگى
茶蔗子属	cházhèzǐshǔ	قاراقات تۇسى
柴胡属	cháihúshǔ	بۇپىلەۋىر تۇس
掺和	chānhuo	ارالاستىرۇ
缠绕	chánrào	ورالۇ، شىرمالۇ
缠绕茎	chánràojīng	ورالعىش ساباق، شىرمالعىش ساباق
缠绕藤本	chánrào téngběn	ورالعىش سۇلاما ساباق
缠绕植物	chánrào zhíwù	شىرمالعىش وسىمدىكتەر
蟾蜍	chánchú	جىلان كەسىرتكە
产草量	chǎncǎoliàng	ٴشوپ ٴونىمى، ٴشوپ ٴتۇسىمى
产后瘫痪	chǎnhòu tānhuàn	تۇتتتان كەيىن تالىقسۇ، سالدانۇ
产量	chǎnliàng	ٴونىم مولشەرى
产卵	chǎnluǎn	جۇمىرتقالاۇ
产卵瓣	chǎnluǎnbàn	جۇمىرتقالاۇ جاپىراقشاسى
产卵器	chǎnluǎnqì	جۇمىرتقالاۇ ورگانى
产肉	chǎnròu	ەت بەرۇ
产乳	chǎnrǔ	ٴسۇت بەرۇ
产生	chǎnshēng	پايدا بولۇ

产物	chǎnwù	تؤىندى
产仔	chǎnzǎi	تولدەۇ
铲草（除草）	chǎncǎo（chúcǎo）	ٴشوپ وتاۋ
铲子	chǎnzi	وتاعىش
猖獗性害鼠	chāngjuéxìng hàishǔ	سۇراپىل پايدابولاتىن زيانكەس تىشقان
菖蒲属	chāngpúshǔ	ايىر ـ اندىز، ساساق قوعا قؤسى
长苞节节木	chángbāo jiéjiémù	ۇزىن گۇل سەرىك سەكشەۇلشەسى
长薄荷	chángbòhe	ارىق جالبىز
长蝽科	chángchūnkē	ۇزىن ساساق قوڭىز تؤستاسى
长度	chángdù	ۇزىندىق، ۇزىندىعى
长耳跳鼠	cháng'ěr tiàoshǔ	قالقان قۇلاق قوس اياق
长角（长角果）	chángjiǎo（chángjiǎoguǒ）	
قىناپ جەمىسى (قؤس ؤياسىنان كوپ تؤقىم ورنالاسقان جەمىسى)		
长茎银莲花	chángjīng yínliánhuā	ۇزىن جەز بؤزار
长芒草	chángmángcǎo	قىلتاندى بؤزدىق
长毛黄芪	chángmáo huángqí	جۇندەس تاسپا
长期	chángqī	ۇزاق مەزگىل
长期测报	chángqī cèbào	ۇزاق مەرزىمدى بارلاۋ
长期预报	chángqī yùbào	ۇزاق مەرزىمدى الدىن ـ الا مالىمەت بەرۇ
长日照植物	chángrìzhào zhíwù	ۇزاق كۇندىك وسىمدىكتەر
长生草属	chángshēngcǎoshǔ	بۇيشاك جەرتارعاق، كوك مارال تؤستاس
长生果	chángshēngguǒ	جەرجاڭعاعى، حؤاساك
长寿多年生牧草	chángshòu duōniánshēng mùcǎo	ۇزاق ٴومىرلى كوپ جىلدىق شوپتەر
长尾仓鼠	chángwěi cāngshǔ	ۇزىن قؤيرىق قامبا تىشقانى
长尾旱獭	chángwěi hàntǎ	ۇزىن قؤيرىق سؤىر
长尾黄鼠	chángwěi huángshǔ	ۇزىن قؤيرىق سارى تىشقانى
长效肥料	chángxiào féiliào	ۇزاق اسەرلى تىڭايتقىش، ۇزاق ٴونىمدى تىڭايتقىش
长形果实	chángxíng guǒshí	ۇزىنشاق جەمىس، ۇزىنشاق جەمىستى
长叶薄荷	chángyè bòhe	نارپۇس، جەبە جاپىراقتى جالبىز
长叶形	chángyèxíng	ۇزىنشاق جاپىراق
长营养枝	chángyíngyǎngzhī	ۇزىن ازىقتىق بؤتاق
长羽针茅	chángyǔ zhēnmáo	قاۇىرسىن سەلەۇ
长柱琉璃草	chángzhù liúlicǎo	قويان قۇلاق، باعانالى قويان قۇلاق
长爪沙鼠	chángzhuǎ shāshǔ	ۇزىن تؤياق ٴشول تىشقانى
肠	cháng	ىشەك
肠壁	chángbì	ىشەك ٴبؤيىرى

肠虫	chángchóng	ىشەك قۇرتى
肠道	chángdào	ىشەك جولى
肠腔	chángqiāng	ىشەك قۇسى
肠蠕动	chángrúdòng	ىشەكتىك جيىرىلۇ قوزعالىسى
肠肽酶	chángtàiméi	ەرەيزين، ەرعا ەرەپتازا
肠吸收	chángxīshōu	ىشەكتىك ٴسٸڭىرىلۇى
肠系膜	chángxìmó	شاجىرقاي
常发性害鼠	chángfāxìng hàishǔ	ۇدايى پايدا بولاتىن زيانكەس تىشقان
常规催芽法	chángguī cuīyáfā	بۇرشكتەنۇدنىڭ داعدىلى ٴادىسى
常见种	chángjiànzhǒng	ۇدايى كەزىگەتىن تۇرلەر
常量元素	chángliàng yuánsù	تۇراقتى شامالى ەلەمەنتتەر
常绿景天	chánglù jǐngtiān	ماڭگى ٴجاسىل ٴشوپ
常绿阔叶林	chánglù kuòyèlín	ۇنەمى جاسىل جاپىراقتى اعاشتار
常绿性	chánglùxìng	ماڭگى جاسىل قاسيەت
常绿植物	chánglù zhíwù	ماڭگى جاسىل وسىمدىكتەر
常染色体	chángrǎnsètǐ	بويالعىش زات
常温	chángwēn	ادەتتەگى تەمپەراتۇرا
常温处理	chángwēn chǔlǐ	قالىپتى تەمپەراتۇرانى باسقارۇ
常用	chángyòng	ۇنەمى قولدانىلاتىن
常雨林	chángyǔlín	ماڭگى جاڭبىرلى ورمان
超倍体	chāobèitǐ	گيپەرپلود
超纯度	chāochúndù	توتەنشە ساپتىق، توتەنشە تازالىق
超过	chāoguò	اسىپ كەتۇ
超旱生植物	chāohànshēng zhíwù	ەرەكشە قاعىردا وسەتىن وسىمدىك
超空间生态位	chāokōngjiān shēngtàiwèi	ەرەكشە كەڭىستىك ەكولوگيالىق ورنى
超亲优势	chāoqīn yōushì	اتا ـ اناسىنان اسىپ ٴتۇسۇ ەرەكشەلىگى
超数染色体	chāoshù rǎnsètǐ	اسقان كوپ ساندى بويالعىش دەنە
超显性	chāoxiǎnxìng	باسىم اشقىتىلىق، اسقان كورنەكتىلىك
超雄体	chāoxióngtǐ	ارتىق اتالقتىق
超载过牧	chāozài guòmù	تۇياق كەستى ەتۇ، اسرا مال باعۇ
巢菜属	cháocàishǔ	سيەر جوڭىشقا ەگىستىك سيەر جوڭىشقا تۇسى
巢鼠	cháoshǔ	ۇيالى تىشقان
巢穴	cháoxué	ۇيا، اپان ، ٴىن
朝天委陵菜	cháotiān wěilíngcài	الاسا قاز تابان
朝向反射	cháoxiàng fǎnshè	باعىتتالعىش رەفلەكس
潮气	cháoqì	دىمقىل، سىز

潮湿	cháoshī	للعاب
潮湿拌种	cháoshī bànzhǒng	تۆقىمدى دەم كۆيىندە دارلەۇ
潮水	cháoshuǐ	تاسقىن
车前属	chēqiánshǔ	جولجكەن، باقا جاپىراق، شاي قۇراي تۇرسى
车叶草	chēyècǎo	بوياۇ ٴشوپ، تومار بوياۇ
车轴草（三叶草）	chēzhóucǎo（sānyècǎo）	جەمىس جاپىراقتى بەدە
车轴草属	chēzhóucǎoshǔ	بەدە تۇرسى
彻底	chèdǐ	تۆبەگەيلى
沉积	chénjī	شوگۇ
沉积物	chénjīwù	تۇنبالار، شوگىندىلەر
沉积岩	chénjīyán	شوگىندى جىنىستار
沉水植物	chénshuǐ zhíwù	سۇ استى وسىمدىكتەر
沉渣	chénzhā	تۇنبا، قوقسى
陈草地	chéncǎodì	مال جايلاعان جەر
柽柳科	chēngliǔkē	جىڭگىل تۇقىمداسى
柽柳沙鼠	chēngliǔ shāshǔ	جىڭگىل تشقانى
成本	chéngběn	وزىندىك قۇن، تۇسەر نارقلى
成层	chéngcéng	قاباتتالۇ، قابات بولۇ، قاتپارلانۇ
成虫	chéngchóng	جەتىلگەن قۇرت، هەرەسەك قۇرت
成虫过冬	chéngchóng guòdōng	جەتىلگەن قۇرتتىڭ قىستان ٴوتۇى
成虫期	chéngchóngqī	جەتىلگەن قۇرتقا اينالۇ مەزگىلى
成对	chéngduì	جۇپ، قوس
成对染色体	chéngduì rǎnsètǐ	جۇپ حروموسوما
成对杂交	chéngduì zájiāo	جۇپتاپ بۇدانداستىرۇ
成分	chéngfèn	قۇرامى، قۇرام، تەك، تەگى
成活率	chénghuólǜ	قاتارعا قوسلۇ سالستىرماسى
成活期	chénghuóqī	پىسۇ، پىسىپ ـ جەتىلۇ مەزگىلى
成卵期	chéngluǎnqī	جۇمىرتقا ٴبولۇ مەزگىلى، ۇرىق بولۇ مەزگىلى
成年	chéngnián	هەرەسەك، جاسامىس، ۇزىن جىلدىق
成胚	chéngpēi	دانەككە اينالۇ
成熟	chéngshú	پىسۇ
成熟卵	chéngshúluǎn	جەتىلگەن تۇقىم
成体	chéngtǐ	جەتىلگەن دەنە، جەتىلگەنى
成体阶段	chéngtǐ jiēduàn	جەتىلگەن ساتىسى
成体生殖	chéngtǐ shēngzhí	جەتىلپ كوبەيۇ
成土	chéngtǔ	توپىراق قۇراۇ

成土过程	chéngtǔ guòchéng	توپىراقتىڭ قورالۇ بارىسى
成土母质	chéngtǔ mǔzhì	توپىراق قورايتىن انالىق جىنىس
成土物质	chéngtǔ wùzhì	توپىراق قورايتىن مىنەرال
成团	chéngtuán	توپتاسۇ
成灾规律	chéngzāi guīlù	اپات تۆدىرۇ زاڭدىلىعى
成株	chéngzhū	جەتىلگەن ءتۇپ، وسىمدىك ءتۇبىنىڭ جەتىلۇى
程度	chéngdù	دارەجە، شاما، مولشەر
程序	chéngxù	ءتارتىپ، رەت، قاعيدا
池沼物质	chízhǎo wùzhì	شالشىق وسىمدىگى، ساز وسىمدىگى
迟缓	chíhuǎn	باياۇ
迟效肥料	chíxiào féiliào	باياۇ اسەرلى تىڭعايتقىش
迟效磷	chíxiàolín	باياۇ ءونىمدى فوسفور
持久性肥料	chíjiǔxìng féiliào	تۇراقتى تىڭعايتقىش
持水能力	chíshuǐ nénglì	سۇ ساقتاۇ قابىلەتى
持水性	chíshuǐxìng	سۇ ساقتاعىش
匙叶草属	chíyècǎoshǔ	كەرمەك تۇقسى
尺蛾科	chǐ'ékē	سارجان قۇرت تۇقىمداسى
齿层	chǐcéng	جاپىراقتىڭ شەتىندەگى ىرەك
齿稃草	chǐfūcǎo	شەگىر ءبيداي
齿根	chǐgēn	ءتىس ءتۇبى
齿果	chǐguǒ	ءتىستى جەمىس
齿耙	chǐpá	تىرما
齿叶	chǐyè	ءتىس جاپىراق، ارا جاپىراق
赤豆	chìdòu	قىزىل بۇرشاق
赤颊黄鼠	chìjiá huángshǔ	قىزىل جاعال سارى تىشقان
赤箭	chìjiàn	قىزىل كەندىر
赤霉病	chìméibìng	قىشقىل شىرتكىش دەرتى
赤芍	chìsháo	قىزىل شۇعىنىق
赤松	chìsōng	قىزىل قاراعاي
赤铁矿	chìtiěkuàng	قىزىل تەمىر رۇداسى
赤须盲蝽	chìxū mángchūn	قىزىل مۇرتتى كوزسىز ساسىق قوڭىز
赤眼蜂科	chìyǎnfēngkē	قىزىل كوز ارا تۇقىمداسى
赤杨	chìyáng	قاندىر اعاش، قىزىل تەرەك
翅膀	chìbǎng	قانات
翅轭区	chì'èqū	موينتترىعى
翅果	chìguǒ	قاناتتى تۇقىم

翅脉	chìmài	قانات تالشقتارى
翅臀区	chìtúnqū	قانات قۇيرىق اۇماعى
翅芽	chìyá	قاناتتاسۇ
翅腋区	chìyèqū	قولتىق
翅藻	chìzǎo	الاريا (بالدىردىڭ ٴبىر ٴتۇرى)
翅褶	chìzhě	قانات قاتپار
翅痣	chìzhì	قانات داعى
翅主区	chìzhǔqū	قانات نەگىزگى اۇماعى
充满	chōngmǎn	تولۇ
冲积地草地	chōngjīdì cǎodì	تۇنبا جايىلمدارى
冲积平原	chōngjī píngyuán	تۇنبا جازىقتىق
冲积土	chōngjītǔ	شوككەن توپىراق، تۇنبا
冲积物	chōngjīwù	شايىندى جىنىستار
虫	chóng	ناسوكوم، قۇرت
虫病	chóngbìng	قۇرت ٴتۇسۇ
虫草	chóngcǎo	قۇرت ٴشوپ
虫道	chóngdào	قۇرت جولى
虫害	chónghài	جاندىكتەر زيانى، جاندىك زاقىمى
虫胶	chóngjiāo	جاندىك ،ٴشايىسرى، كۆلگىن جەلىم
虫介科	chóngjièkē	سامىر تۇقىمداسى
虫口	chóngkǒu	جاندىك ساتى
虫蜡	chónglà	جاندىك بالاۋىزى
虫龄	chónglíng	قۇرت جاسى
虫媒传粉	chóngméi chuánfěn	ناسەكومدار ارقىلى توزاڭدانۇ
虫情	chóngqíng	زياندى قۇرت جاعدايى
虫实	chóngshí	بال قاڭباق، مايقاڭباق
虫蛀	chóngzhù	قۇرت جەۇ، قۇرت كەمىرۇ
虫蛀种子	chóngzhù zhǒngzi	قۇرت جەگەن تۇقىم، قۇرت تۇسكەن تۇقىم
重瓣花	chóngbànhuā	قاتپارگۇل، بۇيراگۇل، كوپ جاپىراقشالى گۇل
重齿	chóngchǐ	قوس ٴتىس
重复杂交	chóngfù zájiāo	قايتالاي بۇدانداستىرۇ
重耕	chónggēng	قايتالانىپ جىرتىلۇ
重花被	chónghuābèi	قوس گۇل سەربك
重锯齿	chóngjùchǐ	قاپتار ٴتىستى (جاپىراق)
重楼属	chónglóushǔ	قارعا كوز تۇسى

重新	chóngxīn	قايتا باستاۇ
重芽（双芽）	chóngyá（shuāngyá）	قوس بۇرشى، ەگىز بۇرشەك
重足纲	chóngzúgāng	كوپ اياقتىلار كلاسى
重组子	chóngzǔzǐ	قايتا بىرىككەن دەنە
抽茎	chōujīng	ساباقتانۇ
抽穗	chōusuì	ماساقتانۇ، باس جارۇ
抽苔期	chōutáiqī	تۇقىم ساعاعىنىڭ شعۇ مەزگىلى
抽雄	chōuxióng	اتالىقتىڭ باس جارۇى
抽芽	chōuyá	بۇرشىكتەۇ، وركەن شعارۇ، كۇشىكتەۇ
抽样	chōuyàng	ۇلگى الۇ
臭柏	chòubǎi	ساسىق ارشا
臭草属	chòucǎoshǔ	شاعىر ٴبيداي، ساسىق ٴشوپ تۇسى
臭虫	chòuchóng	قاندالا
臭虫科	chòuchóngkē	ساسىق قوڭىز تۇستاس
臭椿	chòuchūn	ساسىق ٴيەڭكى، شوللەك
臭味	chòuwèi	ساسىق ٴيىس
臭腺	chòuxiàn	ساسىق بەز
出栏率	chūlánlù	قولدان شىققان مال شاماسى
出苗	chūmiáo	كوكتەۇ، تەبىندەۇ، وسكىندەۇ
出苗不齐	chūmiáo bùqí	مايسا تەگىس شىقپاۇ
出苗盛期	chūmiáo shèngqī	كوكتەۇ مەزگىلى، مايسا شعارۇ مەزگىلى
出苗始期	chūmiáo shǐqī	العاشقى كوكتەۇ مەزگىلى
出牧	chūmù	قوي ورگىزۇ، وركىزۇ
出生率	chūshēnglù	تۇۇلۇ مولشەرى
出现	chūxiàn	بايلىققا كەلۇ
出芽	chūyá	بۇرشىكتەنۇ، بۇرشىكتەۇ
出油率	chūyóulù	ماي شعارۇ مولشەرى
初次侵染	chūcì qīnrǎn	العاشقى رەت جۇعىمدالۇ
初花期	chūhuāqī	العاشقى گۇل اشۇ مەزگىلى
初级分裂组织	chūjí fēnliè zǔzhī	العاشقى ٴبولىنۇ تكاندارى
初级卵原细胞	chūjí luǎnyuánxìbāo	العاشقى انالىق كلەتكا
初级性原细胞	chūjí xìngyuánxìbāo	العاشقى جىنىستىق كلەتكا
初期	chūqī	العاشقى مەزگىل
初乳	chūrǔ	ۇىز، باستاپقى ۇرىق ۇىزى
初生分生组织	chūshēng fēnshēng zǔzhī	العاشقى ٴبولىنىپ وسكەن تكان

初生根	chūshēnggēn	العاشقى تامىر
初生根皮层	chūshēnggēn pícéng	العاشقى سۇ، باستاپقى سۇ
初生茎皮层	chūshēngjīng pícéng	تامىردىڭ العاشقى قابىعى
除草剂	chúcǎojì	ٴشوپ وتايتىن دارىلەر
锄草	chúcǎo	ٴشوپ وتاۇ
处理	chǔlǐ	ٴبىر جاقتىلى ەتۇ
处女地	chǔnǚdì	تىڭ جەر
储量	chǔliàng	ساقتالۇ مولشەرى
触角	chùjiǎo	مۇرتشا
触角窝	chùjiǎowō	مۇرتشا ٴۇيى
触角形状	chùjiǎo xíngzhuàng	مۇرتشالاردىڭ ۋرامالارى
触觉	chùjué	سەزىنۇ
触觉通讯	chùjué tōngxùn	سوعىلۇ ٴحەمفورتسيا
触毛	chùmáo	تۇيسەك ٴجۇن
触杀	chùshā	سوعىلۇ
川贝母	chuānbèimǔ	سجۇان سەكپىل گۇلى
川芎	chuānxiōng	ٴيستى تامىر
穿刺	chuāncì	شانشىپ ەتۇ
穿茎叶	chuānjīngyè	ساعاعىن ۋراعان جاپىراق
传播	chuánbō	تارالۇ، تاراتۇ
传播媒介	chuánbō méijiè	تاراتۇشى، جۇقتىرۇشى
传出纤维	chuánchū xiānwéi	ورتالىقتان شەعاتىن تالشىق
传导性	chuándǎoxìng	ٴوتكىزگىشتىگى
传毒昆虫	chuándú kūnchóng	ۆيروس تاراتاتىن ناسەكومدار
传粉（授粉）	chuánfěn（shòufěn）	توزاڭدانۇ
传染病	chuánrǎnbìng	جۇقپالى دەرت
传入纤维	chuánrù xiānwéi	ورتالىققا كىرەتىن تالشىق
垂柏	chuíbǎi	جىلاۇىق تال، مۇڭلى تال
垂穗披碱草	chuísuì pījiǎncǎo	ماساقتى سورتاڭ ٴشوپ
垂直	chuízhí	پەرپەندىكۇليار
垂直地带性	chuízhí dìdàixìng	تىك بەلدەۇلىك قاسيەت
垂直分布	chuízhí fēnbù	تىك تارالۇ
垂直抗性	chuízhí kàngxìng	پەرپەندىكۇليار قارسىلىق قاسيەت
垂直轴	chuízhízhóu	تىك بەلدەۇلىك
锤状	chuízhuàng	ورمالى بالعا

春白菊	chūnbáijú	اقشىل شاشاق باسى
春播	chūnbō	كوكتەمگى ەگىس، كوكتەمدە تۇقىم سەبۇ
春播作物	chūnbō zuòwù	كوكتەمدە ەگىلەتىن داقىلدار
春肥	chūnféi	كوكتەمدەگى تىڭايتقىشتار
春分	chūnfēn	كۈن مەن ٴتۈننىڭ كوكتەمگى
春耕	chūngēng	كوكتەمگى ەگىس
春灌	chūnguàn	كوكتەمگى سۋارۇ
春化阶段	chūnhuà jiēduàn	بۇرشىكتەندىرۇ ساتىسى، ٴبورتتىرۇ كەزەڭى
春黄菊属	chūnhuángjúshǔ	وگىز كوز تۇستاسى
春兰	chūnlán	جىلان قياق
春蓼	chūnliǎo	ايلان ٴشوپ تاران
春麦	chūnmài	جازدىق ٴبيداي
春秋场	chūnqiūchǎng	كوكتەۋلىك، كۇزەۋلىك
春香草	chūnxiāngcǎo	رايحانگۇل
春性植物	chūnxìng zhíwù	جازدىق وسىمدىكتەر
春榆	chūnyú	شەگىرشەك
蝽	chūn	ساسىق قوڭىز
蝽科	chūnkē	ساسىق قوڭىز تۇقىمداسى
蝽象	chūnxiàng	ساسىق قوڭىز
纯粹	chúncuì	پاك
纯合体	chúnhétǐ	ۇقساس زيگوتا
纯合性	chúnhéxìng	تازا قوسپالىلعى
纯系	chúnxì	تازا سيستەما
纯种	chúnzhǒng	تازا تۇقىم
唇基	chúnjī	ەرىن ٴتۈبى
唇形科	chúnxíngkē	ەرىندى گۇلدەر تۇقىمداسى
唇足纲	chúnzúgāng	ەرىنمەن جۇرۇشلەر كلاسى
醇	chún	سپيرت
醇胺	chún'àn	سپىرتتى امين
醇醚	chúnmí	سپىرتتى ەفير
雌孢子	cíbāozǐ	انالىق سپورا
雌虫	cíchóng	انالىق قۇرت
雌蛾	cí'é	انالىق كوبەلەك
雌蜂	cífēng	انالىق ارا، انا ارا
雌花	cíhuā	انالىق گۇل

雌花穗	cíhuāsuì	انالىق گۇل جەبەسى
雌花序	cíhuāxù	انالىق گۇل شوعىرى
雌蕾	cílěi	اتالىق ٴتۇيىن
雌胚子	cípēizǐ	انالىق جىنستى كلەتكا
雌蕊	círuǐ	انالىق
雌蕊柄（子房柄）	círuǐbǐng（zǐfángbǐng）	انالىق ساعاق
雌体	cítǐ	انالىق دەنە
雌性生殖系统	cíxìng shēngzhí xìtǒng	انالىق كوبەيۇ سيستەماسى
雌性腺	cíxìngxiàn	انالىق بەز
雌雄二型现象	cíxióng èrxíng xiànxiàng	ٴداۇىردەك الماسۇى
雌雄混株	cíxióng hùnzhū	كوپ ۇيىلىك، ارالاس جىنستى ساباقتار
雌雄两性花同株	cíxióng liǎngxìng huā tóngzhū	انالىق ـ اتالىق ٴبىر تۇستەگى گۇل
雌雄同花	cíxióng tónghuā	اتالىق پەن انالىق ٴبىر گۇلگە ورنالۇ
雌雄同序物	cíxióng tóngxùwù	قوس جىنستى وسىمدىك
雌雄同株花	cíxióngtóngzhūhuā	قوس جىنستى گۇلدەر
雌雄异花	cíxióng yìhuā	دارا جىنستى گۇلدەر
雌雄异株植物	cíxióng yìzhū zhíwù	قوس ٴۇيىلى وسىمدىك
雌雄杂株型植物	cíxióngzázhūxíng zhíwù	كوپ نەكەلى وسىمدىك
雌芽花	cíyáhuā	انالىق بۇرشكتى گۇل
雌株	cízhū	انالىق ٴتوپ
次分生组织	cìfēnshēng zǔzhī	كەيىن بولىنگەن تكان
次后头沟	cìhòutóugōu	قوسالقى باس اترەتى وزەگى
次级消费者	cìjí xiāofèizhě	ەكىنشى رەتكى تۇتىنۇشىلار
次级原体细胞	cìjí yuántǐxìbāo	ەكىنشى دارەجەلى العاشقى دەنە كلەتكا
次生	cìshēng	تۇىندى
次生根	cìshēnggēn	سوڭعى تامىر، قوسالقى تامىر
次生裸地	cìshēng luǒdì	ەكىنشى رەت جالاڭاشتانعان
次生木质部	cìshēng mùzhìbù	كەيىنگى سۇرەك
次生皮层	cìshēng pícéng	استار قابىق
次生盐碱化	cìshēng yánjiǎnhuà	قايتا سورتاڭدانۇ
次生叶	cìshēngyè	قوسالقى جاپىراق
次要肥料	cìyào féiliào	قوسىمشا تىڭايتقىش
刺	cì	قىلتان، تىكەن
刺柏	cìbǎi	تاۇ ارشاسى
刺儿菜	cì'ercài	تىكەن قۇراي
刺果芹属	cìguǒqínshǔ	تىكەن بالدىرعان تۇسى

刺花丹属	cìhuādānshǔ	كەمپىر ُشوپ تۆسسى
刺槐	cìhuái	رويىنيا، اق قاراعان
刺激	cìjī	تتتركەندرۇ
刺激剂	cìjījì	تتتركەندرگش
刺激源	cìjīyuán	تتتركەندرۇ قايناري
刺芥属	cìjièshǔ	كوكباس گۇل تۆسسى
刺木蓼	cìmùliǎo	قلتاندى قويان سۆيەك
刺葡萄（醋栗果）	cìpútáo（cùlìguǒ）	توشالا
刺沙蓬	cìshāpéng	تەكەندى قۇم قۇمارشاعى
刺山柑	cìshāngān	تەكەندى كاۋال
刺舐式	cìshìshì	جالاعىش فورمالى
刺鼠	cìshǔ	شانشقلى تىشقان
刺猬	cìwei	كرپىكشەشەن
刺吸式	cìxīshì	ُسسمرۇ فورماسى
刺叶锦鸡儿	cìyè jǐnjī'er	تەكەن قاراعان
葱属	cōngshǔ	جۇا تۆس
丛播	cóngbō	ۆيالاپ ەگۇ
丛林	cónglín	بەتتەك ورمان، توعاي
丛木	cóngmù	بۇتا، بۇتا بۇرگەن
丛生	cóngshēng	شوقتانىپ ُوسۇ، بيىك ُوسۇ
丛生禾草	cóngshēng hécǎo	شوعىرلانىپ وسەتىن استىق تۇقىمداس
丛生赖草	cóngshēng làicǎo	شوعىر قياق
丛生叶	cóngshēngyè	شوعىر جاپىراق
丛枝	cóngzhī	قالىڭ بۇتاق
粗糙独行菜	cūcāo dúxíngcài	ەت جاپىراقتى شتترماق
粗糙叶	cūcāoyè	كەدىر جاپىراق
粗蛋白	cūdànbái	انايى بەلوك، شالا بەلوك
粗放	cūfàng	بەتتىراندى باعۇ، قارا ُدۇرسسندى باعۇ
粗肥	cūféi	قۇنارسىز تەڭايتقش
粗粉	cūfěn	كەبەك، بۇزى
粗粉粒	cūfěnlì	ُرى مايدا تۆيىرشك
粗杆芥	cūgǎnjiè	قوتىر جۇمشاق
粗料（粗饲料）	cūliào（cūsìliào）	كولەمدى ازىقتتق، قۇنارسىز ازىقتتق
粗毛甘草	cūmáogāncǎo	بۇدىر ميا
粗面岩	cūmiànyán	بۇدىرلى جىنىس
粗黏粒	cūniánlì	كەسەك كەرىش تۆيىرشك

粗砂粒	cūshālì	ئىرى قۇمدى تۇيىرشەك
粗细	cūxì	مايدا ـ ىرىلكى
粗纤维	cūxiānwéi	ئىرى تالشىق
粗脂肪	cūzhīfáng	انايى ماي
粗质土	cūzhìtǔ	ناشار توپراق
粗壮嵩草	cūzhuàng sōngcǎo	جۇان سەرەق
促成休眠	cùchéng xiūmián	ئماجبۇرنى تولاس (وسمدىكتك ماجبۇرلى وسپەۇى)
促进	cùjìn	ىلگەرلەتۇ
促生素	cùshēngsù	ييوتين، جەتىلدىرگىش گورمون
猝倒病	cùdǎobìng	تۆتقىل جابىلىپ قالۇ دەرتى
猝倒性立枯病	cùdǎoxìng lìkūbìng	جاپىراق سىياتتى تامىر جەڭى
醋酸（乙酸）	cùsuān（yǐsuān）	سىركە قشقىلى
醋糟	cùzāo	سىركە سۇ قورابىاسى
簇花芹	cùhuāqín	شوق گۇل
簇花酸模	cùhuā suānmó	شوق گۇلدى قمىزدىق
簇生卷耳	cùshēng juǎn'ěr	ورمە ئمۇيىز ئشوپ
簇叶	cùyè	جاپىراق، جاپىراق ئبۇرى
簇叶病	cùyèbìng	جاپىراقتك ئبۇرىسۇ دەرتى
催干剂	cuīgānjì	كەپتىرۇ ئدارىسى
催花激素	cuīhuā jīsù	گۇل اشۇدى جەدەلدەتكەش گورمون
催化剂	cuīhuàjì	كاتالىزاتور، كاتالىز
催酶	cuīméi	تەزدەتۇ فەرمەنتى
催眠	cuīmián	ارباۇ، ۇيقتاتۇ، كمپىنوزا
催苗肥	cuīmiáoféi	مايسالاندىرۇ تەڭايتقىش
催熟	cuīshú	تەز پسىرۇ
催吐	cuītù	قۇستىرۇ
催芽期	cuīyáqī	بۇرشكتەندىرۇ مەزگىلى
脆性	cuìxìng	مورت
翠菊属	cuìjúshǔ	شاي توبىلعى
翠雀花	cuìquèhuā	تەگەۇرەنگۇل، ەكپە سۇمەلەك
存活率	cúnhuólù	قاتارعا قوسىلۇى
存栏	cúnlán	قولدا بارى
寸草苔（卵穗苔草）	cùncǎotái（luǎnsuì táicǎo）	الاسا قياق
莛草	cuòcǎo	قرىق بۇن
措施	cuòshī	شارا، ئەدس
锉吸式	cuòxīshì	شايناۇ اپپاراتى

达乌尔鼠兔	Dáwū'ěr shǔtù	داۋۇر تشقان پىشسنندەس قويان
打包机	dǎbāojī	تايلاعش ماشينا
打草	dǎcǎo	ٴشوپ شابۇ
打草场	dǎcǎochǎng	شاپپالىق جەر، شاپپالىق
打草场留茬	dǎcǎochǎng liúchá	شاپپالىق باياسى
打草机	dǎcǎojī	ٴشوپ شابۇ ماشيناسى
打捆（扎捆）	dǎkǔn（zākǔn）	باۇلاۋ
大孢子	dàbāozǐ	ۇلكەن سپورا، ماكرو سپورا
大孢子母细胞	dàbāozǐ mǔxìbāo	ۇلكەن سپورانىڭ انالىق كلەتكاسى
大孢子体	dàbāozǐtǐ	ۇلكەن سپورا دەنەشگى
大仓鼠	dàcāngshǔ	ۇلكەن قامبا تشقانى
大草蛉	dàcǎolíng	ۇلكەن التىن كوز تۇقىمداسى
大肠	dàcháng	جۇان ٴشەك (بۇيەن)
大肠杆菌	dàcháng gǎnjūn	جۇان ٴشەك تاياقشا باكتەرياسى
大垫尖翅蝗	dàdiànjiānchìhuáng	ۇشكىر قانات شەگىرتكە
大动脉	dàdòngmài	ارتەريا
大豆	dàdòu	تۇيە بۇرشاق
大豆属	dàdòushǔ	سويا بۇرشاق تۇسى
大杜鹃	dàdùjuān	ۇلكەن كوكەك
大萼委陵菜	dà'è wěilíngcài	جەڭشكە قاز تابان
大耳禾鼠	dà'ěr héshǔ	ەگستىك تشقان
大拂子茅	dàfúzǐmáo	ەركەك ايىر ۇڭ
大花龙胆	dàhuā lóngdǎn	ۇلكەن كوك گۇل
大画眉草	dàhuàméicǎo	باستى ٴشيتارى
大黄	dàhuáng	راۋاعاش
大戟科	dàjǐkē	سۇتتتگەن تۇقىمداسى
大蓟	dàjì	ايۇ باس تىكەن، ۇلكەن اق تىكەن
大碱茅	dàjiǎnmáo	ۇلكەن اق مامىق
大结肠	dàjiécháng	ۇلكەن قارتا
大看麦娘	dàkānmàiniáng	كەلتە تۇلكى قۇيرىق
大赖草	dàlàicǎo	جۇان قياق
大理岩	dàlǐyán	مسرامور

大力	dàlì	زور كۈشپەنەن
大丽花	dàlìhuā	اسەمگۈل، انار قىزىل گۈل
大量	dàliàng	زور مولشەردە
大量元素	dàliàng yuánsù	زور مولشەردەگى (كۆپ مولشەردەگى) ەلەمەنت
大列当	dàlièdāng	ٔداۋ سۈٔگعلا
大林姬鼠	dàlín jīshǔ	ورمان ۋٔلكەن تىشقانى
大陆动物区系	dàlù dòngwù qūxì	قۇرلىق حايۋاناتتارى وۇعىرلىك جۇٔيەسى
大陆空气	dàlù kōngqì	قۇرلىقتىق اۋا
大麻	dàmá	ەگستىك كەندىر
大麦	dàmài	ارپا
大麦秆锈病	dàmài gǎnxiùbìng	ارپا ساباق تات دەرتى
大麦属	dàmàishǔ	ارپا تۇٔسى
大苗多浇	dàmiáo duōjiāo	ۋٔلكەن مايسانى كۆپ سۋارۋ
大脑	dànǎo	ۋٔلكەن مي
大脑垂体	dànǎo chuítǐ	ۋٔلكەن مي قوسالقىسى
大农业	dànóngyè	ٔىرى اۋٔىل ـ شارۋٔاشلعى
大配子（雌配子）	dàpèizǐ（cípèizǐ）	ۋٔلكەن گاماتا
大气	dàqì	اتموسفەرا
大气压	dàqìyā	اتموسفەرا قىسمى
大青（山尾花）	dàqīng（shānwěihuā）	جولجەلكەن
大青杨	dàqīngyáng	بويشاڭ كۈك تەرەك
大青叶蝉	dàqīngyèchán	ۋٔلكەن كۈك بەزىلدەۋٔك قۇرت
大沙鼠	dàshāshǔ	ٔشول تىشقان
大山雀	dàshānquè	تاۋ شىمشعى
大田试验	dàtián shìyàn	اتىز تاجىريبەسى
大小斑病	dàxiǎobānbìng	ۋٔلكەندى ـ كىشلى داق دەرتى
大羊茅	dàyángmáo	ەركەك بەتەگە
大药赖草	dàyào làicǎo	ەركەك ٔشوپ
大叶章	dàyèzhāng	كەڭ جاپىراقتى ايسرىق
大于	dà yú	ۋٔلكەن
大针茅	dàzhēnmáo	سادساق بوز ، نارسەلەۋٔ
大值	dàzhí	ۋٔلكەن مانى
大致	dàzhì	ۋٔلكەن جاقتان
大爪草属	dàzhuǎcǎoshǔ	مايدا ٔشوپ تۇٔسى
大籽蒿	dàzǐhāo	ەرمەن
大紫草	dàzǐcǎo	جىلان ٔشوپ

代	dài	ۋرپاق، بؤن
代谢	dàixiè	زات الماستىرۋ، مەتاپوليزم
代谢水	dàixièshuǐ	زات الماستىرۋ سۇى
代谢物	dàixièwù	زات الماسۆدىك تؤىندىسى
代谢作用	dàixiè zuòyòng	زات الماستىرۋ رولى
带病种子	dàibìng zhǒngzi	دەرتكە شالدىققان تؤقىم
带刺植物	dàicì zhíwù	تىكەندى وسىمدىكتەر
带状叶	dàizhuàngyè	تاسپا جاپىراق
带子叶出土	dài zǐyè chūtǔ	تؤقىم جاپىراقشاسىن توپىراق بەتىنە الا شەۋ
袋	dài	دوربا
丹参	dānshēn	دالا جالبىز تؤسى
单瓣花	dānbànhuā	سىڭارگۇل، سىڭار ٴبۇيىر گۇلى
单倍花	dānbèihuā	ٴبىر جامىلعىلى
单倍花植物	dānbèihuā zhíwù	ٴبىر جامىلعىلى وسىمدىكتەر
单倍体	dānbèitǐ	دارا جامىلعىلى گۇلدەر
单倍体育种	dānbèitǐ yùzhǒng	ٴبىر ەسەلى دەنەلى سورت جەتىستىرۋ
单壁孔	dānbìkǒng	جاي كلەتكالى ساڭلاۋ
单侧花	dāncèhuā	ٴبىر جاپىراقشالى گۇل
单雌蒿	dāncíhāo	تومار جۇسان
单雌群	dāncíqún	تاق انالىق شوعىرى
单刺蝼蛄	dāncì lóugū	جالاك تؤكتى بؤزاۋ باس
单顶花序	dāndǐng huāxù	جالعىز توبەگۇل
单萼片性	dān'èpiànxìng	دارا توستاعاعانشا جاپىراقشاسى
单冠	dānguān	دارا ٴتاجىسى، ٴبىر ايدارلى
单果	dānguǒ	دارا جەمىس
单极	dānjí	دارا جبەك
单交种（单交杂种）	dānjiāozhǒng（dānjiāo zázhǒng）	ٴبىر بؤداندىق تؤقىم
单粒	dānlì	دارا تؤيىرشىك
单年流行病	dānnián liúxíngbìng	ٴبىر جىلدا تارالاتىن دەرت
单胚	dānpēi	دارا شوقتى گۇل
单胚生殖	dānpēi shēngzhí	دارا ەمبريوننان كؤبەيۇ
单歧聚伞花序	dānqí jùsǎn huāxù	قاراپايىم توپتالعان شاتىرشا گۇل شوعىرى
单染色体	dānrǎnsètǐ	بويالعىش تاق دەنە
单伞花序	dānsǎn huāxù	قاراپايىم شاتىرشا گۇل شوعىرى
单生花	dānshēnghuā	دارا شوقتى گۇل
单食性	dānshíxìng	دارا ازىقتىق

单数羽状复叶	dānshù yǔzhuàng fùyè	تاق قاۋۇرسىندى كۆردەلى جاپىراق
单糖	dāntáng	جاي قانت، مونو ساحاريد
单位	dānwèi	بىرلىك
单细胞腺	dānxìbāoxiàn	دارا كلەتكالى بەز
单心皮	dānxīnpí	ٴبىر جەمىستى گۇل، شالا گۇل
单性花	dānxìnghuā	ۇرىقتانباي پايدا بولعان جەمىس
单性结实果	dānxìngjiēshíguǒ	ٴبىر جىنىستى ۆسمدىكتەر
单性植物	dānxìng zhíwù	دارا اتالىقتى
单雄性	dānxióngxìng	جاي ۇركەن، جەكە ۇركەن
单芽	dānyá	جاي جاپىراق
单眼	dānyǎn	دارا كوز
单叶	dānyè	ٴبىر اشا شوعەرلى گۇل شوعى
单轴	dānzhóu	دارا جاتىندى
单株选择	dānzhū xuǎnzé	جەكە تۇپتەردەن سۇرىپتاۋ
单子房	dānzǐfáng	ٴبىر كەندىكتى، دارا جاتىندى
单子叶胚	dānzǐyèpēi	دارا جاپىراقتى ۇرىق
单子叶种子植物	dānzǐyè zhǒngzi zhíwù	دارا جارناقتى تۇقىمدى ۆسمدىكتەر
担子孢子	dānzǐ bāozǐ	يمەك سپور
胆	dǎn	ٴوت
胆草	dǎncǎo	كوككۇل، شەرمەن گۇل
胆固醇	dǎngùchún	حولەسترين
淡草甸土	dàncǎodiàntǔ	شالعىندىق بوز توپىراق
淡黑垆土	dànhēilútǔ	توزاك توپىراق
淡灰钙土	dànhuīgàitǔ	كالتسيلى سورعەلت توپىراق
淡水	dànshuǐ	تۇشتى سۇ
淡棕钙土	dànzōnggàitǔ	كالتسيلى كۇلگىندەۋ توپىراق
蛋氨酸	dàn'ānsuān	مەتيونين
蛋白酶	dànbáiméi	بەلوكتى ازوت
蛋白质	dànbáizhì	بەلوك
蛋白质补充料	dànbáizhì bǔchōngliào	بەلوك تولىقتىرعىش ازىقتىقتار
蛋白质氮	dànbáizhìdàn	بەلوك تولىقتىراتىن ازىقتىقتار
蛋白质精料	dànbáizhì jīngliào	بەلوكتى جەم، جوعارى بەلوكتى ازىقتىقتار
蛋白质酶	dànbáizhìméi	بەلوك پەرمەنتى
氮	**dàn**	**ازوت**
氮肥	dànféi	ازوتتى تىڭايتقىش
氮化物	dànhuàwù	حينونين

氮气	dànqì	ازوت گازى
氮素	dànsù	ازوت
氮酸	dànsuān	ازوتتى قشقىل
导热性	dǎorèxìng	جىلۇ وتكىزگىش
导水性质	dǎoshuǐ xìngzhì	سۇ وتكىزۇ قاسىەتى
导泻	dǎoxiè	ئىش وتكىزۇ
倒伏	dǎofú	جاپسىرىلۇ
倒披针叶虫实	dàopīzhēnyè chóngshí	جابايى كۆن يەك
稻	dào	كۇرىش
稻水	dàoshuǐ	كۇرىش سۇى
得病	débìng	ئۋرۇعا دۇشار ەتۇ
德兰臭草	délán chòucǎo	ورمان شەگىر ئبيدايىق
灯光诱蛾	dēngguāng yòu'é	شىراقپەن كوبەلەك شىرعالاۇ
等翅目	děngchìmù	تەڭ قاناتتىلار
等高线	děnggāoxiàn	دەڭگەيلەس سىزىقتار
等行距	děnghángjù	تەڭ قاتار ارالعى
等级	děngjí	دارەجە
等价	děngjià	تەڭ ۋالەنتتى
等位基因	děngwèi jīyīn	تەڭ ورىندى گەندەر
等效	děngxiào	تەڭ ئونىمدى
等足类	děngzúlèi	تەڭ اياقتىلار
低产	dīchǎn	تۆمەن ئونىم
低等蛾类	dīděng élèi	تۆمەن ساتىداعى كوبەلەكتەرى
低等青贮料	dīděng qīngzhùliào	ئشوپ سۇرلەم، تۆمەن سۇرلەم
低等蠕虫	dīděng rúchóng	تۆمەن ساتىداعى قۇرتتار
低等植群	dīděng zhíqún	الاسا وسەتىن وسىمدىك توبى، جاتاعان وسىمدىك توبى
低等植物	dīděng zhíwù	تۆمەن ساتىداعى وسىمدىكتەر
低冠层	dīguāncéng	تۆمەن توپىراق قاباتى
低密度地带	dīmìdù dìdài	تۆمەن تىعىز ئوڭىر
低山	dīshān	تىرباق تاۇ، الاسا تاۇ
低山湿润草场	dīshān shīrùn cǎochǎng	جونجوتالى للعالدى جايلىم
低洼地	dīwādì	ويپات جەر
低洼地草地	dīwādì cǎodì	ويپات جايلىم
低纬度	dīwěidù	تۆمەن ەندىك
低温	dīwēn	تۆمەن تەمپەراتۇرا
低温休眠	dīwēn xiūmián	تۆمەن تەمپەراتۇرادا بۇيعۇ

低压冻干	dīyā dònggān	تومەن تەمپەراتۇرادا توڭازتىپ كەپتىرۇ
滴灌	dīguàn	تامشلاتىپ سۇارۇ
敌百虫	díbǎichóng	روگور
敌敌畏	dídíwèi	سۆيىلتۇ
底层	dǐcéng	توپىراقتىڭ تومەنگى قاباتى
底层排水（封闭排水）	dǐcéng páishuǐ (fēngbì páishuǐ)	استىڭعى قاباتتان سۇ ءعەستىرۇ
底肥	dǐféi	تاعاندىق تىڭعايتقىش
底膜	dǐmó	تۇپكى پەردە
底墒	dǐshāng	تومەن ىلعالدىق
底生胎座	dǐshēng tāizuò	ۇرىق كەندىگى، تۆقىم كەندىگى
底土施肥	dǐtǔ shīféi	نەگىزدىك توپىراققا تىڭعايتقىش بەرۇ
地被植群	dìbèi zhíqún	جەر جامىلعى وسىمدىكتەرى
地表残留量	dìbiǎo cánliúliàng	جەر بەتى قالدىعى، جەر بەتىندەگى سارقىندار
地大麻	dìdàmá	قارا ساعاق كەندىر
地带性	dìdàixìng	ءوڭىر سىپاتى
地底	dìdǐ	نەگىزگى جەر
地方品种	dìfāng pǐnzhǒng	جەرگىلىكتى سورت، جەرگىلىكتى تۆقىم
地肤	dìfū	يزەن، قىزىل يزەن
地骨	dìgǔ	الا قات، تىلەنبۇتا
地瓜	dìguā	القا، قيكوس، اق القا
地黄	dìhuáng	ويماقگۇل
地老虎	dìlǎohǔ	تامىر جەڭى، جەر جولبارىس
地面	dìmiàn	جەر بەتى
地面排水	dìmiàn páishuǐ	جەر بەتىمەن سۇ ءعەستىرۇ
地面喷雾	dìmiàn pēnwù	جەر بەتىمەن سۇ ءعەستىرۇ
地栖	dìqī	جەردە مەكەندەۇ
地球	dìqiú	جەر شارى
地上地下结果性	dìshàng-dìxiàjiēguǒxìng	قوس ءتۇرلى جەمىستىك
地上芽	dìshàngyá	جەر ءۇستى بۇرشىگى
地上芽植物	dìshàngyá zhíwù	جەر بەتىنە تاياۇ وسىمدىكتەر
地生草本植物	dìshēng cǎoběn zhíwù	جەر ءۇستى ءشوپ ساباقتى وسىمدىك
地生根	dìshēnggēn	جەر ءۇستى تامىر
地粟	dìsù	جەر جۇمىرشاق
地毯草	dìtǎncǎo	كوگىلدىر
地下害虫	dìxià hàichóng	جەر استى جاندىكتەرى
地下寄生植物	dìxià jìshēng zhíwù	جەر استى پارازيت وسىمدىكتەرى

地下结实	dìxià jiēshí	جەر استىندا ٔتويىن تاستاۋ
地下茎	dìxiàjīng	جەر استى ساباعى، جەر استى تامىر ساباعى
地下渠道	dìxià qúdào	جەر استى توعانى
地下水	dìxiàshuǐ	جەر استى سۋى
地下水位	dìxiàshuǐwèi	جەر استى سۋ دەڭگەيى
地形	dìxíng	جەر ٔتوزىلىسى
地杨梅属	dìyángméishǔ	جىلتىر ٔشوپ
地衣类	dìyīlèi	قنالار
地榆	dìyú	جەر بوياۋ
地榆属	dìyúshǔ	سيىر سىلەكەي تۇس، جەر بوياۋ تۇس
递减	dìjiǎn	ازايۋ
典型	diǎnxíng	ٔتيىپ
典型结构	diǎnxíng jiégòu	تيپتىك قۇرىلىم
典型取样	diǎnxíng qǔyàng	تيپتىك ۇلگى الۋ
点播	diǎnbō	ۋيالاپ ەگۋ
点地梅属	diǎndìméishǔ	تيپتىك
碘	diǎn	يود
电荷	diànhè	ەلەكتر زارىيادتى
电解	diànjiě	ەلەكتروين
电牧栏	diànmùlán	ەلەكترلى قورت
电子显微镜	diànzǐ xiǎnwēijìng	ەلەكترلى ميكروسكوپ
电子仪器	diànzǐ yíqì	ەلەكتر اسپاپ
垫状驼绒藜	diànzhuàng tuórónglí	جاتاعان تەرسسكەن
垫状植物	diànzhuàng zhíwù	جاتاعان وسمدىكتەر
淀粉	diànfěn	كراحمال
淀粉酶	diànfěnméi	اميلازا
淀粉鞘	diànfěnqiào	كراحمال قاباتى
淀粉种子	diànfěn zhǒngzi	كراحمال تۇقىم
淀浆	diànjiāng	قويۋلانۋ
凋萎	diāowěi	جيەرىلۋ
吊灯花	diàodēnghuā	اسپا قوڭىراۋ گۇل
吊兰	diàolán	اسپا گۇل
调查草地资源	diàochá cǎodì zīyuán	جايلىم بايلىعىن تەكسەرۋ
调查方法	diàochá fāngfǎ	تەكسەرۋ ٔادىسى
掉膘	diàobiāo	ارىقتاۋ، جۇدەۋ
叠生芽	diéshēngyá	بۇرشاق كۇلتە، كوبەلەك ٔپىشىندى كۇلتە

蝶类	diélèi	كوبەلەك
蝶形花冠	diéxíng huāguān	كوبەلەك پىشندەس كۆلتە
蝶形花科	diéxínghuākē	كوبەلەك كۆلتەلى تۆقمداستار
丁醇	dīngchún	بۇتانول، بۇتيل سپيرتى
丁酸	dīngsuān	بۇنير قشقلى
丁烷	dīngwán	بۇتان
丁香属	dīngxiāngshǔ	سيرەن تۇسى
顶冰花	dǐngbīnghuā	قاز جۇا
顶端闭合	dǐngduān bìhé	ۇشنان تۇيىقتالۇ، ۇشى تۇيىق
顶端分生组织	dǐngduān fēnshēng zǔzhī	توبەسنەن بولىنىپ ۇسۇ
顶骨	dǐnggǔ	توبە
顶花（顶生花）	dǐnghuā (dǐngshēnghuā)	توبە گۇل
顶间骨	dǐngjiāngǔ	توبە ارالىق سۇيەك
顶角	dǐngjiǎo	توبە بۇرىش
顶生	dǐngshēng	توبەسنەن ۇسۇ
顶生花序	dǐngshēng huāxù	توبەسنەن ۇسۇ
顶生胎座	dǐngshēng tāizuò	قوندرمالى تۇقمى بۇر كەندگى
顶芽	dǐngyá	توبە بۇرشك
顶羽菊	dǐngyǔjú	راۇشان كەكرە
顶羽菊属	dǐngyǔjúshǔ	ۇ كەكرە تۇسى
顶枝	dǐngzhī	توبە بۇتاق
顶枝病	dǐngzhībìng	ساباق ۇشىنىك قۇراۇى
定居轮牧	dìngjū lúnmù	وتىراقتاسپالى مالدى اۇسپالى جايلىمدا باعۇ
定量预测	dìngliàng yùcè	مولشەرىمەن تەكسەرۇ
定苗时间	dìngmiáo shíjiān	مايسانى تۇراقتاندىرۇ ۇاقتتى
定期观测	dìngqī guāncè	مەرشمدى ۇاقتتا بايقاپ باقلاۇ
定向	dìngxiàng	باعتتامالى
定向变异	dìngxiàng biànyì	باعتتاپ وزگەرتۇ
定性预测	dìngxìng yùcè	قاسيەتىن تەكسەرۇ
东北鼢鼠	Dōngběi fénshǔ	دۇڭبي كور تىشقان
东北鼠兔	Dōngběi shǔtù	دۇڭبي تىشقان پىشىندەس قويان
东北兔	dōngběitù	دۇڭبي قويان
东方旱麦草	Dōngfāng hànmàicǎo	شەعس مورتىق
东方针茅	Dōngfāng zhēnmáo	شەعس سەلەۇ
东方猪毛菜	Dōngfāng zhūmáocài	شەعس سوراك
东亚飞蝗	Dōng Yà fēihuáng	شەعس ازيا شەگىرتكە

东洋界	dōngyángjiè	شەعس مۇجيت الەم
冬孢子（越冬孢子）	dōngbāozǐ（yuèdōng bāozǐ）	قىسقى سپورا، قىساقتامالى سپورا
冬虫夏草	dōng chóng xià cǎo	قۇرت ٴشوپ
冬耕	dōnggēng	كۇزدەگى جەر جىرتۇ، كۇزگى ايداۋ
冬灌	dōngguàn	كۇزگى سۋارۋ، توڭ جاتقىزۋ
冬旱	dōnghàn	قىسقى قۇرعاقشىلىق
冬花	dōnghuā	جاۋقازىن، سارعالداق
冬葵	dōngkuí	تۇيەمە گۇل، قۇلقايىر
冬麦	dōngmài	كۇزدىك ٴبيداي، دۇمبە
冬眠芽	dōngmiányá	بۇيىققان بۇرشىك
冬牧场	dōngmùchǎng	قىستاۋ، قىستاۋلىق
冬青栎	dōngqīnglì	تاس ەمەن
冬秋季节	dōngqiū jìjié	قىس كۇز ماۋسىمى
冬性植物	dōngxìng zhíwù	كۇزدىك وسىمدىك
冬休性	dōngxiūxìng	قىسقى تولاستىق، قىسقى تولاس
冬芽	dōngyá	قىسقى بۇرشىك
冬至	dōngzhì	قىسقى كۇن توقىراۋى
动力	dònglì	قوزعاۋشى كۇش
动情期	dòngqíngqī	كۇيىت مەزگىلى
动态	dòngtài	قوزعالىس كۇيى
动态平衡	dòngtài pínghéng	قوزعالىستاعى تەپە ـ تەڭدىك
动物	dòngwù	حايۋانات
动物传播植物	dòngwù chuánbō zhíwù	حايۋانات ارقىلى تارالاتىن وسىمدىكتەر
动物地理学	dòngwù dìlǐxué	زوگەۋوگرافيا
动物胶	dòngwùjiāo	حايۋانات جەلىمى
动物生态系统	dòngwù shēngtài xìtǒng	حايۋانات سيستەماسى
动物性	dòngwùxìng	حايۋانات سيپاتتى
动物性蛋白质	dòngwùxìng dànbáizhì	حايۋان تەكتى بەلوك
动物性饲料	dòngwùxìng sìliào	حايۋانات تەكتەس ازىقتار
冻冰	dòngbīng	مۇز قاتۇ
冻地	dòngdì	قۇرعاق قاتۇ، قاتۇ
冻垡	dòngfá	قىرلارىن دۇمبەلەزدەتۇ
冻害	dònghài	ۇسىك زيانى
冻结	dòngjié	ٴۇسۋ، ۇسىك ٴجۇرۇ
冻结温度	dòngjié wēndù	قاتۇ تەمپۇراتۇراسى
冻融	dòngróng	قاتۇ جانە ەرۋ

冻上	dòngshang	ۇسك شالۇ
冻原	dòngyuán	توڭدى القاپ
洞道	dòngdào	ٴىن وتكەگى
洞口	dòngkǒu	ٴىن ۇڭزى
洞穴	dòngxué	ٴىن
胴部	dòngbù	قالتا فورمالى
兜被兰属	dōubèilánshǔ	ۇيا گۇل تۇسى
斗达草属	dǒudácǎoshǔ	تەكە ساقال تۇسى
斗篷草属	dǒupengcǎoshǔ	تەڭگە جاپىراق تۇس
斗渠	dǒuqú	كىشى ارىق، وق ارىق
豆槐	dòuhuái	هەسەك مىا
豆蓟马	dòujìmǎ	بۇرشاق تىرىتىس
豆角	dòujiǎo	ورمە بۇرشاق، باداننا
豆科	dòukē	بۇرشاق تۇقىمداس
豆类	dòulèi	بۇرشاق تۇرلەرى
豆无网长管蚜	dòuwúwǎngchángguǎnyá	بۇرشاق تۇتكىشەلى شىركەي
豆象科	dòuxiàngkē	ٴدان ٴۇبىز تۇمسەعى تۇقىمداس
豆芫菁	dòuyuánjīng	الا كۇلەك
毒	dú	ۇلى
毒草	dúcǎo	ۇ ٴشوپ، ۇلى ٴشوپ
毒蛾	dú'é	ۇنتتى كوبەلەك، ۇلى كوبەلەك
毒蛾科	dú'ékē	ۇلى كوبەلەك تۇقىمداس
毒饵	dú'ěr	ۇلى جەم، شىرعالاتقى
毒饵法	dú'ěrfǎ	قورت جويعىش
毒害	dúhài	ۇت زياناى
毒害草	dúhàicǎo	ۇلى زياندى ٴشوپ
毒剂	dújì	ۇ، ۇلى، ۇلى زاتتار
毒理作用	dúlǐ zuòyòng	ۇلاندىرۇ رولى
毒力	dúlì	ۇلاندىرۇ قۇاتى
毒麦	dúmài	ٴبيدايىق، قىزدىرما ٴبيدايىق
毒毛	dúmáo	تۇتتك
毒芹	dúqín	ۇ تامىر، ساسىق قۇراي
毒素	dúsù	ۇ تامىر، ساسىق قۇراي
毒腺	dúxiàn	ۇلى بەز
毒效	dúxiào	ۇلاندىرۇ كۇشى
毒爪	dúzhǎo	قىرىق اياق

独立分配	dúlì fēnpèi	تۇراقتى ئبولسۇ، جەكە ئبولسۇ
独立遗传	dúlì yíchuán	دەربەس تۇقىم قۇالاۇ
独特	dútè	وزگەشە
独尾草属	dúwěicǎoshǔ	شەرش تۇس
独行菜	dúxíngcài	بۇلدىرىك ئشوپ
独行菜属	dúxíngcàishǔ	شتەرماق بۇلدىرىق تۇس
堵塞	dǔsè	بىتەلۇ
杜鹃花科	dùjuānhuākē	مارال وتى تۇقىمداسى
杜梨	dùlí	جابايى المۇرت
杜松	dùsōng	بىيك ارشا، تەكەندى ارشا
端丛	duāncóng	نەرۇ شاشاقشاسى
端生薄膜组织	duānshēng báomó zǔzhī	ۇشنان وسەتىن جۇقا قابىرشاقتى تىكان
端足类	duānzúlèi	جامباس قۇرتتار
短柄黄芪	duǎnbǐng huángqí	قىسقا تاسپا
短柄枣	duǎnbǐngzǎo	قىسقا ساباقتى تاران
短草草甸	duǎncǎo cǎodiàn	جاتاعان شەم تەزەك
短耳仓鼠	duǎn'ěr cāngshǔ	شۇناق قامبا تىشقان
短耳沙鼠	duǎn'ěr shāshǔ	شۇناق ئشول تىشقان
短花桂	duǎnhuāguì	قىسقا گۇلدى اتالىق مويىن
短花针茅	duǎnhuā zhēnmáo	مەشەۇ سەلەۇ
短角果	duǎnjiǎoguǒ	قناپشا جەمسى
短角蝗科	duǎnjiǎohuángkē	مۇرتتى شەگىرتكە تۇقىمداسى
短芒草	duǎnmángcǎo	قىلدىرىقتى قوي تارلاۇ
短芒鹅观草	duǎnmáng éguāncǎo	قىسقا قىلدىرىقتى كۇمەلگەي
短命种子	duǎnmìng zhǒngzi	قۇمرى قىسقا تۇقىم
短期预报	duǎnqī yùbào	قىسقا مەرزىمدى مالىمەت بەرۇ
短期预测	duǎnqī yùcè	قىسقا مەرزىمدى بارلاۇ
短日照植物	duǎnrìzhào zhíwù	قىسقا كۇندىك وسىمدىكتەر
短生类短生草	duǎnshēng-lèiduǎnshēngcǎo	قىسقا عۇمىرلى كوپ جىلدىق شوپتەر
短生命植物	duǎnshēngmìng zhíwù	قىسقا قۇمىرلى وسىمدىكتەر
短寿多年牧草	duǎnshòu duōnián mùcǎo	قىسقا عۇمىرلى كوپ جىلدىق شوپتەر
短叶假木贼	duǎnyè jiǎmùzéi	قىسقا جاپىراقتى بۇيىرعى
短叶羊茅	duǎnyè yángmáo	قىسقا جاپىراقتى بەتەگە
短柱猪毛菜	duǎnzhù zhūmáocài	قىسقا ساباقتى سوراك
堆垛	duīduò	ئشوپ ماياسى
堆肥	duīféi	ئۇيىندى تىڭايتقىش

堆肥地	duīféidì	كوڭ ۇيىلگەن جەر
对称花	duìchènhuā	تەڭدەس گۇل سيمەتريالى گۇل
对角线采样法	duìjiǎoxiàn cǎiyàngfǎ	قارما ـ قارسى بۇرىشتىق سىزىقتى ۇلگى ٴالۋ ٴادىسى
对角线式	duìjiǎoxiànshì	بۇرىش سىزىق فورمالا
对节刺	duìjiécì	سارى تىكەن
对内检疫	duìnèi jiǎnyì	ىشكى كارانت
对生叶序	duìshēng yèxù	جاپىراقتىڭ قارما ـ قارسى ورنالاسۇى
对外检疫	duìwài jiǎnyì	سىرتقى كارانت
对照	duìzhào	سالىسترۇ
对照区	duìzhàoqū	سالىسترمالى رايون
钝基草	dùnjīcǎo	قۇم توسار
盾片	dùnpiàn	قالقانشا
多耙	duōbà	كوپ اۇدارۇ
多倍体	duōbèitǐ	كوپ ەسەلىك دەنە
多变早熟禾	duōbiàn zǎoshúhé	وزگەرگىش قوڭىرباسى
多次混合选择法	duōcì hùnhé xuǎnzéfǎ	كوپ رەت ارالاستىرىپ سۇرىپتاۇ ٴادىسى
多次结实植物	duōcì jiēshí zhíwù	كوپ رەت جەمىس بەرەتىن وسىمدىكتەر
多对基因	duōduì jīyīn	كوپ جۇپتى گەن
多风	duōfēng	بۇراندى
多父本杂交	duōfùběn zájiāo	كوپ اتالىقتى بۇداندا ستىرۇ
多耕	duōgēng	كوپ جىرتۇ
多核合子	duōhé hézǐ	كوپ يادرولى زيگوتا
多化性	duōhuàxìng	ەكنشى وزگەرس
多极	duōjí	كوپ جبىك
多孔	duōkǒng	كوپ ساڭىلاۇ
多年生	duōniánshēng	كوپ جىلدىق وسەتىن
多年生牧草	duōniánshēng mùcǎo	كوپ جىلدىق ٴشوپ
多年生宿根植物	duōniánshēng sùgēn zhíwù	كوپ جىل قستايتىن وسىمدىكتەر
多胚	duōpēi	كوپ ەمبريوندىق
多胚生殖	duōpēi shēngzhí	كوپ ەمبريوننان كوبەيۇ
多歧花序	duōqí huāxù	كۇردەلى ماسا قياسى گۇل شوعى
多少	duōshǎo	كوپ ازدىعى
多食性	duōshíxìng	كوپ حورەكتى
多室子房	duōshì zǐfáng	كوپ ٴۇيالى ٴتۇيىن، كوپ ٴۇيالى جاتىن
多态现象	duōtài xiànxiàng	كوپ كۇيلىك قۇبىلىس
多肽酶	duōtàiméi	پولي پەپتيدازا

多糖化合物	duōtáng huàhéwù	پولي ساھاريت
多系杂交	duōxì zájiāo	كوپ اتالى بؤداندادسترۇ، كوپ لەنيالى بؤداندادداسترۇ
多细胞腺	duōxìbāoxiàn	كوپ كلەتكالى بەز
多香果属	duōxiāngguǒshǔ	ٴيىستى جەمىس تؤسى
多心皮	duōxīnpí	كؤردەلى انالىق گؤل جاپىراقشاسى
多样性	duōyàngxìng	الؤان ٴتۇرلى
多元肥料	duōyuán féiliào	كوپ قورەكتى تىڭايتقىش
多元酚	duōyuánfēn	كوپ نەگىزدى پەپتوندار
多汁果	duōzhīguǒ	شىرىندى جەمىستەر
多汁饲料	duōzhī sìliào	شىرىندى ازىقتار، سؤلى ازىقتار
多枝赖草	duōzhī làicǎo	سالالى قياق
多足型	duōzúxíng	كوپ اياق ٴتيپتى

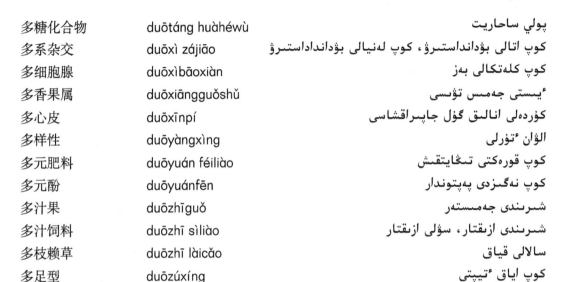

鹅	é	قاز
鹅观草属	éguāncǎoshǔ	كوملكەي تؤسى
鹅绒委陵菜	éróng wěilíngcài	ؤلپەك قاز تاپان
蛾类	élèi	جىندى كوبەلەك
额	é	ماڭداي
额唇基沟	échúnjīgōu	ماڭداي ەرىن ٴتۇبى وزەگى
额唇基区	échúnjīqū	ماڭداي ەرىن ٴتۇبى اؤماعى
额缝	éfèng	ماڭداي جاپسارى
额骨	égǔ	ماڭداي
额颊沟	éjiágōu	جاق وزەگى
额区	éqū	ماڭداي اؤماعى
轭脉	èmài	قولتىق تامىرى
轭褶	èzhě	قولتىق قاتپار
恶化	èhuà	ناشارلاۇ
萼	è	توستاعانشا
萼片	èpiàn	توستاعانشا جاپىراقشاسى
萼片状花被	èpiànzhuàng huābèi	توستاعانشا گؤل سەركى
萼筒	ètǒng	توستاعانشا قوندىرعىسى
腭板	èbǎn	تاڭداي تاقتايشاسى

腭骨	ègǔ	تاڭداي سۇيەك
颚状	èzhuàng	توستاعان فورمالى
二倍体	èrbèitǐ	ەكى ەسەلى دەنە
二点叶蝉	èrdiǎn yèchán	ەكى داقتى جاپىراق بەزىلدەۋگى
二化性	èrhuàxìng	ەكىنشى وزگەرىس
二回三出叶	èrhuísānchūyè	ەكى قايتالانعان ٴۇش جاپىراق
二回羽状复叶	èrhuí yǔzhuàng fùyè	ەكى قايتالانعان قاۋىرسىن ٴتارىزدى كۇردەلى جاپىراق
二回掌状复叶	èrhuí zhǎngzhuàng fùyè	ەكى قايتالانعان الاقان ٴتارىزدى كۇردەلى جاپىراق
二价染色体	èrjià rǎnsètǐ	ەكى قايتالانعان حرومسوما
二裂委陵菜	èrliè wěilíngcài	ايىر قاز تابان
二裂柱头	èrliè zhùtóu	ەكى ايىرىلعان انالىق اۋزى
二轮花	èrlúnhuā	ەكى جيەلىسىق گۇل، ەكى كەزەكتى گۇل
二年生植物	èrniánshēng zhíwù	ەكى جىلدىق وسىمدىكتەر
二歧聚伞花序	èrqí jùsǎn huāxù	ەكى اشا شوعىرلى گۇل شوعى
二强雄蕊	èrqiáng xióngruǐ	قوس كۇيلى اتالىق
二嗪农	èrqínnóng	ازودرين
二体雄蕊	èrtǐ xióngruǐ	ەكى اعايىندى، قوس اعايىندار
二型果	èrxíngguǒ	قوس جەمىس
二氧化碳	èryǎnghuàtàn	كومىر قىشقىلى گاز
二元复合肥料	èryuán fùhé féiliào	قوس نەگىزدى كۇردەلى قۇرامدى قوسپا تىڭايتقىش

发草	fācǎo	سەلدىرىك، تارالعىن
发达	fādá	كەمەلدەنگەن
发根	fāgēn	تامىر تارتۋ
发挥	fāhuī	ساۋلەلەندىرۋ
发酵	fājiào	اشۋ، اشتۋ
发酵母	fājiàomǔ	اشتقى، ۇيقى
发霉	fāméi	كوگەرۋ، رەڭى ٴتۇسۋ
发生	fāshēng	تۋلۇ
发芽	fāyá	كوكتەۋ، بۇرشكتەۋ
发芽率	fāyálù	كوكتەگىشتىگى
发芽势	fāyáshì	ٴونۋ قۋاتى

发芽试验	fāyá shìyàn	ٴوندىرۇ تاجىرىبەسى
发育	fāyù	جەتىلۇ
发育期	fāyùqī	جەتىلۇ مەزگىلى
发展	fāzhǎn	دامۇ
番茄	fānqié	پامىدور، قىزاناق
翻耕	fāngēng	جەر اۇدارۇ، جەر جىرتۇ
翻耕整地	fāngēng zhěngdì	جەردى اۇدارىپ تەگىستەۇ
翻砂压淤	fānshā yāyū	قۇم اۇدارىپ شايىندىنى باسۇ
翻淤压砂	fānyū yāshā	شايىندى اۇدارىپ قۇم باسۇ
繁密（茂密）	fánmì（màomì）	قالىڭ، بىتىك، جىنىس، نۇ
繁殖	fánzhí	كوبەيۇ، ٴوسۇ ، ٴونىپ ـ ٴوربۇ
繁殖力	fánzhílì	كوبەيۇ قۇاتى
繁殖器官	fánzhí qìguān	كوبەيۇ مۇشەسى
繁殖芽	fánzhíyá	جاپىراق بۇرشىگى
反刍动物	fǎnchú dòngwù	كۇيىس قايتاراتىن حايۇاناتتار
反复	fǎnfù	قايتا ـ قايتا
反散	fǎnsàn	شاشىراۇعا قارسى
反硝化	fǎnxiāohuà	كەرى ازوتتانۇ
反应	fǎnyìng	رەاكسياسى
反应因素	fǎnyìng yīnsù	رەاكسيالىق فاكتور
反映	fǎnyìng	بەينەلەۇ
反之	fǎnzhī	كەرىسىنشە
反足细胞	fǎnzú xìbāo	تەرىس اياق كلەتكا، قاراما ـ قارسى كلەتكا
返青	fǎnqīng	كوكتەۇ، قايتا كوكتەۇ
返盐	fǎnyán	سور باسۇ
返祖	fǎnzǔ	اتا تەگىنە تارتۇ، تەگىنە تارتۇ
泛滥地草甸	fànlàndì cǎodiàn	اتعار، شالعىندى
范畴	fànchóu	كاتەگوريا
范围	fànwéi	كولەم
方差	fāngchā	تۇراقسىز شاما (اينالمالى شاما)
方法	fāngfǎ	ٴادىس
方解石	fāngjiěshí	كالتسيد
方面	fāngmiàn	جاقتارى
方式	fāngshì	فورماسى
方向	fāngxiàng	باعىتى
芳香类	fāngxiānglèi	اروماتتى

芳香植物	fāngxiāng zhíwù	حوش ٴيىستى ۆسمدكتەر
防风固沙	fángfēng gùshā	بوراندى توسپ قۇمدى تىزگىندەۋ
防腐剂	fángfǔjì	شىرۇدەن ساقتايتىن ٴدارى ـ دارمەكتەر
防洪沟	fánghónggōu	تاسقىننان ساقتاۋ توعانى
防护林	fánghùlín	قورعانىس ورمانى
防涝	fánglào	سۋ باسۇدان ساقتانۋ
防御	fángyù	ساقتانۋ
防治病虫害	fángzhì bìngchónghài	دەرت ـ دەربەزدەن ساقتانۋ
纺锤丝	fǎngchuísī	ۇرشىق جىپشەسى
纺锤体	fǎngchuítǐ	ۇرشقىشا دەنە
放出	fàngchū	ٴبولىپ شعارۋ
放大镜	fàngdàjìng	لۇپا، ٴۇلكەيتكىش اينا
放牧	fàngmù	مال باعۋ
放牧场休闲	fàngmùchǎng xiūxián	جايلىمدى تىنىقتىرۋ
放牧过重	fàngmù guòzhòng	جايلىمدى تاقىرلاپ جەۋ
放牧频率	fàngmù pínlù	مال جايۋ جيىلىگى
放牧强度	fàngmù qiángdù	مال جايۋ كۆشەمەلدىگى
放牧适当	fàngmù shìdàng	لايىقتى مال جايۋ
放牧退化	fàngmù tuìhuà	مال جايلۇدان جايلىمنىڭ تۇياق كەستى بولۇى
放牧畜牧业	fàngmù xùmùyè	دالا مال شارۋاشىلىعى
放射状沟施肥法	fàngshèzhuànggōu shīféifǎ	
		ساۇلە ٴتارىزدى شۇنەكتەپ تىڭايتقىش بەرۋ ٴادىسى
放线菌	fàngxiànjūn	ساۇلەلى ساڭىراۋ قۇلاق
飞蛾	fēi'é	جەندى كوبەلەك، سايتان كوبەلەك
飞蓬属	fēipéngshǔ	مايدا جەلەك، ٴۇلى مايدا جەلەك تۇىسى
飞虱	fēishī	ۆشقىش ٴبيت
飞燕草	fēiyàncǎo	سۇمەلەك، تەگەۇىرىنگۇل
非蛋白氮	fēidànbáidàn	سۇمەلەك، تەگەۇىرىنگۇل
非等位基因	fēiděngwèi jīyīn	تەڭ ورىندى ەمەس گەن
非反刍动物	fēifǎnchú dòngwù	كۇيىس قايتارمايتىن حايۇاناتتار
非反应因素	fēifǎnyìng yīnsù	بەي رەاكسيالىق فاكتور
非密度制约因素	fēimìdù zhìyuē yīnsù	بەي تىعىزدىقتى تەجەۋ فاكتورى
非侵染性病害	fēiqīnrǎnxìng bìnghài	جۇعىمدالمايتىن دەرت
非生物	fēishēngwù	بەيبيورگانيزم
非同源染色体	fēitóngyuán rǎnsètǐ	ٴبىر تەككە ەمەس حروموسوما
非细胞有机体	fēixìbāo yǒujītǐ	كلەتكاسىز ورگانيزم

非周期性	fēizhōuqīxìng	پەريودتسز
肥地	féidì	شۇرايلى جەر، قۇنارلى جەر
肥厚	féihòu	قالىڭداۇ، جۇاندۇ
肥力	féilì	قۇنارلىق
肥料	féiliào	تىڭايتقىش
肥尾心颅跳鼠	féiwěi xīnlú tiàoshǔ	جۇان قۇيرىق قوس اياق
肥沃	féiwò	قۇنارلىق
肥效	féixiào	تىڭايتۇ ۇنىمى
肥羊草（紫草）	féiyángcǎo（zǐcǎo）	تورعاي ۇشوپ
肥源	féiyuán	تىڭايتقىش قاينارى
废弃洞	fèiqìdòng	كەرەكسىز ۇن
废弃物	fèiqìwù	كەرەكسىز زاتتار
废液	fèiyè	كەرەكسىز سۇيىقتىق
废渣	fèizhā	كەرەكسىز تاستاندىلار
废种子	fèizhǒngzi	جاراقسىز تۇقىم
沸水杀虫	fèishuǐ shāchóng	قايناتىپ قۇرت ۇولتىرۇ
费尔干偃麦草	fèi'ěrgàn yǎnmàicǎo	فورگا ۇبيدايىق
费劲	fèijìn	كۇش جۇمساۇ
分布区	fēnbùqū	تارالعان ۇوڭىر
分层	fēncéng	قاباتقا ۇبولۇ
分层抽样	fēncéng chōuyàng	قابات بويىنشا ۇلگى الۇ
分层施肥法	fēncéng shīféifǎ	قاباتقا ۇبولىپ تىڭايتقىش بەرۇ ۇادىسى
分段取样	fēnduàn qǔyàng	ساتعا بولىپ ۇلگى الۇ
分隔	fēngé	قوسىمشا پەردە
分级	fēnjí	دارەجەگە ايىرۇ
分级气管	fēnjí qìguǎn	تارماقشا تىنىس جۇيەسى
分级取样	fēnjí qǔyàng	دارەجەگە ۇبولىپ ۇلگى الۇ
分节	fēnjié	بۇناقتالۇ
分解	fēnjiě	ىدىراۇ
分解酶	fēnjiěméi	ىدىراتۇشى فەرمەنت
分类	fēnlèi	تۇرگە ايىرۇ
分类学	fēnlèixué	تۇرگە ايىرۇ علمى
分离	fēnlí	ۇبولىنۇ
分泌保幼激素	fēnmì bǎoyòu jīsù	قالىپ ساقتاۇدى ۇبولىنىپ شعاراتىن گورمون
分泌物	fēnmìwù	سەكرەت، سەكرەتسيا
分蘖	fēnniè	تۇپتەنۇ

分蘖期	fēnnièqī	تۈپتەندىرۇۋ مەزگىلى
分生孢子	fēnshēng bāozǐ	ٴبولىنىپ وسەتىن سپورا
分生孢子柄	fēnshēng bāozǐbǐng	ٴبولىنىپ وسەتىن سپورا ساباعى
分生组织	fēnshēng zǔzhī	مەرياستاما، كوبەيگىش تىكان
分为	fēnwéi	ٴبولىنۇ
分析	fēnxī	اناليز ەتۇ
分叶	fēnyè	جاپىراقشا
分叶期	fēnyèqī	جاپىراقتانۇ كەزەڭى
分枝	fēnzhī	بۇتاقتالۇ
分子生态学	fēnzǐ shēngtàixué	ٴمولەكۇلاليق عىلمى
鼢鼠	fénshǔ	كور تىشقان
鼢鼠亚科	fénshǔ yàkē	كور تىشقان قوسالقى تۇقىمداسى
粉草（甘草）	fěncǎo（gāncǎo）	قىزىل ميا
粉蝶科	fěndiékē	توزاڭ كوبەلەك تۇقىمداسى
粉红镰孢	fěnhóng liánbāo	وراق ٴتارىزدى سپورا
粉剂	fěnjì	ۇنتاق دوزا
粉虱	fěnshī	توزاڭ ٴبيت
粉虱科	fěnshīkē	توزاڭ ٴبيت تۇقىمداسى
粉碎	fěnsuì	ۇساتۇ
粉状	fěnzhuàng	پاراشوك ٴتارىزدى
粉状物	fěnzhuàngwù	توزاڭ ٴتارىزدى زات
份	fèn	ٴۇلەس
粪	fèn	كوڭ
粪便	fènbiàn	دايىراق
粪便传播	fènbiàn chuánbō	قي ارقىلى تارالۇ
粪肥	fènféi	كوڭ، قي
粪尿	fènniào	كوڭ، نەسەپ
粪食性	fènshíxìng	تەزەك قۇمارلىق
丰产性	fēngchǎnxìng	مول ٴونىمدى
丰富	fēngfù	مول
丰缺	fēngquē	مول ـ كەمدىگى
风布	fēngbù	جەل ارقىلى تارالۇ
风吹	fēngchuī	جەل ۇرلەۇ
风滚草（飞蓬）	fēnggǔncǎo（fēipéng）	مايدا جەلەك، قاڭباق، ٴبەلەك
风化	fēnghuà	جەمىرىلۇ
风化过程	fēnghuà guòchéng	جەمىرىلۇ (مۇجىلۇ) بارىسى

风积物	fēngjīwù	جەلدەن پايدا بولعان جىنستار
风口	fēngkǒu	جەل ٴۇتى
风铃草	fēnglíngcǎo	ۆلپىلدەك
风媒花	fēngméihuā	جەل ارقلى توزاڭدانۇ
风茄儿	fēngqié'er	ساسق مەڭدۇانا
风湿性植物	fēngshīxìng zhíwù	جەرگىلىكتى ۆسمدىكتەر
风速	fēngsù	جەل قارقنى
风土驯化	fēngtǔ xùnhuà	كوندىكتىرۇ،ۆيرەتۇ، جەر سندرۇ
枫杨	fēngyáng	ۇيەڭكى تەرەك
封闭	fēngbì	قورشاۇ، قورشاۇلاۇ
封冻期	fēngdòngqī	توڭ قاتۇ مەزگىلى
封坡（沟）育草	fēngpō（gōu）yùcǎo	

سايدى قورشاپ ٴشوپ ٴوسىرۇ، جىلعانى قورشاپ ٴوسىرۇ

封锁	fēngsuǒ	پەشەتتەۇ
封育草	fēngyùcǎo	قورشاپ ٴشوپ ٴوسىرۇ، ارنانى قورشاپ ٴشوپ ٴوسىرۇ
蜂	fēng	ارا
蜂斗菜	fēngdòucài	وگەي ٴشوپ
蜂斗菜属	fēngdòucàishǔ	اق باقاي تۇسى
蜂蛾	fēng'é	بالاۇز كوبەلەك
蜂蜡	fēnglà	بالاۇز
凤蝶科	fèngdiékē	سامۇرىق كوبەلەك تۇقىمداسى
凤仙花属	fèngxiānhuāshǔ	شتىرلاق تۇسى
麸子	fūzi	كەبەك
跗分节	fūfēnjié	بولمشە تولارساق
跗节	fūjié	تولارساق بۇن
孵化	fūhuà	جۇمىرتقا قابعى جارلۇ
伏地肤	fúdìfū	قارا يزەن، جاتاعان يزەن
拂子茅	fúzǐmáo	ايىراۇق، باتتاۇق
福寿草	fúshòucǎo	باقىت گۇل، جانارگۇل
辐射不育	fúshè bùyù	نۇر ٴتۇسىرۇ ارقلى كوبەيتۇ
辐射育种	fúshè yùzhǒng	ساۇلە ارقلى تۇقىم جەتستىرۇ
辅助授粉	fǔzhù shòufěn	قوسىمشا توزاڭداندىرۇ، توزڭدانۇعا كومەكتەسۇ
辅助细胞	fǔzhù xìbāo	كومەكشى كلەتكا
腐败	fǔbài	ٴشىرۇ، ساسۇ، يىستەنۇ
腐草	fǔcǎo	شىرىك ٴشوپ، قارا شىرىك
腐烂	fǔlàn	ٴشىرۇ

腐生植物	fǔshēng zhíwù	شىرىندى شوپتەر
腐蚀	fǔshí	شىرىتكەش
腐蚀剂	fǔshíjì	شىرىتكەش، ازدىرعىش
腐蚀性	fǔshíxìng	شىرىتكەشتىك قاسىيەت
腐食性	fǔshíxìng	ٴشىرىندى
腐殖化	fǔzhíhuà	شىرىندىگە اينالۋ
腐殖酸	fǔzhísuān	ٴشىرىندى قىشقىلى
腐殖质	fǔzhízhì	ٴشىرىندى زات
腐殖质层	fǔzhízhìcéng	ٴشىرىندى قابات، شىرىك قابات
父本	fùběn	اتا ـ باباسى، اناسى
父系	fùxì	اتا لەنياسى
负趋性	fùqūxìng	تەرىس بەيىمدەلگىشتىك
附近区	fùjìnqū	تايۋ، تايۋ، ماڭ
附器	fùqì	قوسالقى ورگان
附生植物	fùshēng zhíwù	جابىسىپ وسەتىن وسىمدىكتەر
附腺口	fùxiànkǒu	قوسالقى بەز اۋزى
附肢	fùzhī	قوسالقى ورگان
复变态	fùbiàntài	كۇي وزگەرتۋ
复等位基因	fùděngwèi jīyīn	كۇردەلى تەك ورىندى گەن
复果	fùguǒ	بىرىككەن جەمىس
复合雌蕊	fùhé círuǐ	كۇردەلى انالىق
复合肥料	fùhé féiliào	كۇردەلى تىڭايتقىش
复合杂交	fùhé zájiāo	كۇردەلى بۇدانداستىرۋ
复花序	fùhuāxù	كۇردەلى گۇل شوق
复混肥料	fùhùn féiliào	كۇردەلى قوسىلىستى تىڭايتقىش
复伞形花序	fùsǎnxíng huāxù	كۇردەلى شاتىرشا گۇل شوعى
复穗状花序	fùsuìzhuàng huāxù	كۇردەلى ماساقتى گۇل شوعىرى
复芽	fùyá	كۇردەلى ورتكەن
复眼	fùyǎn	كۇردەلى كوز
复叶	fùyè	كۇردەلى جاپىراق
复杂	fùzá	كۇردەلى
复种	fùzhòng	قايتالاي ەگۋ
副产品	fùchǎnpǐn	قوسالقى ونىمدەر
副萼	fù'è	قوسالقى توستاعانشا
副花冠	fùhuāguān	جاناما گۇل ٴتاجىسى
副脉	fùmài	قوسالقى تامىر

副芽	fùyá	قوسمشا بۇرشاك
富里酸	fùlǐsuān	كرەن قشقشقلى
腹板	fùbǎn	قۇرساق تاقتايشاسى
腹部	fùbù	قۇرساق ؤماعى، قۇرساق
腹产卵瓣	fùchǎnluǎnbàn	جۇمىرتقالاۋ جاپىراقشاسى
腹膈	fùgé	بولگىش قۇرساق
腹神经索	fùshénjīngsuǒ	باۋىر نەرۆ ﮬتۇيىنى
腹血窦	fùxuèdòu	قۇرساق قان قۇسى
腹纵干	fùzònggàn	باۋىر تەك جىيەگى
覆翅	fùchì	جابىلعى قانات
覆盖	fùgài	جابۇ
覆盖度	fùgàidù	جامىلعى دارەجەسى
覆压	fùyā	باسترۇ

改良	gǎiliáng	جاقسارتۇ
改良剂	gǎiliángjì	جاقسارتاتىن ﮬدارى
改良品种	gǎiliáng pǐnzhǒng	ساپالاندىرعان سورت، جاقسارتىلعان تۇقىم
改善	gǎishàn	جاقسارتۇ
改土治水	gǎitǔ zhìshuǐ	توپىراقتى جاقسارتىپ، سۇدى تىزگىندەۋ
钙	gài	كالتسي
钙土植物	gàitǔ zhíwù	كالتسيلى توپىراقتا وسەتىن وسىمدىك
盖度	gàidù	جامىلعى دارەجەسى
盖果	gàiguǒ	قاقپاقتى جەمىس
盖土	gàitǔ	توپىراقپەن جابۇ
干草	gāncǎo	پىشەن
干草打捆	gāncǎo dǎkǔn	پىشەندى باۋلاۋ، ﮬشوپ باۋلاۋ
干草粉	gāncǎofěn	پىشەن ۇنتاعى
干草架	gāncǎojià	پىشەن سورەسى
干草原	gāncǎoyuán	ﮬشول دالا، قۇاك دالا، قۇرعاق جايلىم
干测法	gāncèfǎ	قۇرعاق ولشەۋ ﮬادىسى
干粉	gānfěn	قۇرعاق ۇنتاق
干果	gānguǒ	قاتپا جەمىس

干旱	gānhàn	قۇرعاقشىلىق
干旱化	gānhànhuà	قاعىرلانۇ، شولگە اينالۇ
干旱荒漠气候	gānhàn huāngmò qìhòu	ٴشولدى وڭىرلىك كلىمات
干蒿	gānhāo	قارا جۇسان
干酵母	gānjiàomǔ	قۇرعاق اشتقى
干扰交配	gānrǎo jiāopèi	شاعىلسۇعا كەدەرگى بولۇ
干湿交替	gān shī jiāotì	شاعىلسۇعا كەدەرگى بولۇ
干时	gānshí	قۇرعاقپەن ٴىلعالدىلىقتىڭ الماسۇى
干物质	gānwùzhì	قۇرعاق كەزى
干燥	gānzào	قۇرعاق زاتتار
干重	gānzhòng	قۇرعاق
甘草（甜草）	gāncǎo（tiáncǎo）	قۇرعاق سالماسى
甘菊	gānjú	مىا، قىزىل مىا
甘蓝	gānlán	قاز تابان، پۇٴپاٴۇكا
甘薯	gānshǔ	كاپوستا
甘新念珠芥	gānxīnniànzhūjiè	ٴتاتتى كارتوپ
甘油	gānyóu	الاسا تونارىا
甘蔗	gānzhè	گلىتسەرىن
杆	gǎn	قانت قۇراعى
杆基	gǎnjī	ساباق
杆节	gǎnjié	ساباق ٴتۇبى
杆菌	gǎnjūn	ساباق بۇنى
杆蝇	gǎnyíng	تاياقشا باكتەرىا
杆状线粒体	gǎnzhuàng xiànlìtǐ	ساباق شىبىن
感病	gǎnbìng	تاياقشا ٴتارىزدى حوندىرپوسومالار
感化器	gǎnhuàqì	دەرتتەگىش
感觉	gǎnjué	سەزۇ مۇشەسى
感觉囊	gǎnjuénáng	سەزۇ
感觉器	gǎnjuéqì	جاناسۇ مۇشەلەرى
感觉器官	gǎnjué qìguān	سەزۇ ورگانى
感觉神经元	gǎnjué shénjīngyuán	سەزىنۇ نەرۆ بولەگى
感染率	gǎnrǎnlù	جۇعمدالۇ مولشەرى
干（主干）	gàn（zhǔgàn）	ٴدىك（وسىمدىك ٴدىگى）
刚毛	gāngmáo	سەرپىنشە تۇك
刚毛状	gāngmáozhuàng	تۇك ٴتارىزدى انتەننا
肛侧板	gāngcèbǎn	انوس ٴبۇيىر تاقتاسى

肛门	gāngmén	انوس
肛上板	gāngshàngbǎn	انوس ئۈستى تاقتاسى
高草草甸	gāocǎo cǎodiàn	بىيك شالعلندىق
高草莓	gāocǎoméi	هشكى بۇلدىرگەن، قولپىناي
高产	gāochǎn	جوعارى ئونىم
高出叶	gāochūyè	تۈيە جاپىراق
高等植物	gāoděng zhíwù	جوعارى ساتىداعى وسىمدىكتەر
高地森林	gāodì sēnlín	ئۈستىرت ورمانى
高尔基体	gāo'ěrjītǐ	كولگي دەنەشىگى
高分子	gāofēnzǐ	جوعارى مولەكۇلالى
高粱	gāoliang	بال جۇگەرى
高岭石	gāolǐngshí	گاۋرىت تاس
高密度地带	gāomìdù dìdài	جوعارى تعزدىقتاعى ئوڭىر
高山草甸	gāoshān cǎodiàn	تاۋ شالعلندى، الپ تاۋ شالعلندىعى
高山地榆	gāoshān dìyú	الپ تاۋ جەر بوياۋ
高山寒土植物	gāoshān hántǔ zhíwù	سۇىق ىلعالدى جەر وسىمدىگى
高山荒草原	gāoshān huāngcǎoyuán	ۇلى تاۋ ئشولدى جايلىمدى
高山荒漠	gāoshān huāngmò	تاۋلى جەر شولدىگى
高山黄花草	gāoshān huánghuācǎo	قىر سار قۇيرىق
高山黄芪	gāoshān huángqí	الپ تاسپا
高山穗三毛	gāoshān suìsānmáo	بىيك تاۋ ئۈش قىلتانى
高山梯牧草	gāoshān tīmùcǎo	كەر مىسىق قۇيرىق
高山早熟禾	gāoshān zǎoshúhé	بىيك تاۋ قوڭىر باسى
高位芽植物	gāowèiyá zhíwù	جوعارى بۇرشىكتى وسىمدىكتەر
高效肥料	gāoxiào féiliào	جوعارى تەڭايتقىش، قۇنارلى تەڭايتقىش
高效农业	gāoxiào nóngyè	جوعارى ئونىمدى اۋىل شارۋاشىلعى
高燕麦草	gāoyànmàicǎo	هگىسەلى قياق
高原鼠兔	gāoyuán shǔtù	تىشقان پىشىندەس قويان
高原兔	gāoyuántù	ئۈستىرت قويانى
高枝假木贼	gāozhī jiǎmùzéi	بىيك بۇيىرعەن
睾丸	gāowán	هن
告警外激素	gàojǐng wàijīsù	سەس كورسەتۈ سەرتقى گەرمونى
戈壁藜	gēbìlí	ئشول دالا الا بۇتاسى
戈壁滩	gēbìtān	قۇبا ئشول، قۇبا ئتۈز
戈壁针茅	gēbì zhēnmáo	جازىرا سەلەۇ
割草场	gēcǎochǎng	شاپپالىق

割草场培育	gēcǎochǎng péiyù	شاپپالىق جەردى جەتىلدىرۈ
割接	gējiē	جارپ تەلۈ، جارپ ۇلاستىرۇ
革兰氏阳性细菌	Gélán shì yángxìng xìjūn	گرىم ۇبولمدى باكتەرياسى
革兰氏阴性细菌	Gélán shì yīnxìng xìjūn	گرىم بولمسز باكتەرياسى
隔离带	gélídài	وقشاۇلاۇ بەلدەۇى، اۇاشالانۇ
膈膜	gémó	بولشىق پەردە
个体	gètǐ	جەكە دەنە
个体差异	gètǐ chāyì	جەكە باستارىنىڭ پارقى
个体生态学	gètǐ shēngtàixué	جەكە دەنە ەكولوگيا علمى
各地	gèdì	ۇار قايسى جەر
各种各样	gè zhǒng gè yàng	الۇان ۇتۈرلى
根	gēn	تامىر
根插	gēnchā	تامىر قالامشاسى
根出芽	gēnchūyá	تامىردان شىققان بۆرشىك
根的变态	gēn de biàntài	تامىردىك ۇپىشىن وزگەرتۆى
根的分区	gēn de fēnqū	تامىر زوناسى
根分泌物	gēnfēnmìwù	تامىر زاتى، تامىر سەكرەتسيا زاتتارى
根腐病	gēnfǔbìng	تامىر شىرىتكەش دەرت
根腐烂	gēnfǔlàn	تامىردىك ۇشىرۇ دەرتى
根冠	gēnguān	تامىر ويماقشاسى
根际	gēnjì	تامىر جيەگى
根结线虫病	gēnjiéxiànchóngbìng	تامىر تۆينەك ۇپىل تۆمسەعى
根茎	gēnjīng	تامىر مويىنى
根茎型禾草	gēnjīngxíng hécǎo	تامىر ساباقتى استىق تۆقىمداستار
根茎植物	gēnjīng zhíwù	تامىر ساباقتى وسىمدىكتەر
根瘤菌	gēnliújūn	تامىر تۆينەك باكتەرياسى
根瘤象类	gēnliúxiànglèi	تامىر تۆينەك ۇپىل تۆمسەعى
根毛	gēnmáo	تامىر تۆگى، تامىر تۆكشەلەرى
根帽	gēnmào	تامىر كەگدىگى، تامىر ەتى
根蘖	gēnniè	تامىرنان تۆبتتەنۈ
根生	gēnshēng	تامىردان ۇوسۈ ، تامىردان ۇونۇ
根田鼠	gēntiánshǔ	تامىر تىشقان
根外	gēnwài	تامىر سىرتىنان
根系	gēnxì	تامىر جۈيەسى

根系共生	gēnxì gòngshēng	تامىر جۇيەسىنىڭ بىرلىكتە ۇسۇى
根状茎	gēnzhuàngjīng	تامىر ٴتارىزدى ساباق
根足虫纲	gēnzúchónggāng	تامىر اياقتىلار
更新	gēngxīn	جاڭالانۇ
更新草地	gēngxīn cǎodì	جاڭالانعان جايىلىم
更新芽	gēngxīnyá	توقتاعان بۇرشىك
耕层	gēngcéng	ەگىستىك قاباتى
耕地	gēngdì	جەرجىرتۇ، جەرايداۇ
耕翻	gēngfān	اۇدارۇ
耕期	gēngqī	ەگىستىك مەزگىلى
耕耘（中耕）	gēngyún（zhōnggēng）	توپىراق قوپسىستۇ، ٴشوپ وتاۇ
耕种	gēngzhòng	ەگىن سالۇ
耕作	gēngzuò	جەر جىرتۇ، ەگىستىك
耕作层	gēngzuòcéng	ەگىستىك قابات
梗节	gěngjié	ساباق بۇنى
工业污水	gōngyè wūshuǐ	ونەركاسىپتەگى ١لاس سۇى
弓形夹	gōngxíngjiā	سەرپەر تىشقان قاقپانى
弓状脉序	gōngzhuàng màixù	دوعاشا جۇيكەلەندىرۇ
公顷	gōngqǐng	كەگتار
供应	gōngyìng	قامداۇ
汞	gǒng	سىناپ
共栖	gòngqī	ورتاق ٴومىر ٴسۇرۇ]
共生生物	gòngshēng shēngwù	بىرىگىپ تىرشىلىك ەتەتىندەر، ورتاق مەكەندىلەر
共同性	gòngtóngxìng	ورتاقتىق
佝偻病	gōulóubìng	مەشەلدىلىك راحيت اۇرۇى
沟	gōu	جىراشىق، شاتقال
沟边	gōubiān	ارىق جاعاسى
沟金针虫	gōujīnzhēnchóng	سارى جەڭشكە قۇرت
沟鼠	gōushǔ	قوڭىر تىشقان
沟叶羊芽	gōuyèyángyá	كودە، جەڭشكە جاپىراقتى بەتەگە
钩翅蛾科	gōuchì'ékē	ىلمەك قاناتتىلار تۇقىمداسى
钩刺雾冰藜	gōucì wùbīnglí	كوك تىكەن كوكپەك
钩状根	gōuzhuànggēn	قارماق تامىر
钩状果	gōuzhuàngguǒ	قارماقشا جەمىس

钩状叶	gōuzhuàngyè	قارماقشا جاپراقتى
狗哇花属	gǒuwāhuāshǔ	شەكلدەۋك تۇسى
狗尾草	gǒuwěicǎo	ٴيتقوناق، كوك ٴيتقوناق
狗牙根	gǒuyágēn	قاراشاعىر، قارا اجىرىق
狗爪豆	gǒuzhuǎdòu	تۇكتى بورشاق
枸杞属	gǒuqǐshǔ	الاقات تۇسى
构成	gòuchéng	قۇرىلىم
构象	gòuxiàng	دارىلىك ليمون
孤雌生殖	gūcí shēngzhí	انالىقتان كوبەيۇ
菁葖果	gūtūguǒ	قىمىق جەمىس
古北界	gǔběijiè	بايىرعى سولتۇستىك الەم
谷斑皮蠹	gǔbānpídù	قوناقتىڭ تەڭبىل كۇبەسى
谷蛾	gǔ'é	استىق كوبەلەگى، كۇيە
谷精草科	gǔjīngcǎokē	توعىسباق تۇقىمداسى
谷类作物	gǔlèi zuòwù	ٴداندى داقىلدار
谷黏虫	gǔniánchóng	داقىلدىق جابىسقاق قۇرت
谷象虫	gǔxiàngchóng	استىق ٴبىز تۇمسعى
谷子	gǔzi	ٴيتقوناق، سوك، قوناق
骨板	gǔbǎn	سۇيەك تاقتايشاسى
骨粉	gǔfěn	سۇيەك ۇنتاعى
骨骼	gǔgé	قاڭقا
骨化	gǔhuà	سۇيەكتەنۇ
骨架	gǔjià	سۇره
鼓骨	gǔgǔ	دابىل سۇيەگى
固醇	gùchún	ستەرول
固氮菌	gùdànjūn	ازوتتى تۇراقتاندىراتىن باكتەريا
固氮菌肥料	gùdànjūn féiliào	ازوت قۇراۋشى باكتەريالى تىڭايتقىش
固氮植物	gùdàn zhíwù	ازوت قۇراۋشى وسىمدىكتەر
固态水	gùtàishuǐ	قاتتى كۇيدەگى سۋ
固体	gùtǐ	قاتتى دەنە
瓜果	guāguǒ	جەمىس، جەمىستى جيدەك
瓜类	guālèi	قاۋۇن تۇرلەرى
瓜类植物	guālèi zhíwù	قاباق تەكتەس وسىمدىكتەر
瓜胎	guātāi	ٴتۇيىن سالۇ

寡食性	guǎshíxìng	از حورەكتى
寡足型	guǎzúxíng	اياق ئتیپى
关键	guānjiàn	شەشۇشى
关系	guānxi	بايلانس
观赏植物	guānshǎng zhíwù	اسەمدك وسەمدكتەر
冠生雄蕊	guānshēng xióngruǐ	ئتاجى ئتارىزدى اتالىق
冠尾草	guānwěicǎo	جتچعلباس
冠锈病	guānxiùbìng	ئتاجى ئتارىزدى دەرت
冠芝草属	guānzhīcǎoshǔ	قلتان جەلەك تۈسى
莞丛	guāncóng	ۈلدىرىك، پاپان (قاستاك)
莞根	guāngēn	شالقار، شامقۇر
管理	guǎnlǐ	باسقارۇ
管状花	guǎnzhuànghuā	تۈتكشە گۈل، تۈتك ئتارىزدى گۈل
管状花冠	guǎnzhuàng huāguān	تۈتكشە گۈل ئتاجىسى
管状内陷物	guǎnzhuàng nèixiànwù	تۈتكشەلەنگەن ۈيىسقى زات
灌丛	guàncóng	توعاي بۇتالى
灌溉	guàngài	سۇارۇ، سۇلاندىرۇ
灌木	guànmù	بۇتالار، بۇتا ـ بۇرگەن
灌木蓼	guànmùliǎo	بۇتا، قويان ـ سۈيەك
灌水定额	guànshuǐ dìng'é	سۇارۇ فورماسى
灌水量	guànshuǐliàng	سۇارۇ مولشەرى
光稃茅香	guāngfū máoxiāng	سۇ باتپاس
光果甘草	guāngguǒ gāncǎo	جالاك ميا
光合作用	guānghé zuòyòng	فوتەسينتەز رولى
光滑	guānghuá	جىلتىر
光照阶段	guāngzhào jiēduàn	جارىق ساتىسى
光周期	guāngzhōuqī	كۈننىك ۇزاقتىلعى
胱氨酸	guāng'ānsuān	سيتەيىن
广布种	guǎngbùzhǒng	كەك تارالعان تۈز
广翅目	guǎngchìmù	كەك قاناتتىلار
广口瓶	guǎngkǒupíng	كەك ئۇزدى قۇمسرا
广栖性	guǎngqīxìng	كەك مەكەندەۇ قاسيەت
广湿性	guǎngshīxìng	كەك دىمقىلدىق قاسيەت
广食性	guǎngshíxìng	كەك ازىقتىق قاسيەت
广温性	guǎngwēnxìng	كەك جىلۇلىق قاسيەت

广盐性	guǎngyánxìng	كەڭ تۆزدىق قاسىەت
归还量	guīhuánliàng	قايتارىلؤ مولشەرى
归纳	guīnà	جيناقتاؤ
规律	guīlù	زاڭدىلىق
硅	guī	كرەمنى
硅铝铁率	guīlǚtiělù	كرەمنى الؤمين تەمىر مولشەرى
鬼针草属	guǐzhēncǎoshǔ	ءيت وشاعان تؤسى
桂皮树	guìpíshù	دارىشن
果瓣	guǒbàn	جەمىس جاپىراعى
果瓣柄	guǒbànbǐng	جەمىس جاپىراقشاسنىڭ ساعاعى
果柄	guǒbǐng	جەمىس ساعاعى
果翅	guǒchì	جەمىس قاناتى
果瓜	guǒguā	قاؤۇن بؤلاعى
果浆	guǒjiāng	جەمىس شىرىندى
果期	guǒqī	جەمىس پىسؤ مەزگىلى
果肉	3guǒròu	جەمىس ەتى
果实	guǒshí	جەمىس ءدانى
果实脱落	guǒshí tuōluò	جەمىستەرىن تاستاؤ
果托	guǒtuō	جەمىس قوندىرعىسى
果心	guǒxīn	جەمىس وزەگى
果蝇	guǒyíng	جەمىس شىرىنى
过程	guòchéng	بارىس
过冬（越冬）	guòdōng（yuèdōng）	قىستان ءوتؤ
过渡层	guòdùcéng	وتپەلى قابات
过碱	guòjiǎn	وتە ءسىلتى
过快	guòkuài	وتە تەز
过磷酸钙	guòlínsuāngài	اسقىن فوسفور قىشقىل كالتسي
过黏	guònián	وتە كەرىش
过砂	guòshā	وتە قؤم
过筛	guòshāi	سؤزگىدەن وتكىزؤ
过酸	guòsuān	وتە قىشقىل

海拔高度	hǎibá gāodù	تەڭىز دەڭگەينىن بيىكتىگى
海肥	hǎiféi	تەڭىز تەڭايتقشى
海积物	hǎijīwù	تەڭىزدە پايدا بولعان جنستار
海绵组织	hǎimián zǔzhī	كەۋەكتى تككان، كەۋەك تككان
海生植物	hǎishēng zhíwù	تەڭىز وسمدكتەر
海棠果	hǎitángguǒ	تاس الما، قارا الما
海洋动物区系	hǎiyáng dòngwù qūxì	تەڭىز حايۆاناتتارى
海洋性气候	hǎiyángxìng qìhòu	تەڭىزدىك كليمات
害虫	hàichóng	زياندى قۇرت
害虫调查	hàichóng diàochá	زياندى قۇرت تەكسەرۇ
害虫危害	hàichóng wēihài	زياندى جاندىك زالالى
害情调查	hàiqíng diàochá	زيانداۆ احۆالىن تەكسەرۇ
含氮碱基	hándàn jiǎnjī	ازوتتى ٴسلتى نەگىزى
含量	hánliàng	قۇرامى
含铁量（土壤）	hántiěliàng（tǔrǎng）	توپىراقتاڭ تەمىر قۇرامى
含铜矿渣	hántóng kuàngzhā	مىس قۇرامدى كەن قالدعى
含笑花	hánxiàohuā	كۇمسلكەي
含羞草	hánxiūcǎo	بۇقپا ٴشوپ
含籽植物	hánzǐ zhíwù	قانتتى وسمدكتەر
寒潮	háncháo	سۇق اعس
寒冷潮湿	hánlěng cháoshī	سۇق ملعالدى
寒生羊茅	hánshēng yángmáo	كوك قاسقا بەتەگە
寒温带针叶林	hánwēndài zhēnyèlín	سۇق بەلدەۋلىك ورمان
寒温干旱	hánwēn gānhàn	سۇقتاۆ قۇرعاق
旱地草甸	hàndì cǎodiàn	ساي ـ سالا شالعىندى
旱害	hànhài	قۇاڭشىلىق اپاتى
旱麦草	hànmàicǎo	مورتتق
旱情	hànqíng	قۇرعاقشلىق احۆالى
旱雀麦	hànquèmài	تاراق بوز ارپاعان
旱生植物	hànshēng zhíwù	شولدىك وسمدكتەر

旱獭	hàntǎ	سۇئر
旱田	hàntián	قۇرعاق اتىز
行播	hángbō	قاتارلاپ ەگۇ
行间施肥	hángjiān shīféi	قاتار ارالىعىندا تىڭايتقىش بەرۇ
行距	hángjù	قاتار ارالىعى
行株距	hángzhūjù	قاتاردىك ءتۇپ ارالىعى
蒿（艾）	hāo（ài）	جۇسان، ەرمەن
蒿草	hāocǎo	قارا سىرەك، دوڭىز سىرتانى
好气的	hàoqì de	اۇا قۇمار
好气固氮菌	hàoqì gùdànjūn	اۇا جاقتىرعىش، ازوت توپتاعىش باكتەريا
好气性	hàoqìxìng	اۇانى جاقتىراتىن
好盐性细菌	hàoyánxìng xìjūn	تۇزعا ءۇيىر باكتەريا
禾本科	héběnkē	استىق توقىمداستار
禾谷类	hégǔlèi	استىق تۇرىندەگىلەر
禾谷类蚜虫	hégǔlèi yáchóng	استىق توقىمداستار قۇرت
禾雀花	héquèhuā	بۇتا قاراعان
禾缢管蚜	héyìguǎnyá	بۇناق شىركەي
合瓣	hébàn	بىتەۇ جارناقتى بىرىككەن جەلەكتىلەر
合瓣花冠	hébàn huāguān	بىتەۇ جەلەكتى گۇل ءتاجىسى
合成	héchéng	سينتەزدەۇ
合成氮肥	héchéng dànféi	ازوتتى بىرىكپەلى تىڭايتقىش
合成肥料（混合肥料）	héchéng féiliào（hùnhé féiliào）	قوسپا تىڭايتقىش
合成酶	héchéngméi	بىرىكپەلى فەرمەنت
合萼	hé'è	بىرىككەن گۇل توستاعانشاسى
合欢草属	héhuāncǎoshǔ	جۇمساق ءشوپ تۇسى
合景天属	héjǐngtiānshǔ	جالعان بوز كەلەم تۇسى
合理	hélǐ	ويلەسىمدى
合力	hélì	بىرىگۇ كۇشى
合生雌蕊	héshēng círuǐ	بىرىگىپ وسكەن انالىق
合生心皮	héshēng xīnpí	بىرىگىپ وسكەن جەمىس جاپىراقشاسى
合生心皮子房（复子房）	héshēng xīnpí zǐfáng（fùzǐfáng）	بىرىگىپ وسكەن گۇل جاتىنى
合头草	hétóucǎo	قوسپاباس ءشوپ
合头草属	hétóucǎoshǔ	قوسپا باس ءشوپ تۇسى
合中柱	hézhōngzhù	بىرىككەن اتالىق، بىرىككەن وزەك
合子	hézǐ	زيگوتا، قوسىلعان جىنىستىق كلەتكا
河谷平原	hégǔ píngyuán	اڭعار جازىق

河狸	hélí	قوڭىز
河漫滩草地	hémàntān cǎodì	وزەن جاعالارىنداعى شوپتەسىن جەر
河泥	héní	وزەن بالشعى
核蛋白	hédànbái	يادسرولى بەلوك
核分裂	héfēnliè	يادسرونىڭ ٴبولىنٴۇى
核果	héguǒ	سۇيەكتى جەمىس
核膜	hémó	يادسرو قابعى
核染色体	hérǎnsètǐ	حروماتين
核仁	hérén	يادسرو ٴدانى
核素	hésù	يادسرو گورمونى
核酸	hésuān	نۇكلەين قىشقىلى
核糖体	hétángtǐ	رىبوسوما، رىبوزا دەنەشگى
核桃（胡桃）	hétao（hútáo）	جاڭعاق
核心分布	héxīn fēnbù	سەنترلى تارالۇ
核心分布型	héxīn fēnbùxíng	سەنترلى ورنالاسۇ
核型多角体病毒	héxíng duōjiǎotǐ bìngdú	ٴهشكى ۆيروس
核型胚乳	héxíng pēirǔ	يادسرو تۇرىندەگى دانەك ٴۇز
核液	héyè	يادسرو سۇيىقتىعى
核质	hézhì	يادسرو پلازماسى
核状	hézhuàng	يادسرو ٴتارىزدى
褐斑病	hèbānbìng	قوڭىر تەڭبىل دەرت
褐斑鼠兔	hèbān shǔtù	تىشقان پىشىندەس شبار قويان
褐腐酸	hèfǔsuān	قوڭىر ٴشىرىندى قىشقىلى
褐家鼠	hèjiāshǔ	قوڭىر تىشقان
褐蛉	hèlíng	قوڭىر التىن
褐蛉科	hèlíngkē	قوڭىر التىن تۇقىمداس
褐色	hèsè	قوڭىر رەڭ
褐色土	hèsètǔ	قوڭىر توپىراق
褐铁矿	hètiěkuàng	قوڭىر تەمىر رۇداسى
褐纹金针虫	hèwén jīnzhēnchóng	قوڭىر جولاقتى قۇرت
鹤虱属	hèshīshǔ	كارىقىز تۇسى
黑粉病	hēifěnbìng	بورتپە قارا كۇيە
黑粉菌	hēifěnjūn	قارا توزاڭ ۆيروس
黑钙土	hēigàitǔ	كالتسيلى قارا توپىراق
黑果枸子	hēiguǒ xúnzi	قارا ٴرعاي
黑果小檗	hēiguǒ xiǎobò	كوك بوياۇ، سارى اعاش

黑麦	hēimài	قارا ٴبيداي
黑麦草	hēimàicǎo	ٴوزي ٴبيداي
黑麦秆锈病	hēimài gǎnxiùbìng	قارا ٴبيداي ساباق تات دەرتى
黑绒腮金龟	hēiróng sāijīnguī	قارا جولاقتى تاسباقا
黑三棱科	hēisānléngkē	قارا ولەك تۇقىمداسى
黑色	hēisè	قارا رەڭ
黑色根腐病	hēisè gēnfǔbìng	تامىردەك قارايىپ ٴشىرۋ دەرتى
黑色素	hēisèsù	قارا پيگمەنت
黑穗病	hēisuìbìng	قارا كۇيە دەرتى
黑田鼠	hēitiánshǔ	قارا تىشقان
黑尾叶蝉	hēiwěi yèchán	قارا جولاقتى بەزىلدەك
黑线仓鼠	hēixiàn cāngshǔ	قاراجال قامبا تىشقان
黑线姬鼠	hēixiàn jīshǔ	قارا ٴجۇن تىشقان
黑线毛足鼠	hēixiànmáozúshǔ	قارا ٴجۇن اياق تىشقان
黑种草属	hēizhǒngcǎoshǔ	سيادان تۇقسى، سودانا تۇقسى
恒温箱	héngwēnxiāng	تۇراقتى تەمپەراتۇرا ساندىعى
横膈膜	hénggémó	كولدەنەڭ بولگىش پەردە
横脉	héngmài	كولدەنەڭ تامىر
横切面	héngqiēmiàn	كولدەنەڭ قيما بەتى
横生	héngshēng	كولدەنەڭ ٴوسۋ
横生胚珠	héngshēng pēizhū	كولدەنەڭ وسەتىن تۇقىم ٴبۇرى
烘干	hōnggān	كەپتىرۋ
烘干法	hōnggānfǎ	كەپتىرسپ قۇرعاتۇ ٴادسى
烘干杀虫	hōnggān shāchóng	قۇرعاتسپ قۇرت ٴولتىرۋ
烘干土重	hōnggāntǔzhòng	كەپتىرىلگەن توپىراق سالماعى
烘干箱	hōnggānxiāng	كەپتىرگىش ساندىق، قۇرعاتقىش
红背鼠	hóngbèishǔ	قىزىل جون تىشقان
红草	hóngcǎo	قىزىل سۇسامىر
红翅皱膝蝗	hóngchìzhòuxīhuáng	قىزىل قانات بارباق شەگىرتكە
红虫	hóngchóng	سۇ بۇرگەسى
红蝽科	hóngchūnkē	قىزىل قوڭىز تۇستاس
红顶草	hóngdǐngcǎo	اق سۇ وتى
红豆草（驴食豆）	hóngdòucǎo（lǘshídòu）	هەسەك بۇرشاق
红豆草白粉病	hóngdòucǎo báifěnbìng	اق توزاق دەرتى
红豆草黑斑病	hóngdòucǎo hēibānbìng	هەسەك بۇرشاق قارا داق دەرتى
红豆草黑腐病	hóngdòucǎo hēifǔbìng	هەسەك بۇرشاق قارايىپ ٴشىرۋ دەرتى

红豆草灰霉病	hóngdòucǎo huīméibìng	هەسەك بۇرشاق سۇرى ئۇستى كەمسرۇ دەرتى
红豆草蓟马	hóngdòucǎo jìmǎ	هەسەك بۇرشاق ترريس
红豆草霜霉病	hóngdòucǎo shuāngméibìng	هەسەك بۇرشاق قۇراۋ ئتارىزدى كوگەرۇ دەرتى
红豆草锈病	hóngdòucǎo xiùbìng	هەسەك بۇرشاق تات دەرتى
红褐土	hónghètǔ	قىزىل كۇرەك توپىراق
红花草	hónghuācǎo	سەگگىرلەك، اقشا تاۋ
红花属	hónghuāshǔ	ماقسارى تۇسسى
红皮沙拐枣	hóngpí shāguǎizǎo	قىزىل جۇزگەن
红壤	hóngrǎng	قىزىل توپىراق
红三叶	hóngsānyè	قىزىل باس بەدە
红色石灰土	hóngsè shíhuītǔ	قىزعىش اكتى توپىراق
红土母质	hóngtǔ mǔzhì	قىزىل توپىراقتى انا جىنستار
红尾沙鼠	hóngwěi shāshǔ	شولاق قۇيرىق تىشقان
红棕色钙土	hóngzōngsè gàitǔ	قوڭۇرقاي كالتسيلى توپىراق
宏观	hóngguān	ماكرميكرولىق
洪积（冲积）	hóngjī（chōngjī）	تۇنبا قابات، شوكپە قابات
洪积平原	hóngjī píngyuán	تۇنبا جازىق
洪积物	hóngjīwù	تاسقىننان پايدا بولعان جىنستار
洪水	hóngshuǐ	تاسقىن، سەل
洪水灌溉	hóngshuǐ guàngài	تاسقىن سۇمەن سۇارۇ
虹吸式	hóngxīshì	شيرشقتالعان سورعىش
后肠	hòucháng	ارتقى ىشەك
后盾片	hòudùnpiàn	ارتقى قالقانشا
后颊	hòujiá	ارتقى جاق
后口式	hòukǒushì	ارتقى اۋىز فورماسى
后脑	hòunǎo	ارتقى مي
后期	hòuqī	كەيىنگى مەزگىل
后头沟	hòutóugōu	باس ارتى وزەگى
后头孔	hòutóukǒng	وزەك
后头区	hòutóuqū	باس ارتى وزەگى
后效	hòuxiào	كەيىنگى ئونىمى
后胸	hòuxiōng	ارتقى كەۇدە
后缘	hòuyuán	ارتقى جىبەك
厚壁韧皮部	hòubì rènpíbù	قالىڭ تالشقتى قابىق
厚壁组织	hòubì zǔzhī	قالىڭ قابىقتى تكان
厚翅荠	hòuchìjì	قالىڭ قانات

厚度	hòudù	قالىڭدىعى
厚角组织	hòujiǎo zǔzhī	مؤيىزگەك تكان
厚朴	hòupǔ	ماگنوليا (قالىڭ قاناتتى تؤداعان)
呼吸	hūxī	تنىس الؤ
呼吸根	hūxīgēn	تنىس تامىرى
呼吸系统	hūxī xìtǒng	تنىس جؤيەلەرى
呼吸作用	hūxī zuòyòng	تنىس الؤ اسەرى
狐茅	húmáo	بەگە، قوي بەتەگە
狐尾草	húwěicǎo	شالعىندىق تؤلكى قؤيرىق
胡蜂	húfēng	الا ارا
胡蜂科	húfēngkē	ارا تؤقىمداسى
胡萝卜	húluóbo	سابىز
胡萝卜素	húluóbosù	كاروتين
胡麻属	húmáshǔ	كؤنجؤت تؤسى
胡敏酸	húmǐnsuān	ولمين قىشقىلى
胡杨（胡桐）	húyáng（hútóng）	توراڭعى، جاباي شنار
胡枝子	húzhīzi	شايبؤتا، ماتؤرشكه
湖积物	hújīwù	گؤلدەن پايدا بولعان جنىستار
湖泥	húní	كؤلدەگى بالشق
虎豆	hǔdòu	تؤكتى بؤرشاق
虎耳草（金丝荷叶）	hǔ'ěrcǎo（jīnsī héyè）	تاسجارعان
虎甲（引路虫）	hǔjiǎ（yǐnlùchóng）	سەكىرگىش قوڭىزدار
虎甲科	hǔjiǎkē	اؤلاعىش قوڭىز تؤقىمداسى
互补基因	hùbǔ jīyīn	ٴوزارا تولىقتاعىش گەن
互不干扰	hù bù gānrǎo	ٴوزارا كەدەرگى جاساماؤ
互斥遗传基因	hùchì yíchuán jīyīn	وتاسپايتىن تؤقىم قؤالؤ گەنى
互换杂交	hùhuàn zájiāo	الماستىرىپ بؤدانداستىرؤ
互利互补	hùlì hùbǔ	ٴوزارا تيىمدى ٴوزارا تولىقتايدى
互生	hùshēng	كەزەكتەسىپ ورنالاسؤ
互生芽	hùshēngyá	كەزەكتەسىپ وسەتىن بؤرشىك
互生叶序	hùshēng yèxù	كەزەكتەسە ورنالاسقان جاپىراق
护蜡层	hùlàcéng	قورعاعىش بالاؤىز قاباتى
瓠果	hùguǒ	شاپاق
花瓣	huābàn	كؤلتە جاپىراقشاسى، جەلەك
花苞	huābāo	گؤل تؤينەگى
花被	huābèi	گؤلسەرىك گؤلدى

花柄（花梗）	huābǐng（huāgěng）	گۈل ساعاعى
花草	huācǎo	سەۆگەرلەك(قشا تاۇ)
花程式	huāchéngshì	گۈل فورماسى
花蝽科	huāchūnkē	گۈل قوڭىز تۈقمداسى
花萼	huā'è	گۈل توستاعاناشاسى
花粉	huāfěn	گۈل توزاڭى
花粉管	huāfěnguǎn	توزاڭ تۈتىگى
花粉粒	huāfěnlì	توزاڭ ٴتۈيىرى
花岗岩	huāgāngyán	كرانيت تاس
花冠	huāguān	كۈلته
花冠筒	huāguāntǒng	كۈلته دۈڭگەرشەگى
花卉	huāhuì	گۈل ٴۅسۈپ
花蓟马	huājìmǎ	الا تريپپيرىس
花甲	huājiǎ	زەر قوڭىز
花蕾	huālěi	گۈل ٴبۇرى، بتەۇگۈل
花苜蓿	huāmùxu	تاۇ بەدە
花盆	huāpén	گۈل تۈبەگى
花器构造	huāqì gòuzào	گۈل مۈشەسنڭ قۇرىلىسى
花生	huāshēng	جەر جاڭعاعى
花盛开	huā shèngkāi	گۈل اشۇ
花鼠	huāshǔ	شبار تىشقان
花丝	huāsī	اتالىق جىپشەسى
花穗	huāsuì	گۈل جەبەسى
花托	huātuō	گۈل تۈعەرى
花谢（花落）	huā xiè（huā luò）	گۈلدىڭ سولۇى
花型同性	huāxíng tóngxìng	ٴبىر جىنستى
花序	huāxù	گۈل شوعىرى
花芽	huāyá	گۈل بۈرشگى
花芽分化期	huāyá fēnhuàqī	گۈل بۈرشگىنڭ جكتەلۇ مەزگىلى
花药	huāyào	گۈل توزاڭ قابى، توزاڭدىق
花叶类病毒病	huāyèlèi bìngdúbìng	جاپىراق ۆيروس دەرتى
花蝇科	huāyíngkē	شبار شبىن تۈقمداسى
花轴（花茎）	huāzhóu（huājīng）	گۈل بىلگى، گۈل ٴۅسى
花柱	huāzhù	اتالىق موين
花柱基	huāzhùjī	اتالىق موين توبى
花柱头（柱头、花头）	huāzhùtóu（zhùtóu、huātóu）	اتالىق موين ٴۇزى

划蝽	huáchūn	ساسق قوڭىز
划破草皮	huápò cǎopí	جەردىڭ شممىن جىرتۋ
化肥	huàféi	حيميالىق تەڭايتقىش
化工厂	huàgōngchǎng	حيميا ونەركاسپ زاۋودتى
化合物	huàhéwù	حيميالىق قوسىلىستار
化石	huàshí	تاسقا اينالۋ
化学不育	huàxué bùyù	حيميالىق ۇربۋ
化学防治法	huàxué fángzhìfǎ	حيميالىق الدىن الۋ ادىسى
化学肥料	huàxué féiliào	حيميالىق تەڭايتقىش
化学固定	huàxué gùdìng	حيميالىق تۇراقتاندىرۋ
化学色	huàxuésè	حيميالىق رەڭ
化学生态学	huàxué shēngtàixué	حيميالىق ەكولوگيالىق علمى
化学通讯	huàxué tōngxùn	حيميالىق ەمفورتسيا
化学元素	huàxué yuánsù	حيميالىق ەلەمەنتتەر
化验	huàyàn	حيميالىق تەكسەرۋ
化蛹	huàyǒng	قاۋاشاقتانۋ
划分	huàfēn	ۇبولىنۋ
划区轮牧	huàqū lúnmù	مالدى اۋسپالى جايىلىمدا باعۋ
画眉草属	huàméicǎoshǔ	ۇشيتارى تۇسى
还田	huántián	اتىزعا قايتارۋ
还原	huányuán	توتىقتانۋ
还原剂	huányuánjì	توتىقسىزداندىرعىش
环刀	huándāo	ساقينالى پىشاق
环肌	huánjī	ساقينالى بۇلشىق ەت
环境	huánjìng	ورتا
环毛状	huánmáozhuàng	جۇمسارلانعان ۇتارىزدى
环形	huánxíng	ساقينا ۇتارىزدى
环形夹	huánxíngjiā	ساقينا فورمالى تىشقان قاقپان
环状沟施肥法	huánzhuànggōu shīféifǎ	ساقينا ۇتارىزدى شۇنەكتەپ تەڭايتقىش بەرۋ ادىسى
环状叶	huánzhuàngyè	تۇتاسقان جاپىراقشا
缓冲剂	huǎnchōngjì	باياۋلاتقىش، باسەڭدەتكىش
缓冲性	huǎnchōngxìng	باساڭدەتۋ قاسيەتى
缓慢	huǎnmàn	باياۋ
缓效肥料	huǎnxiào féiliào	باياۋ اسەرلى تەڭايتقىش
缓效态钾	huǎnxiàotàijiǎ	باياۋ ۇونىمدى كالي
荒地	huāngdì	قاعەر جەر

荒漠草原	huāngmò cǎoyuán	ٴشول جايسلم
荒漠化草原	huāngmòhuà cǎoyuán	تاتىر جايسلم، ٴشول دالا
荒漠土	huāngmòtǔ	ٴشول دالا توپىراعى
荒漠早熟禾	huāngmò zǎoshúhé	دالا قوڭىر باس
荒漠植物	huāngmò zhíwù	ٴشول دالا وسىمدىكتەرى
荒山荒地	huāngshān huāngdì	قاعىر تاۋ تاقىر دالا
黄地老虎	huángdìlǎohǔ	سارى جەر جولبارىسى
黄腐酸	huángfǔsuān	سارى شىرىندى قىشقىلى
黄瓜	huángguā	قيار
黄褐丽金龟	huánghè lìjīnguī	سارى زاۋزا قوڭىز
黄花蒿	huánghuāhāo	ساسىق جۇسان (ٴبىر جىلدىق جۇسان)
黄花类病毒病	huánghuālèi bìngdúbìng	سارعايتقىش دەرت
黄花茅	huánghuāmáo	جۇپار باسى
黄花苜蓿	huánghuā mùxu	قىلقاندى جوڭىشقا سارباس جوڭىشقا
黄花委陵菜	huánghuā wěilíngcài	سارباس قاز تابان
黄化	huánghuà	سارعايۇ
黄鹂	huánglí	سارعالداق
黄苓	huánglíng	توماعا ٴشوپ، شلەمىنىك
黄毛鼠	huángmáoshǔ	سارى تىشقان
黄苗	huángmiáo	مايسانىڭ سارعايۇى
黄芪属	huángqíshǔ	تاسپا ٴشوپ تۇسى
黄曲条跳甲	huángqūtiáo tiàojiǎ	الاجۇلاق ٴىرشىماق قوڭىز
黄墒	huángshāng	سارى بلعالدىق
黄鼠	huángshǔ	سارى تىشقان
黄铁矿	huángtiěkuàng	سارى تەمىر رۇداسى
黄兔尾鼠	huángtùwěishǔ	سارى تىشقان
黄萎病	huángwěibìng	سارعايتقىش دەرت
黄狭条跳甲	huángxiátiáo tiàojiǎ	ٴىرشىماق قوڭىز
黄胸鼠	huángxiōngshǔ	سارى تىشقان
黄杨属	huángyángshǔ	سامشيت تۇسى
黄榆	huángyú	سارى شەگىرشىن
蝗虫	huángchóng	شەگىرتكە، كوك قاسقا شەگىرتكە
蝗科	huángkē	شەگىرتكە تۇستاسى
蝗蝻	huángnǎn	شەگىرتكە بالاپان
灰仓鼠	huīcāngshǔ	سۇرى قامبا تىشقان
灰分	huīfèn	كۇل قۇرامى

灰钙土	huīgàitǔ	كالتسيلى سۇر توپىراق
灰旱獭	huīhàntǎ	سۇر
灰褐土	huīhètǔ	قارا سۇرى توپىراق
灰化土	huīhuàtǔ	كۆلگەن توپىراق
灰化棕土	huīhuà zōngtǔ	سۇرى قوڭىر توپىراق
灰黄土	huīhuángtǔ	سارى كۆلگەن توپىراق
灰黏土	huīniántǔ	جابىسقان سۇرى توپىراق
灰鼠	huīshǔ	سۇرى تىشقان
灰喜鹊	huīxǐquè	ساۋىسقان
灰叶胡杨	huīyè húyáng	اقسور تۇراڭعى
灰棕荒漠土	huīzōng huāngmòtǔ	قارا سور قۇمدى توپىراق
挥发油	huīfāyóu	ۇشپا ماي، ۇشقىش ماي
辉石	huīshí	پروكسەن
回肠	huícháng	مىقىن ىشەك
回交（反交）	huíjiāo（fǎnjiāo）	قايتا بۇداندەسترۇ
回交亲本	huíjiāo qīnběn	قايتا بۇداندەساتىن اتا ـ تەك
回生（苏生）	huíshēng（sūshēng）	تىرىلۇ، جاندانۇ
回芽（假芽）	huíyá（jiǎyá）	جاناما بۇرشەك، شالا كوكتەگەن بۇرشەك
茴芹	huíqín	بالبىراۇىق
茴香	huíxiāng	بەديون
毁灭性	huǐmièxìng	ۆيرانداعەش سىپاتى
汇总	huìzǒng	جيناقتاۇ
喙管	huìguǎn	تۇمسىق تۇتىكشەسى
喙状突	huìzhuàngtū	ايدارشا
混拌	hùnbàn	ارالاستىرۇ
混播	hùnbō	ارالاس سەبۇ
混合	hùnhé	ارالاسۇ
混合肥料	hùnhé féiliào	ارالاسپا تەڭايتقىش
混合花序	hùnhé huāxù	ارالاسپاگۇل شوعىرى
混合饲料	hùnhé sìliào	ارالاسپا ازىقتىق
混合选择法	hùnhé xuǎnzéfǎ	ارالاس سۇرىپتاۇ ادسى
混合样品	hùnhé yàngpǐn	ارالاسپا ۆلگى
混杂草种	hùnzá cǎozhǒng	ارالاس ىشوپ تۇقمى
混作	hùnzuò	ارالاس ەگۇ
活动规律	huódòng guīlù	ارەكەت ريتمى
活动芽	huódòngyá	كوكتەيي باستاعان بۇرشەك

活化激素	huóhuà jīsù	ارەكەت گورمونى
活套	huótào	توزاق
活性	huóxìng	اكتيۋ
活跃	huóyuè	جاندى
火绒草属	huǒróngcǎoshǔ	ماقپال باس تؤسى، ارستان تابان تؤسى
火灾	huǒzāi	ٴورت اپاتى
获取	huòqǔ	قولعا كەلتىرۋ
藿香	huòxiāng	اق جالبىز

芨芨草	jījīcǎo	ٴشي، اق ٴشي
机能	jīnéng	قىزمەت، فؤنكتسيا
机械	jīxiè	مەحانيكالىق
机械化	jīxièhuà	ماشينالاندىرۋ، اۆتوماتتاستىرۋ
机械组织	jīxiè zǔzhī	مەحانيكالىق تكان
肌肉	jīròu	بۇلشىق ەت
肌肉系统	jīròu xìtǒng	بۇلشىق ەت جۇيەسى
鸡	jī	تاۋىق
鸡冠花	jīguānhuā	ايدارگۇل
鸡脚草	jījiǎocǎo	تارعاق ٴشوپ
鸡眼草	jīyǎncǎo	تاۋىق كوز
唧筒	jītǒng	ناسوس
积肥	jīféi	تەڭايتقىش بەرۋ
积累	jīlěi	جينالۋ
积年流行病	jīnián liúxíngbìng	جىل جيناقتالىپ تاراتلۋ
积水	jīshuǐ	سۋ جينالۋ
积温	jīwēn	جين تەمپەراتۇرا، جينتىق تەمپەراتۇرا
积温法	jīwēnfǎ	جيناقتالعان تەمپەراتۇرا
积雪	jīxuě	قاسات قار، قالىڭ قار
积盐	jīyán	بورىق
姬蜂科	jīfēngkē	جەڭشكە ارا تؤستاس
姬猎蝽科	jīlièchūnkē	جەڭشكە قوڭىز تؤستاس
基本	jīběn	نەگىزگى

基础	jīchǔ	نەگىز
基地	jīdì	بازا
基蝶骨	jīdiégǔ	ئۈستۈپ سۆيەك
基肥	jīféi	نەگىزگى تەڭايتقىش
基根系	jīgēnxì	كىندىك تامىر جۆيەسى
基节	jījié	بۇئىن
基膜	jīmó	بۇئىن پەردە
基生胎座	jīshēng tāizuò	نەگىزگى تۇقۇم ۇرىق تۆعرسى
基生叶	jīshēngyè	تامىر جاپىراعى
基数	jīshù	نەگىزگى سان
基因	jīyīn	گەن
基因重组	jīyīn chóngzǔ	گەننىڭ قايتا بىرىگۈئى
基因突变	jīyīn tūbiàn	گەننىڭ كەنەت وزگەرۈئى
基因型	jīyīnxíng	گەن ئتيپى
基因型值	jīyīnxíngzhí	گەن ئتيپىننىڭ ئمانى
基褶	jīzhě	تۆپكى قاتپار
基枕骨	jīzhěngǔ	قارا قۇس سۆيەك
基质	jīzhì	نەگىزگى زات
畸形	jīxíng	قالىپسىزدىق
激素	jīsù	گورمون
及时收集	jíshí shōují	دەركەزىندە جيناقتاۇ
及早	jízǎo	ەرتە
吉丁科	jídīngkē	قوڭىز تۆقمداسى
极毒	jídú	ەرەكشە ۇ
极核	jíhé	پوليارلىق يادرو، قۆتپ يادروسى
极强碱性	jíqiángjiǎnxìng	توتەنشە كۈشتى سىلتىلىك قاسيەتتە
极强酸性	jíqiángsuānxìng	توتەنشە كۈشتى قىشقىلدىق قاسيەتتە
极体	jítǐ	باعتتاۇش دەنە
极细胞	jíxìbāo	پوليارلىق كلەتكا
急尖	jíjiān	ۇشكىر ۇشى، جاپىر جينتسق ۇشى
急剧	jíjù	ەرەكشە
棘豆	jídòu	كەكىرە، كەكىرە باسى
棘头花属	jítóuhuāshǔ	تىكەن باس
集合花	jíhéhuā	توپ گۈل، قالىڭ گۈل
集结外激素	jíjié wàijīsù	توپتالعان سىرتقى گورمون
集群开花	jíqún kāihuā	شوعىرلى گۈل اشۇ

集生草属	jíshēngcǎoshǔ	ۇ شىرماۇيق تۇسسى
集水池	jíshuǐchí	سۇ جيينالعان جەر
集团选择	jítuán xuǎnzé	توپ بويىنشا تالداۇ
集约化畜牧业	jíyuēhuà xùmùyè	جيناقتى مال شارۇاشلعى
集运	jíyùn	جيناۇ، تاسپ جيناۇ
集中	jízhōng	جيناۇ
集中放牧	jízhōng fàngmù	شوعەرلى مال باعۇ
几倍	jǐ bèi	بىرنەشە ەسە
几丁质	jǐdīngzhì	توستاعانشا
己糖	jǐtáng	جاي قاتتار
脊髓	jǐsuǐ	جۇلىن
脊索动物门	jǐsuǒdòngwùmén	ومىرتقالى حايۇان ءتيپى
脊纹	jǐwén	قىربەدەر
脊椎动物	jǐzhuī dòngwù	ومىرتقالى حايۇان
计划湿润深度	jìhuà shīrùn shēndù	جوسپارداعى ىلعالدىق تەرەڭدىگى
技能	jìnéng	قابىلەتى
忌氯植物	jìlù zhíwù	حلوردى جەك كورەتىن وسىمدىكتەر
季度	jìdù	ماۇسىم
季节性放牧	jìjiéxìng fàngmù	ماۇسىمدىق مال باعۇ
荠菜	jìcài	كادىمگى جۇمىرشاق
继续	jìxù	جالعاستى
寄生虫真菌	jìshēngchóng zhēnjūn	قۇرت باكتەرياسى
寄生物	jìshēngwù	پارازيت زات
寄生植物	jìshēng zhíwù	ماسىل وسىمدىكتەر، پارازيت وسىمدىكتەر
寄蝇科	jìyíngkē	پارازيت شەبىن تۇقىمداسى
寄主	jìzhǔ	پارازيت يەسى
寄主植物	jìzhǔ zhíwù	پارازيت يەسى وسىمدىك
蓟	jì	ايۇ تىكەن، تىكەن قۇراي
蓟马	jìmǎ	سارى قاۇلەن، تىكەن قۇراي
加工	jiāgōng	مانەرلەۇ
加权平均	jiāquán píngjūn	قوسىپ ورتاعىن شعارۇ
夹皮	jiāpí	قىسىلعان قابىق
夹日法	jiārìfǎ	كۇندىك ۇڭلاۇ ءادىسى
夹竹桃科	jiāzhútáokē	كەندىر تۇقىمداس
家艾	jiā'ài	ەرمەن، جۇسان ەرمەن
家畜	jiāchù	ءۇي جانۇارلارى

家畜粪尿	jiāchù fènniào	ئۆي حايۋاندارىنىڭ كۆك نەسەبى
家盘菌	jiāpánjūn	شوعىرلى تاياقشا باكتەرىيا
家禽	jiāqín	ئۆي قۇستارى
家系	jiāxì	جەرگىلىكتى جۇيەلەر، جەكە ئتۇپ ۇرپاعى
家燕	jiāyàn	ئۆي قارلىعاشى
荚果	jiáguǒ	بادانا جەمىس، قانتتى قابىق جەمىسى
荚蒾	jiámí	شاڭگىش، بۇرگەن
蛱蝶科	jiádiékē	كوبەلەك تۇقىمداسى
颊	jiá	جاق
颊下沟	jiáxiàgōu	جاق استى وزەگى
颊下区	jiáxiàqū	جاق استى ؤماعى
甲虫	jiǎchóng	ساۋساقتى قوڭىز
甲壳动物	jiǎqiào dòngwù	قابىرشاقتى جاندىكتەر
甲壳纲	jiǎqiàogāng	ساۋىتتىلار كلاسى
甲酸	jiǎsuān	قۇمىرسقا قشقىلى
钾肥	jiǎféi	كاليلى تىڭايتقىش
钾细菌	jiǎxìjūn	كالي باكتەرىياسى
假百合	jiǎbǎihé	جالعان سارانا
假报春属	jiǎbàochūnshǔ	كوز تۇزا تۇسى
假定芽	jiǎdìngyá	جاناما توبە بۇرشەك
假根	jiǎgēn	جالعان تامىر، جاناما تامىر
假果	jiǎguǒ	جالعان جەمىس، جاناما جەمىس
假旱生植物	jiǎhànshēng zhíwù	قۇرعاقشىلققا جالعان ئتوزىمدى وسىمدىكتەر
假浆果	jiǎjiāngguǒ	جالعان جيدەك
假茎	jiǎjīng	جاناما ساباق
假木贼	jiǎmùzéi	يتسيگەك، بۇيىرعىن
假伞花序	jiǎsǎn huāxù	جالعان شاتىرشا گۇل شوعىرى
假死	jiǎsǐ	وتىرىك ئولۋ
假梯牧草	jiǎtīmùcǎo	بالاما مىسىق قۇيرىق
假苇拂子茅	jiǎwěi fúzǐmáo	ازيا تاۋ ايرىق
假种皮	jiǎzhǒngpí	تۇقىم سەرىگى
嫁接（接种）	jiàjiē（jiēzhòng）	تەلۋ، ؤلاستىرۋ
尖刺蔷薇	jiāncì qiángwēi	ؤشكىر تىكەن راۋشا
尖削	jiānxuē	ؤشكىر، ؤشكىل، ئسۇيىر، جالاما، قۇلاما، تەك
尖叶节节木	jiānyè jiéjiémù	ئبز جاپىراقتى سەكسەۋىلشە
尖叶盐爪爪	jiānyè yánzhuǎzhua	يىنە جاپىراقتى سور قاڭباق

尖针形	jiānzhēnxíng	ينە ‹تارىزدى
坚持	jiānchí	تاباندى بولۇ
坚果	jiānguǒ	قاتتى قابىقتى جەمىستەر
坚甲科	jiānjiǎkē	دەڭگەلەك قوڭىز
坚硬性	jiānyìngxìng	قاتتىلىق، قاتتىلعى
间颅鼠兔	jiānlú shǔtù	جاپسار تىشقان پىشىندەس قويان
肩角	jiānjiǎo	يىق بۇرىش
兼气性	jiānqìxìng	اۋانىڭ بولۇ ـ بولماۋىن قاجەت ەتپەيتىن
兼性滞育	jiānxìng zhìyù	توقىراۋ
检验	jiǎnyàn	تەكسەرۇ، تەكسەرۇدەن وتكىزۇ
检疫	jiǎnyì	كارەنتينەۋ
减弱	jiǎnruò	السىرەۋ
减少	jiǎnshǎo	ازايتۋ
减少土壤返盐	jiǎnshǎo tǔrǎng fǎnyán	توپىراقتاڭ قايتا سورتاڭدانۋىن باسەڭدەتۋ
减数分裂	jiǎnshù fēnliè	ساننىڭ كەمەيىپ ‹بولىنۇى
简单	jiǎndān	قاراپايىم
简述	jiǎnshù	قىسقاشا بايانداۋ
碱草	jiǎncǎo	سورتاڭ ‹بيدايىق، قاسمالداق
碱池	jiǎnchí	سورتاڭ ‹بيدايىق، قاسمالداق
碱化	jiǎnhuà	سورتاڭداۋ
碱化土	jiǎnhuàtǔ	سىلتىلەنگەن توپىراق
碱基成分	jiǎnjī chéngfèn	ابسوليۋتتى
碱蓬	jiǎnpéng	اق سور
碱土	jiǎntǔ	‹سىلتىلى توپىراق
碱性植物	jiǎnxìng zhíwù	سىلتىلىك وسىمدىكتەر
碱中毒	jiǎnzhòngdú	سىلتىدەن ۇلانۋ
间接	jiànjiē	جانامالاي
间接肥料	jiànjiē féiliào	جانامالاي تىڭايتقىش
间接分裂	jiànjiē fēnliè	جانامالاپ ‹بولىنۋ
间苗	jiànmiáo	مايسا سيرەتۋ
间种	jiànzhòng	قايتاپ ەگۋ
建立人工草地	jiànlì réngōng cǎodì	جاساندى جايىلىم قۇرۋ
建群种	jiànqúnzhǒng	نەگىزگى تۇرلەر، قۇزاۋشى تۇرلەر
剑状叶	jiànzhuàngyè	سەمسەر جاپىراق
渐狭早熟禾	jiànxiá zǎoshúhé	سىلدىر قوڭىزباس
箭头状叶	jiàntóuzhuàngyè	جەبە جاپىراق

箭竹	jiànzhú	جەبە بامبۇك، ۇشكىل بامبۇك
浆果	jiāngguǒ	جيدەك جەمىس
浆果蓬	jiāngguǒpéng	تاس كوكبەك
浆果植物	jiāngguǒ zhíwù	شىربن جەمىستى وسمدىكتەر
降水	jiàngshuǐ	جاۋىن ـ شاشىن
降雨量	jiàngyǔliàng	جاڭبىر مولشەرى
交感神经系统	jiāogǎn shénjīng xìtǒng	نەرۋ جۇيەلەرى
交换量	jiāohuànliàng	الماسۇ مولشەرى
交换率	jiāohuànlù	الماسۇ پروتسەنتى
交配	jiāopèi	شاعلىسۇ، ۇرىقتانۇ
交配行为	jiāopèi xíngwéi	شاعلىسۇ قيملى
交替	jiāotì	الماسترۇ
交尾孔	jiāowěikǒng	شاعلىسۇ تەسىگى
交尾器	jiāowěiqì	شاعلىسۇ مۇشەسى
浇施	jiāoshī	سۇمەن بەرۇ
浇水	jiāoshuǐ	سۇارۇ
胶结	jiāojié	جابىسترۇ
胶结剂	jiāojiéjì	جابىسترعىش ٴدارى
胶结力	jiāojiélì	جابىسۇ كۇشى
胶粒	jiāolì	ساعىز تۇيىرشەك
胶体	jiāotǐ	كوللويد
胶原	jiāoyuán	كوللاگەن
胶质层	jiāozhìcéng	ساعىز قابات، جەلىم قابات
胶质细胞	jiāozhì xìbāo	كوللويد كلەتكا
胶质纤维	jiāozhì xiānwéi	جەلىم تالشەعى
胶状物	jiāozhuàngwù	جەلىم ٴتارىزدى زات
椒蒿	jiāohāo	بوز ەرمەن
蛟母草	jiāomǔcǎo	اسەم بودەنە ٴشوپ
焦枯	jiāokū	قۇارۇ، كۇيىپ كەتۇ
焦土	jiāotǔ	ورتەك، كۇيگەن توپىراق
角果	jiǎoguǒ	مۇيىزگەك جەمىس
角果藜	jiǎoguǒlí	ەبەلەك، تۇيە قارىن
角化	jiǎohuà	مۇيىزگەكتەنۇ
角粒	jiǎolì	سىرعا ٴدانى
角闪石	jiǎoshǎnshí	ۇشكىل جارقىراۋىق تاس
绞杀植物	jiǎoshā zhíwù	جىرتقىش وسمدىكتەر

脚腺	jiǎoxiàn	قويمالجك بەز
脚趾	jiǎozhǐ	اياق ساۇساعى
搅拌	jiǎobàn	ارالاستىرۇ، اۇداستىرۇ
搅动	jiǎodòng	ارالاستىرۇ
教育兴农	jiàoyù xīngnóng	وقۇ ـ اعارتۇ ارقلى اۇل ـ شارۇاشلىعىن گۆلدەندىرۇ
阶段	jiēduàn	ساتى
阶段发育	jiēduàn fāyù	ٴوسۇ كەزەڭى
结角	jiējiǎo	سەرعا الۇ
结实	jiēshí	جەمس سالۇ، ٴتۇيىن سالۇ
结实性	jiēshíxìng	جەمىستەۇ قاسيەتى
接触	jiēchù	جاناسۇ، ٴتيىسۇ
接触传播	jiēchù chuánbō	جاناسۇدان تارالۇ
接触期	jiēchùqī	ۇشىراۇ مەزگىلى
接触中毒	jiēchù zhòngdú	جاقىنداۇ ارقىلى ۇلانۇ
接骨木	jiēgǔmù	ايۇ بادام، قاپتار سەعاي
接合孢子	jiēhé bāozǐ	بىرىككەن سپورا
接合纲	jiēhégāng	بىرىكپە تۆلعالار كلاسى
接合核	jiēhéhé	بىرىككەن يادروم
接穗	jiēsuì	تەلىنۇشى
接穗芽	jiēsuìyá	تەلىنۇشى بۇرشاك
接种	jiēzhòng	ەگۇ
秸秆	jiēgǎn	ساباق
秸秆饲料	jiēgǎn sìliào	سابان ـ توبان ازىقتار
节间	jiéjiān	بۇن ارالىعى
节间膜	jiéjiānmó	بۇن ارالىق پەردە
节节菜	jiéjiécài	بۇناق ٴشوپ، جىلبۇرىن
节节木	jiéjiémù	سەكسەۇلشە
节节盐木	jiéjiéyánmù	دومالاتپا، تۇينەك ٴشوپ
节茎青兰	jiéjīng qīnglán	ٴتۇيىندى جىلانباس
节省劳力	jiéshěng láolì	ەڭبەك كۇشتى ۇنەمدەۇ
节肢动物门	jiézhīdòngwùmén	بۇن اياقتى حايۋانىدار
结冰	jiébīng	مۇزقاتۇ
结肠	jiécháng	توق ٴىشەك
结缔组织	jiédì zǔzhī	دانەكەر تكان
结构	jiégòu	ٴتۇزىلىسى
结构色	jiégòusè	قۇرىلىمدىق رەڭ

结合	jiéhé	بىرىگۇۋ
结合水	jiéhéshuǐ	قوسپا سۋ، كرىستالداشق سۋ
结晶	jiéjīng	كرىستال
结块	jiékuài	كەسەكتەنۇۋ
桔梗	jiégěng	ويماق گۇل
截留	jiéliú	بوگەۋ
解冻	jiědòng	توڭ ەرۇۋ
解毒剂	jiědújì	ۋ قايتارعىش
解剖	jiěpōu	بورشالاۋ
解剖学	jiěpōuxué	انوتومیا
介壳（甲壳）	jièqiào（jiǎqiào）	قابىرشاقتى جاندىكتەر
介壳虫	jièqiàochóng	قابىرشىق قۇرت
芥菜	jiècài	قىشى
蚧科	jièkē	قابىرشىق قۇرت
金光菊	jīnguāngjú	التىنگۇل
金龟科	jīnguīkē	زازا قوس
金龟子	jīnguīzǐ	زازا قۇرت
金花虫	jīnhuāchóng	جاپىراق جەگى
金兰	jīnlán	اسەم جىلان تامىر
金老梅	jīnlǎoméi	ماي بۇتا
金老梅属	jīnlǎoméishǔ	كۇريل شاي تۇسى
金莲花	jīnliánhuā	جارىقگۇل، كونگەلدى
金钱草属	jīnqiáncǎoshǔ	تاڭقۇراي تۇسى
金钱花（旋复花）	jīnqiánhuā（xuánfùhuā）	اندىز
金小蜂科	jīnxiǎofēngkē	كىشكەنە ارا تۇقىمداسى
金银花	jīnyínhuā	ۇشقات، ٴشىلبى
金针虫	jīnzhēnchóng	شىرىلداۋىق قوڭىزدىڭ بالاپان قۇرتى
紧密	jǐnmì	تىعىز
紧砂土	jǐnshātǔ	تىعىز قۇمدى توپىراق
紧实度	jǐnshídù	نەعىزدەعى
堇菜科	jǐncàikē	شەگىرگۇل تۇقىمداسى
锦鸡儿	jǐnjī'er	سارى قاراعان، قاراعان
进化	jìnhuà	بىرتىندەپ دامۇۋ
进化过程	jìnhuà guòchéng	بىرتىندەپ وزگەرۇۋ بارىسى
进化论	jìnhuàlùn	بىرتىندەپ دامۇ نازارياسى
进化生态学	jìnhuà shēngtàixué	بىرتىندەپ دامۇ عىلمى

进一步调查	jìnyībù diàochá	ئبىر ادىم ىلگەرلەگەن تۆردە تەكسەرۈ
近亲交配	jìnqīn jiāopèi	تۆستار ارا شاعەلسۈ
近亲杂交	jìnqīn zájiāo	جاقىن تۆستاس بۆداندىاسترۈ
浸泡	jìnpào	شىلاۈ ، ئبورتتىرۈ
浸蚀作用	jìnshí zuòyòng	جەممرلۈ، شايىلۈ
浸种	jìnzhǒng	تۇقىم ئبورتتىرۈ
经度	jīngdù	بويلىق
经济类群	jīngjì lèiqún	وسمدىكتەردىڭ ەكونومىكالىق توبى
经济性	jīngjìxìng	ەكونومىكالىق قاسيەتى
经济植物	jīngjì zhíwù	ەكونومىكالىق وسمدىكتەر
经纬度	jīngwěidù	بويلىق ەندىك
经营管理	jīngyíng guǎnlǐ	ەكونومىكالىق شارۈاشلىق باسقارۈ
茎	jīng	ساباق
茎蜂	jīngfēng	ساباق اراسى
茎蜂科	jīngfēngkē	ساباق ارا تۆستاس
茎根	jīnggēn	تامىر ساباق
茎尖	jīngjiān	ساباق ۈشى
茎节	jīngjié	ساباق بۆن
茎鞘	jīngqiào	ساباق قنابى
茎生花	jīngshēnghuā	ساباقتا وسەتىن گۈل
茎叶	jīngyè	ساباقتا وسەتىن گۈل شوعەرى
茎轴	jīngzhóu	ساباق جاپىراق
旌节花	jīngjiéhuā	ساباق ئونسمى
精巢	jīngcháo	تالدى ۈرىق بەزى
精耕	jīnggēng	قۇنتتاپ جەرتۈ
精核	jīnghé	قۇتىپ يادىروسى
精料	jīngliào	ئنارلى ازىقتىق
井灌	jǐngguàn	قۇدقىپەن سۋارۈ
颈膜	jǐngmó	مويىن پەردەسى
颈椎骨	jǐngzhuīgǔ	ومىرتقا سۆيەك
景观	jǐngguān	كورىك
景天科	jǐngtiānkē	جاسامىس ئشوپ تۆسى
警戒色	jǐngjièsè	سەگنال تۆسى
净化	jìnghuà	تازارتۈ
净重	jìngzhòng	تازا سالماق
胫节	jìngjié	جلنشىك بۆن

胫脉	jìngmài	كولدەنەڭ تامىر
竞争	jìngzhēng	تالاسؤ
久效磷	jiǔxiàolín	ۇزاق ۇنسمدى فوسفور
酒精	jiǔjīng	سپيرت
酒精燃烧法	jiǔjīng ránshāofǎ	سپيرتپەن ورتەؤ ادىسى
臼齿	jiùchǐ	ازؤ تس
厩肥	jiùféi	قورا تەڭايتقىش، كۇڭ
就地	jiùdì	سول جەردە
居间分生组织	jūjiān fēnshēng zǔzhī	ارالىق بولىنىپ وسەتىن تكان
居间生长	jūjiān shēngzhǎng	ارالىقتان وسؤ
局部性病害	júbùxìng bìnghài	بەلگىلى اؤماقتا تارالاتىن دەرت
菊苣属（苦苣）	jújùshǔ(kǔjù)	جەر المؤرتى
菊科	júkē	كؤردەلى گۇلدەر تۇقىمداسى
菊属	júshǔ	شاشىراتقى تۇسى
菊芋	júyù	نار تؤينەك
咀嚼	jǔjué	شاينالؤ
咀嚼式	jǔjuéshì	جالماعىش فورماسىنداعى
矩形花冠	jǔxíng huāguān	شاقتالى كۇلتە
巨大	jùdà	الىپ
巨泡五趾跳鼠	jùpào wǔzhǐ tiàoshǔ	بەس ساؤساقتى قوس اياق
具备	jùbèi	ازىرلەؤ
具备花（两性花）	jùbèihuā(liǎngxìnghuā)	تولىق گۇل
具两雌蕊	jù liǎng círuǐ	قوس انالىق
具芒状	jùmángzhuàng	قاؤىز تارىزدى
具有	jùyǒu	يە
剧毒	jùdú	نەداؤىر ۇلى
距	jù	ارالىق
锯齿状	jùchǐzhuàng	ارا تىسى تارىزدى
聚合果	jùhéguǒ	شوعىرلى جەمىس، قۇراندى جەمىس
聚合物	jùhéwù	شاشاقباس تۇس
聚花果（复果）	jùhuāguǒ(fùguǒ)	بىرىككەن جەمىس
聚伞花序	jùsǎn huāxù	شوعىرلى گۇل
聚心皮果	jùxīnpíguǒ	قۇراندى جەمىس
卷丹	juǎndān	شيراتىلعان لالا گۇل
卷曲	juǎnqū	بۇرالؤ
卷尾	juǎnwěi	مؤيىز ۇشوپ

卷须	juǎnxū	مۇرتشالار
卷叶虫	juǎnyèchóng	جاپىراق جەگىسى
决明	juémíng	مايتارات، ٴىستى تارات
绝大部分	juédàbùfen	باسىم كوپ ٴبولىم
绝对	juéduì	اپسۆليتتى
绝灭	juémiè	قۇرۇ، جويىلۇ
蕨类植物	juélèi zhíwù	قىرىق قۇلاق تەكتەس وسىمدىكتەر
嚼吸式	juéxīshì	شاىناۇ اپاراتى
均匀分布	jūnyún fēnbù	تەگىس تارالۇ
均匀性	jūnyúnxìng	بىركەلكى قاسيەتى
菌斑	jūnbān	باكتەريا داعى
菌肥	jūnféi	باكتەريا تەڭايتقىش
菌根	jūngēn	ساڭىراۇ قۇلاق تامىرى
菌根菌肥料	jūngēnjūn féiliào	باكتەريا تەڭايتقىش
菌核	jūnhé	باكتەريا يادروسى
菌胶	jūnjiāo	باكتەريا جابىسقاقتەعى
菌类植物	jūnlèi zhíwù	ساڭىراۇ قۇلاق تەكتەس وسىمدىكتەر
菌丝体	jūnsītǐ	باكتەريا جىپشە دەنەسى
菌索	jūnsuǒ	باكتەريا جىپشەسى

卡庆斯基制	kǎqìngsījīzhì	كالنسكي ٴتۇزىمى
开采	kāicǎi	اشۇ
开洞封洞法	kāidòngfēngdòngfǎ	ٴىن قازۇ ٴادىسى
开沟	kāigōu	ارىق اشۇ، ارىق قازۇ
开沟排水	kāigōu páishuǐ	شۇنەك اشىپ سۇ بەستىرۇ
开沟条施	kāigōu tiáoshī	شۇنەك اشىپ قاتارلاپ بەرۇ
开果	kāiguǒ	بولشەكتەس جەمىس
开花	kāihuā	گۇل اشۇ
开花期	kāihuāqī	گۇلدەر كەزەڭى، گۇل اشۇ مەزگىلى
开花授粉	kāihuā shòufěn	گۇل اشىپ توزاڭدانۇ
开荒	kāihuāng	تاڭ اشۇ، تاڭ يگەرۇ
开掘足	kāijuézú	قوپاراتىن اياق

开垦	kāikěn	تاك جەر اشۇ
开裂果	kāilièguǒ	اشلعان جەمس
看麦娘	kānmàiniáng	تۇلكى قۇيرىق
糠麸饲料	kāngfū sìliào	كەبەك ازىقتىق
抗病	kàngbìng	اۋرۇعا قارسىلعى
抗病性	kàngbìngxìng	دەرتكە قارسى تۇرۇ قاسىەتى
抗虫性	kàngchóngxìng	قۇرتقا قارسى تۇرۇ قاسىەتى
抗虫育种	kàngchóng yùzhǒng	قۇرتقا قارسى سورت جەتىلدىرۇ
抗寒性（耐寒性）	kànghánxìng（nàihánxìng）	سۇىققا تۆزىمدىلىك
抗旱	kànghàn	قۇاڭشىلقىقا ٴتوزىمدى
抗旱力	kànghànlì	قۇرعاقشىلقىقا قارسىلىق قۇاتى
抗逆性	kàngnìxìng	كەرى دامۇعا قارسى تۇرۇ
抗逆性强	kàngnìxìng qiáng	قارسى تۇرعىشتىعى كۇشتى
抗生菌肥料	kàngshēngjūn féiliào	باكتەرياعا قارسى تىڭايتقىش
抗生性	kàngshēngxìng	وسۇگە قارسى قاسىەت
抗氧化剂	kàngyǎnghuàjì	توتىعۇعا قارسى دارىلەر
抗药性	kàngyàoxìng	دارىگە قارسىلىق قاسىەتى
考虑	kǎolǜ	ويلاستىرۇ
靠接法	kàojiēfǎ	جاقىنداستىرىپ تەلۇ
科	kē	تۇقىمداس
科技	kējì	عىلىم ـ تەحنيكا
颗粒	kēlì	قيىرشىق، تۇيىرشەك
颗粒病毒	kēlì bìngdú	تۇيىرشەك ۆيروس
颗粒肥料	kēlì féiliào	تۇيىرشەك تىڭايتقىش
颗粒剂	kēlìjì	بۇرىككەندى دوزا
颗粒饲料	kēlì sìliào	تۇيىرشەك ازىقتىق
颗粒诱饵	kēlì yòu'ěr	ۇلاندىرعەش
磕头虫	kētóuchóng	شىرتىلداق قوڭىز
稞状突	kēzhuàngtū	ايدارشىق
可居住生境	kějūzhù shēngjìng	مەكەندەۋگە بولاتىن ورتا
可逆反应	kěnì fǎnyìng	قايتىمدى رەاكسيا
可溶性	kěróngxìng	ەرگىشتىك قاسىەت
可溶性粉剂	kěróngxìng fěnjì	ەرىگىش دوزا
可湿性粉剂	kěshīxìng fěnjì	دىمدانعان دوزا
可塑性	kěsùxìng	سوزىلعىشتىعى
克舍尔黄芪	kèshě'ěr huángqí	كاشمير تاسپا

客土	kètǔ	قوناق توپراق
啃咬	kěnyǎo	كەمىرۈ
坑肥	kēngféi	ۇرا تەڭايتقىش
空间格局	kōngjiān géjú	بوستىق ارنا
空间隔离	kōngjiān gélí	اۇاشا ەگۈ
空间生态位	kōngjiān shēngtàiwèi	كەڭىستىك
空气	kōngqì	اۇا
空心茎（秆）	kōngxīnjīng（gǎn）	سۇالعان ساباق
孔洞	kǒngdòng	تەسۈ
孔径	kǒngjìng	ساڭلاۇ دياممەترى
孔隙	kǒngxì	تەسىك، ساڭلاۇ
孔颖草	kǒngyǐngcǎo	ايسلۇ
控制性因素	kòngzhìxìng yīsù	مەڭگەرۈ رولى
口侧区	kǒucèqū	اۇز اۇماعى
口后区	kǒuhòuqū	اۇز ارت اۇماعى
口器	kǒuqì	اۇز قۇسى
口腔	kǒuqiāng	اۇز قۇسى
口上沟	kǒushànggōu	اۇز ۇستى وزەگى
口足类	kǒuzúlèi	اۇز ايماقتىلار
叩甲科	kòujiǎkē	ىزىلداۇىق قوڭىز تۇقىمداس
叩头甲	kòutóujiǎ	ىزىلداۇىق قوڭىز
枯黄	kūhuáng	قۇراپ سارعايۇ
枯死	kūsǐ	شولدەن سولۇ، قۇراۇ
枯株	kūzhū	قۇراعان ۇتوپ
苦草属	kǔcǎoshǔ	باقا وتى تۇىستاس
苦豆子属	kǔdòuzishǔ	ميا تۇىستاس
苦苣菜属	kǔjùcàishǔ	قاۇۇلەن تۇىستاس
苦马豆	kǔmǎdòu	ايبەت ميا
苦木属	kǔmùshǔ	سارى اعاش تۇىستاس
库沙克黄芪	kùshākè huángqí	كۇشار تاسپاسى
酷热	kùrè	قاپىرىق ىستىق
块根	kuàigēn	تۇينەك تامىرى
块茎	kuàijīng	تۇينەك ساباق
块状	kuàizhuàng	كەسەك ۇتارىزدى
宽背金针虫	kuānbèi jīnzhēnchóng	جالپاق قۇرت
宽齿鼠	kuānchǐshǔ	كۇرەك تىستى تىشقان

宽刺蔷薇	kuāncì qiángwēi	جالپاق تىكەندى راۋشان
宽度	kuāndù	كەڭدىگى
宽须蚁蝗	kuānxū yǐhuáng	جالپاق شەگىرتكە
矿物	kuàngwù	مينەرال
矿物肥料	kuàngwù féiliào	مينەرالدىق تىڭايتقىش
矿物态钾	kuàngwùtàijiǎ	مينەرال كۇيدەگى كالي
矿物性	kuàngwùxìng	مينەرال سيپاتتى
矿质化	kuàngzhìhuà	مينەرالدانۇ
葵花	kuíhuā	كۇنباعىس
昆虫	kūnchóng	ناسوكوم
昆虫纲	kūnchónggāng	ناسوكومدار كلاسى
昆虫激素	kūnchóng jīsù	ناسوكوم گورمونى
昆虫学	kūnchóngxué	ناسەكومدار عىلمى
昆仑沙拐枣	Kūnlún shāguǎizǎo	كۇنلۇن جۇزگەن
昆仑针茅	Kūnlún zhēnmáo	كۇنلۇن سەلەۇ
醌	kūn	پەپتيت، تينون
捆成	kǔnchéng	باۋلاۇ
扩散	kuòsàn	تارقالۇ، تارالۇ
阔叶林	kuòyèlín	كەڭ جاپىراقتى ورمان

垃圾	lājī	احلات
腊肥	làféi	بالاۇىز تىڭايتقىش
蜡层	làcéng	بالاۇىز قاباتى
蜡蝉科	làchánkē	بالاۇىز بەزىلدەك توقمىداسى
蜡虫	làchóng	بالاۇىز قۇرت
蜡蛾	là'é	بالاۇىز كوبەلەك
蜡菊	làjú	ساباۇ باس، شاي ٴشوپ
蜡熟期	làshúqī	بالاۇىزدانۇ مەزگىلى
蜡腺	làxiàn	بالاۇىز بەز
蜡质	làzhì	بالاۇىز
来源	láiyuán	كەلۇ قايناري
赖氨酸	lài'ānsuān	يەزين

赖草	làicǎo	تاسپا قياق، تۆكتى باس قياق
兰	lán	جىلان قياق
兰科	lánkē	ٴسويسىن تۆقمداس
蓝丁香	lándīngxiāng	كوك سيرە ەت
蓝耳草属	lán'ěrcǎoshǔ	مولينا تۇس
蓝雪花	lánxuěhuā	بايشەشەك
篮状花序	lánzhuàng huāxù	دوربا گۇل شوعەرى
烂根	làngēn	تامىرى ٴشىرۇ
滥用	lànyòng	بەتالدى ٴستەتۇ
狼把草	lángbǎcǎo	ٴۇش تارماق وشاعان
狼毒	lángdú	ۇشايقى، ۇسويقى
狼毒大戟	lángdú dàjǐ	پيشەر ٴۇ سۆتتەگەنى
狼尾草	lángwěicǎo	بورىق قۇيرىق
狼牙草	lángyácǎo	قاسقىر ٴتس
狼紫草	lángzǐcǎo	قىسىق گۇل
劳氏杆虫	Láo shì gǎnchóng	ٴدنك وزەك قۇرتى
老鹳草	lǎoguàncǎo	سەبرىيا ٴشوبى
老芒麦	lǎomángmài	سەبرىيا سورتاك ٴشوبى
老苗	lǎomiáo	كونە مايسا
老叶	lǎoyè	كونە جاپىراق
涝	lào	سۇ اپاتى
酪氨酸	lào'ānsuān	مالا تويسن
乐果	lèguǒ	لگو ەگس ٴدارىسى
雷期	léiqī	تۆيسەندەۇ مەزگىلى
雷雨	léiyǔ	نوسەر، ناجاعايلى جاڭبىر
肋骨	lèigǔ	قابىرعا، قابىرعا سۇيەك
类病毒	lèibìngdú	ۆيروس دەرتى
类胡萝卜素	lèihúluóbosù	كاراتينويت
类角黄芪	lèijiǎohuángqí	ٴمۇيىزدى تاسپا
类菌体	lèijūntǐ	باكتەريويتار
类菌原体	lèijūnyuántǐ	ۇقساس دەنە
类群	lèiqún	ٴتيپ، ٴتۇر
类型	lèixíng	ٴتيپ
棱枝草	léngzhīcǎo	سۇلۇ ايدار
棱猪毛菜	léngzhūmáocài	قىرلى سوراك
棱柱	léngzhù	ٴۇش قىرلى دەنە

棱柱状	léngzhùzhuàng	قىرلى بادامشا ئتارىزدى
冷地早熟禾	lěngdì zǎoshúhé	سۈقتىق قوۋىر باس
冷蒿	lěnghāo	مۆز جۇسان
冷季植物	lěngjì zhíwù	سۈق ماۆسمدىق وسمدكتەر
冷凉	lěngliáng	سالقىندا دەگتۈ
冷杉	lěngshān	سامرسەن
冷性肥料	lěngxìng féiliào	سۈق قاسيەتتى تەگايتقىش
冷性土	lěngxìngtǔ	سالقىندىق قاسيەتتەگى توپىراق
狸豆	lídòu	جابايى ئلالا گۈل
离瓣	líbàn	دارا كۈلتە جاپىراقشاسى
离瓣花冠	líbàn huāguān	دارا جەلەكتى كۈلتە
离萼	lí'è	دارا جاپىراقشالى توستاعانشا
离果	líguǒ	بۈلنگەن جەمىس
离生心皮	líshēng xīnpí	ئبولىنىپ وسەتىن جەمىس جاپىراقشاسى
离体培养	lítǐ péiyǎng	دەنەدەن ئبولىپ جەتىلدىرۈ
离心果	líxīnguǒ	دارا جەمىس
离心花	líxīnhuā	دارا گۈل
离心花序	líxīn huāxù	دارا گۈل شوعىرى
离蛹	líyǒng	شىق قاۋاشاق
离子	lízǐ	يون
离子草	lízǐcǎo	نازىك شتىر، شتىر ئشوپ
梨	lí	المۆرت
梨属	líshǔ	المۆرت تۈسى
犁底层	lídǐcéng	پورازدا قاباتى
犁骨	lígǔ	تاس سۈيەك
藜	lí	الا بوتا
藜芦属	lílúshǔ	تامىر ئدارى تۈسى
藜属	líshǔ	الا بوتا تۈسى
李子	lǐzi	الشا، القور، قارا ورىك
理化	lǐhuà	فيزىكالىق، حيميالىق
理化性质	lǐhuà xìngzhì	فيزىكالىق، حيميالىق قاسيەتى
立春	lìchūn	كوكتەم باسى
立冬	lìdōng	قىس باسى
立枯病	lìkūbìng	قۇراعىش دەرت
立夏	lìxià	جاز باسى
立足	lìzú	تۇرۇ

丽丽草属	lìlìcǎoshǔ	ليلا گۆل تۇسى
丽山花	lìshānhuā	كيىك ۋتى
利用率	lìyònglǜ	پايدالانۇ مۆلشەرى
沥青	lìqīng	قاراماي
栎	lì	ەمەن
栗	lì	ٴيتقوناق
栗钙土	lìgàitǔ	قوڭۇر سارى توپىراق
砾石	lìshí	شاعىل تاس، قىرشىق تاس
砾石荒漠草地	lìshí huāngmò cǎodì	شاعىل تاستى ٴشول جايلىم
砾石质土	lìshízhìtǔ	شاعىل تاستى توپىراق
砾岩	lìyán	مالتاتاس، مالتا جىنىس
粒	lì	ٴدان، ٴتۇير، تۇيرشك
粒化肥料	lìhuà féiliào	تۇيرشكتى تىڭايتقىش
粒级	lìjí	تۇيرشك دارەجەسى
粒间	lìjiān	تۇيرشكتەر دارا
粒数	lìshù	ٴدان سانى
粒线虫	lìxiànchóng	تۇيرشك قۇرت
粒重	lìzhòng	ٴدان اۋىرلعى
粒状	lìzhuàng	تۇيرشك ٴتارىزدى
粒状物	lìzhuàngwù	تۇيرشك ٴتارىزدى دەنە
连翅器	liánchìqì	قانات جالاعىش
连接	liánjiē	جالعاسۋ
连生	liánshēng	بىرگەپ ٴوسۋ
连锁	liánsuǒ	تىزبەكتەلۋ
连锁反应	liánsuǒ fǎnyìng	تىزبەكتى رەاكسيا
连锁遗传	liánsuǒ yíchuán	تىزبەكتەلىپ تۇقىم قۆالاۋ
连线草	liánxiàncǎo	جارماگۆل، مىسق جالبىز
连香树	liánxiāngshù	ٴيىستى اعاش
连续变异	liánxù biànyì	تىنباي وزگەرۆ، ٴۇزدكسىز وزگەرۆ
连续放牧	liánxù fàngmù	ٴۇزبەي مال جايۋ
连续性	liánxùxìng	جالعاستى، ٴۇزدكسىز
连作	liánzuò	ٴۇرتىس ەگۋ
莲花	liánhuā	تۇڭعيق، ٴلالا گۆل
莲属	liánshǔ	تۇڭعيق تۇسى
莲子草	liánzǐcǎo	سۋ تامىر
莲座叶丛	liánzuò yècóng	ۋسمدىك دەڭكەكەگى، تامىرجاعاا

联络神经元	liánluò shénjīngyuán	بايلانىستى نەرۋ بولەگى
镰孢菌	liánbāojūn	وراقشا سپورا باكتەرىيا
镰芒针茅	liánmáng zhēnmáo	كاۋكاز سەلەۋ
镰叶马莲	liányè mǎlián	وراق جاپىراق جىلان قياق
链环	liànhuán	تىزبەك بؤن
链状线粒体	liànzhuàng xiànlìtǐ	تؤيىرشكتەنىپ تىزبەكتەلگەن حوندىربوكومالار
良种	liángzhǒng	ساپالى سورت
良种繁育	liángzhǒng fányù	تؤقىم شارۋاشىلعى
良种化	liángzhǒnghuà	ساپالاندىرۋ، تؤقىم ساپالاندىرۋ
粮食	liángshi	استىق
粮食作物	liángshi zuòwù	استىق داقلدار
两被花	liǎngbèihuā	تولىق گؤل
两侧对称	liǎngcè duìchèn	ەكى جاعى سيمەترىيالى
两端翘	liǎngduān qiào	ەكى ۇشى قيلسۋ
两对基因	liǎngduì jīyīn	ەكى جۇپ گؤل
两极的	liǎngjí de	ەكى جاققا جىكتەلۋ
两价	liǎngjià	ەكى ۋالەنت
两栖	liǎngqī	قوس مەكەندى
两栖类	liǎngqīlèi	قوس مەكەندىلەر
两体雄蕊	liǎngtǐ xióngruǐ	ەكى اعايىندىلىق
两性差异	liǎngxìng chāyì	ەكى جىنىس پارقى
两性的	liǎngxìng de	قوس جىنىستى
两性花	liǎngxìnghuā	قوس جىنىستى گؤل
两性花同株	liǎngxìnghuā tóngzhū	ٴبىر ۇيىللىك
两性融合	liǎngxìng rónghé	قوس جىنىستى قوسىلۋ
两性生殖	liǎngxìng shēngzhí	قوس جىنىستى كوبەيۋ
亮氨酸	liàng'ānsuān	كەۋتين
蓼科	liǎokē	تارات بۇرش، تارات تؤقىمداسى
撂荒地	liàohuāngdì	تاستالعان جەر
列当	lièdāng	سؤتعەلا ٴشوپ، كادىمگى سؤتعەلا
劣等种	lièděngzhǒng	ناشار تؤقىم
猎蝽	lièchūn	اۋلاعىش قوڭىز
猎蝽科	lièchūnkē	اۋلاعىش قوڭىز تؤقىمداسى
裂齿	lièchǐ	جىرتقىش ٴتىس (جاندىكتەردىڭ)
裂缝	lièfèng	سىزات
裂果	lièguǒ	جارىق جەمىس

裂片	lièpiàn	ﺋﺘﻠﻤﺪﻯ، ﻗﻴﻘﺸﺎﻟﻰ
裂纹	lièwén	ﺟﺎﺭﺋﻖ، ﻭﻳﻤﺎ، ﺳﺰﺍﺕ
裂叶蒿	lièyèhāo	ﺟﺴﺮﻗﺔ ﻫﺮﻣﺔﻥ
裂殖植物	lièzhí zhíwù	ﺋﺒﻮﻟﻨﻠﭗ ﻛﻮﺑﺔﻳﺔﺗﻦ ﻭﺳﻤﺪﻛﺘﺔﺭ
林地	líndì	ﻭﺭﻣﺎﻥ ﺟﺔﺭ
淋淀	líndiàn	ﺳﻠﺘﻠﺔﻧﯚ
淋溶	línróng	ﺳﻠﺘﺴﺰﺩﺓﻧﯚ
淋失	línshī	ﺷﺎﻳﻠﯚ
磷肥	línféi	ﻓﻮﺳﻔﻮﺭ ﺗﯕﺎﻳﺘﻘﺶ
磷化钙	línhuàgài	ﻓﻮﺳﻔﻮﺭﻟﻰ ﻛﺎﻟﺘﺴﻲ
磷灰石	línhuīshí	ﻓﻮﺳﻔﻮﺭﻟﻰ ﻣﻴﻨﺔﺭﺍﻝ
磷矿粉	línkuàngfěn	ﻓﻮﺳﻔﻮﺭ ﻛﺔﻥ ﺭﯙﺩﺍﺳﻰ
磷酸肥料	línsuān féiliào	ﻓﻮﺳﻔﻮﺭ ﻗﺸﻘﻞ ﺗﯕﺎﻳﺘﻘﺶ
磷酸钙	línsuāngài	ﻓﻮﺳﻔﻮﺭ ﻗﺸﻘﻞ ﻛﺎﻟﺘﺴﻲ
磷酸铝	línsuānlǚ	ﻓﻮﺳﻔﻮﺭ ﻗﺸﻘﻞ ﺍﻟﯜﻣﻴﻦ
磷酸铁	línsuāntiě	ﻓﻮﺳﻔﻮﺭ ﻗﺸﻘﻞ ﺗﺔﻣﺮ
磷细菌	línxìjūn	ﻓﻮﺳﻔﻮﺭ ﺑﺎﻛﺘﺔﺭﻳﺎﺳﻰ
鳞	lín	ﻗﺎﺑﻴﺮﺷﺎﻕ
鳞被	línbèi	ﮔﯜﻝ ﺟﺎﺭﻋﺎﻋﻰ
鳞翅	línchì	ﻗﺎﺑﻴﺮﺷﻖ ﻗﺎﻧﺎﺕ
鳞翅目	línchìmù	ﻗﺎﺑﻴﺮﺷﺎﻕ ﻗﺎﻧﺎﺕ ﻭﺗﺮﻳﺎﺗﻰ
鳞盾	líndùn	ﻗﺎﺑﻴﺮﺷﺎﻕ ﻗﺎﻧﺎﺗﺘﻼﺭ
鳞骨	língǔ	ﻗﺎﺑﻴﺮﺷﺎﻕ ﺳﯚﻳﺔﻙ
鳞甲目	línjiǎmù	ﻗﺎﺑﻴﺮﺷﺎﻕ ﻗﺎﺑﻘﺘﻼﺭ
鳞茎	línjīng	ﺟﯙﺍﺷﻖ، ﻗﺎﺑﻴﺮﺷﺎﻗﺘﻰ ﺟﯙﺍﺷﻖ
鳞茎基	línjīngjī	ﺗﯚﺑﻴﺮﺗﺔﻙ
鳞茎植物	línjīng zhíwù	ﺑﺎﺩﺍﻧﺎﻟﻰ ﻭﺳﻤﺪﻛﺘﺔﺭ، ﺟﯙﺍﺷﻘﺘﻰ ﻭﺳﻤﺪﻛﺘﺔﺭ
鳞茎状	línjīngzhuàng	ﻗﺎﺑﻴﺮﺷﺎﻕ ﺳﺎﺑﺎﻗﺘﻰ
鳞毛蕨科	línmáojuékē	ﯙ ﺳﺎﺳﻴﺮ ﺗﯚﻗﻤﺪﺍﺳﻰ
鳞片	línpiàn	ﻗﺎﺑﻴﺮﺷﺎﻕ
鳞芽	línyá	ﻗﺎﺑﻴﺮﺷﺎﻗﺘﻰ ﺑﯚﺭﺷﻚ
鳞叶	línyè	ﻗﺎﺑﻴﺮﺷﺎﻕ ﺟﺎﭘﻴﺮﺍﻕ
灵芝	língzhī	ﻣﺔﺭﮔﻴﺎ
铃兰	línglán	ﻣﺔﺭﯙﺓﺗﮕﯜﻝ
菱蝗科	línghuángkē	ﺳﻮﭘﺎﻕ ﺷﺔﮔﻴﺮﺗﻜﺔ ﺗﯚﻗﻤﺪﺍﺳﻰ
菱科	língkē	ﺷﻠﻢ ﺋﺸﻮﭖ ﺗﯚﻗﻤﺪﺍﺳﻰ

菱形叶	língxíngyè	رومبى جاپىراق
龄期	língqī	جاس مەزگىلى
流失	liúshī	جويىلۇ
流态肥料	liútài féiliào	سۇيىق كۆيدەگى تەڭايتقىش
流通	liútōng	اعىس
流纹岩	liúwényán	بەدەرلى جىنس
留茬	liúchá	بايا
留茬高度	liúchá gāodù	ٴشوب باياسىنڭ بيىكتىگى
留种	liúzhǒng	تۇقىم قالتىرۇ
琉苞菊属	liúbāojúshǔ	كوك كوكىرە تۇسى
琉璃草	liúlicǎo	قارا تامىر
硫	liú	كۆكىرت
硫胺	liú'àn	تيامين، ۆيتامين B1
硫化合物	liúhuàhéwù	كۆكىرتتى قوسىلىستار
硫酸钾	liúsuānjiǎ	كۆكىرت قوشقىل كالي
硫酸锰	liúsuānměng	كۆكىرت قوشقىل مارگەنەتس
硫酸铜	liúsuāntóng	كۆكىرت قوشقىل مىس
硫酸锌	liúsuānxīn	كۆكىرت قوشقىل مىرىش
榴 (石榴)	liú (shíliu)	انار
瘤胃	liúwèi	قارىن، ۆلكەن قارىن
瘤状物	liúzhuàngwù	وسپە ٴتارىزدى زات
柳	liǔ	تال
柳林	liǔlín	تالدى توعاي
柳野刺蓼	liǔyěcìliǎo	جىڭگەل جاپىراقتى سوراڭ
六足虫纲	liùzúchónggāng	بۇلتىق دەنەلەر
龙胆	lóngdǎn	كوكگۇل، شەرمەنگۇل
龙骨瓣	lónggǔbàn	قيىقشا (كۆلتە جاپىراقتىڭ ٴبىر ٴتۇرى)
龙蒿	lónghāo	قىزىل ٴشوپ، شىلارجىن جۇسان
龙舌兰	lóngshélán	اگاۆۇ
龙须草	lóngxūcǎo	قويان ٴشوپ
龙牙草	lóngyácǎo	تۇيە وشاعان، تۇكتى وشاعان
垄测法	lǒngcèfǎ	توردا باعۇ ٴادسى
耧斗菜属	lóudǒucàishǔ	ٴشومىش گۇل قارا قوڭىر
蝼蛄	lóugū	بۇزاۇ باس
蝼蛄科	lóugūkē	بۇزاۇباس تۇقىمداسى
蝼蛄类	lóugūlèi	بۇزاۇ باس تارىزدىلەر

漏斗状花冠	lòudǒuzhuàng huāguān	شۇڭقىر گۈل ٴتاجىسى
漏耕	lòugēng	شالا جىرتىلۇ
漏芦属	lòulúshǔ	قوڭىراۇ باسى تۇسى
漏水	lòushuǐ	سۇ توقتاماۇ
芦草属	lúcǎoshǔ	قامىس قىرىق بۇن
芦荟	lúhuì	الۆي، سابىر
芦苇	lúwěi	قامىس، قۇراق
颅侧区	lúcèqū	باس جانى اۇماعى
颅顶	lúdǐng	توبه
颅骨	lúgǔ	باس سۇيەك
颅中沟	lúzhōnggōu	باس ورتالىق وزەگى
陆地草甸	lùdì cǎodiàn	سۇلى القاپ شالعىندسعى
陆地生态学	lùdì shēngtàixué	قۇرلىقتىق عىلمى
陆地性	lùdìxìng	قۇرلىقتىق
陆生	lùshēng	قۇرلىقتا وسەتىن
鹿草	lùcǎo	بۇعى ٴشوپ، مارال وتى
鹿蹄草	lùtícǎo	المۇرت ٴشوپ، ٴتۇيىن ٴسكۇرى
露地	lùdì	اشىق جەر
驴臭草	lúchòucǎo	ايلاۇنق، ەسەك ساسىق ٴشوپ
驴豆根瘤象	lúdòu gēnliúxiàng	ەسەك ٴپىل تۇمسعى
铝硅	lǚguī	الۇمين كرەمني
铝盒	lǚhé	الۇمين قالبىر
绿变穗三毛	lùbiàn suìsānmáo	كوكشىل ٴۇش قىلتان
绿草莓	lùcǎoméi	جاسىل بۇلدىرگەن
绿豆象	lùdòuxiàng	جاسىل بۇرشاق ٴبىز تۇقىمى
绿饵	lù'ěr	جاسىل ۇلاندىرعىش
绿肥	lùféi	جاسىل تىڭايتقىش
绿化	lùhuà	جاسىلداندۇ
绿僵菌	lùjiāngjūn	جاسىل سەرەستىرگىش باكتەريا
绿盲蝽	lùmángchūn	جاسىل ساسىق قوڭىز
绿藻门	lùzǎomén	جاسىل بالدىرلار
绿洲	lùzhōu	ٴشول دالاداعى وسىمدىك وسكەن سۇلى جەر
氯	lù	حلور
氯化锰	lùhuàměng	حلورلى مارگەنەتس
氯化锌	lùhuàxīn	حلورلى مىرش
滤室	lùshì	ٴسۇزۇ بولمەسى

孪生	luánshēng	ۇرىقتان ٴوسۇ
卵	luǎn	تۆقىم، جۇمىرتقا
卵孢子	luǎnbāozǐ	تۆقىم سپوراسى
卵巢	luǎncháo	انالىق بەز
卵果黄芪	luǎnguǒ huángqí	جۇمىرتقا جەمىستى تاسپا
卵核	luǎnhé	ۇرىق يادىروسى
卵壳	luǎnké	جۇمىرتقا قابىعى
卵母细胞	luǎnmǔxìbāo	انالىق كلەتكا
卵囊	luǎnnáng	جۇمىرتقا قالتاسى
卵生	luǎnshēng	ۇرىق ٴوسۇ
卵胎生	luǎntāishēng	جۇمىرتقادان كوبەيۇ
卵细胞	luǎnxìbāo	انالىق كلەتكا
卵形叶	luǎnxíngyè	جۇمىرتقا ٴپىشىندى جاپىراق
卵子受精	luǎnzǐ shòujīng	تۆقىمنىڭ ۇرىقتاندىرۇى
轮虫纲	lúnchónggāng	زىمىراقتار كلاسى، بۇرعى قۇرت كلاسى
轮回亲本	lúnhuí qīnběn	ۇرپاعىمەن قايتالاي بۇداندالاسقان اتا تەك
轮交	lúnjiāo	الما كەزەك بۇداندالاستىرۇ
轮流种植	lúnliú zhòngzhí	الماسترىپ ەگۇ
轮牧场	lúnmùchǎng	اۇسپالى جايىلىم
轮伞花序	lúnsǎn huāxù	دوڭگەلەنىپ وسكەن گۇل شوعى
轮生花	lúnshēnghuā	شەڭبەر گۇل
轮生叶	lúnshēngyè	دوڭگەلەنىپ شىققان جايداق
轮生叶序	lúnshēng yèxù	دوڭگەلەنىپ شىققان جايداق شوعى
轮纹病	lúnwénbìng	القا ٴتارىزدى داق دەرتى
轮叶黄芪	lúnyè huángqí	شوق جاپىراقتى تاسپا
轮作	lúnzuò	اۇسپالى ەگىس
轮作制	lúnzuòzhì	اۇسپالى ەگىس ٴتۇزىمى
罗布麻	luóbùmá	لويپۇر كەندىرى، جابايى كەندىر
罗汉松	luóhànsōng	شىرشا، اق شىرشا
萝芙木属	luófúmùshǔ	جەلانتامىر تۇسى
萝藦科	luómókē	تۆيە شىرماۇىق تۇسى
螺菌	luójūn	بۇراندىشا باكتەريا
螺旋形果	luóxuánxíngguǒ	بۇراندا ٴتارىزدى بادانالى جەمىس
螺状聚伞花序	luózhuàng jùsǎn huāxù	بۇراندا شوعىرلى گۇل شوعى
裸芽	luǒyá	اشىق بۇرشىك
裸子植物	luǒzǐ zhíwù	اشىق تۇقىمدى وسىمدىكتەر

裸子植物门	luǒzǐzhíwùmén	اشق تۇقىمداس وسمدىك ٴتيپى
洛氏锦鸡儿	Luò shì jǐnjī'er	لوپ قاراعانى
骆驼刺	luòtuocì	جانتاق، كادىمگى جانتاق
骆驼蓬	luòtuopéng	ادراسپان
落草	luòcǎo	كوللويد
落粒性	luòlìxìng	ٴداننىڭ تۇٴگىلگىشتىگى
落叶	luòyè	جاپىراق ٴتوسۇ
落叶木	luòyèmù	جاپىراق تاستايتىن بۇتالا
落叶松	luòyèsōng	بال قاراعاي

麻	má	كەندىر، كەنەپ كەندىر
麻痹	mábì	سالدانۇ
麻花头属	máhuātóushǔ	تۇيمەباس تۇسى
麻黄	máhuáng	قىلشا، كادىمگى قىلشا
麻类作物	málèi zuòwù	كەندىر تۇرىندەگى داقىلدار
马鞭草科	mǎbiāncǎokē	نار قايسار تۇقىمداسى
马槟榔属	mǎbīnglángshǔ	كيەۋۇل تۇسى
马勃	mǎbó	بورپىلداق ساڭىراۋ قۇلاق
马蚕豆	mǎcándòu	اتبۇرشاق، جەمبۇرشاق
马齿苋	mǎchǐxiàn	سۇلۇ شاش
马莲	mǎlián	جىلان قياق
马铃薯	mǎlíngshǔ	كارتوپيا
马尿酸	mǎniàosuān	گىپپار قىشقىلى
马氏管	mǎshìguǎn	مالينگەن تۇتىكشەسى
马尾松	mǎwěisōng	كوك سامىرسىن، قىلشا قاراعاي
马先蒿	mǎxiānhāo	قاندىگۇل، قانسىگەك
蚂蚁	mǎyǐ	قۇمىرسقا
埋秆	máigǎn	بۇتاق كومۇ
埋根	máigēn	تامىر كومۇ
麦长管蚜	màichángguǎnyá	ۇزىن تۇتىكشەلى شىركەي
麦冬草	màidōngcǎo	جامان قاسقىر جەم
麦二叉蚜	mài'èrchāyá	ٴبيداي اشا تامىلى شىركەي

麦秆蝇	màigǎnyíng	ٴبيداي ساباق شركەي
麦角病	màijiǎobìng	ٴبيداي قىستاۋش ۇرۇي
麦穗草	màisuìcǎo	ەركەك ٴبيدايىق
麦穗夜蛾	màisuì yè'é	ٴبيداي جەبە كوبەلەگى
麦芽	màiyá	ٴبيداي ۋركەنى
麦芽糖	màiyátáng	مالتوزا
脉翅目	màichìmù	جۇيكە قانات وترياتى
脉序	màixù	جۇيكە رەتى، جۇيەكەلەنۇ
螨	mǎn	ۇلى تۇياق
螨类	mǎnlèi	كەنە تۇرلەرى
曼陀罗	màntuóluó	ساسىق مەڭدۋانا
蔓豆	màndòu	قاراسويا
蔓蒿	mànhāo	ەرمەن، قارا ەرمەن
蔓生植物	mànshēng zhíwù	سۇلاما وسىمدىكتەر
蔓延	mànyán	كەڭەيۇ
蔓足目	mànzúmù	شايان تەكتەستەر، مۇرت ايقتىلار
牤牛儿草	māngniú'ercǎo	قوتان ٴشوپ
芒	máng	قەلتىرىق، قىلتانلىق
芒果	mángguǒ	ماڭگو
芒麦草	mángmàicǎo	قىلتانباس
盲肠	mángcháng	سوقىر شەك، بۇيەن
盲蝽科	mángchūnkē	دۇلەي قوڭىز تۇقىمداسى
盲蝽类	mángchūnlèi	ساسىق كوز قوڭىز (قاندالا)
盲道	mángdào	سوقىرلار جولى، تۇيىق وتكەل
盲目地毁林开荒	mángmù de huǐlín kāihuāng	كۇزسىزدەكپەن ورماندى ٴبۇلدىرپ تەك جەر اشۇ
盲鼠	mángshǔ	كور تىشقان
猫尾草	māowěicǎo	اتقوناق
毛翅	máochì	قاۋىرسىن قانات
毛虫	máochóng	جۇلدىز قۇرت
毛豆	máodòu	اتا بۇرشاق
毛稃赖草	máofū làicǎo	شاشاق قياق
毛稃羊茅	máofū yángmáo	قاۋىزدى بەتەگە
毛茛科	máogènkē	سارعالداق تۇقىمداسى
毛管作用	máoguǎn zuòyòng	كاپىليار رولى
毛蒿	máohāo	تۇكتى جۇسان
毛连菜	máoliáncài	سارى كەكىرە

毛囊	máonáng	قۇيرۇق قىلى
毛牵牛	máoqiānniú	مىڭباس شەرماۋنق
毛束	máoshù	تۈك ۋباسى
毛莎属	máosuōshǔ	مامىق ٴشوپ تۈسسى
毛原细胞	máoyuánxìbāo	تۈك كلەتكاسى
毛轴异燕麦	máozhóu yìyànmài	جۈمسەرلى ازبا سۈلىسى
矛盾	máodùn	قايشىلىق
茂密	màomì	بەتىك، نۇ، قالىڭ
玫瑰花	méiguīhuā	روزاگۈل، راۇشانگۈل
梅花草	méihuācǎo	پارناسيا، شىبار قارقالداق
酶	méi	فەرمەنت
霉状物	méizhuàngwù	كۈك ٴتارىزدى زات
糜子	méizi	تارى
每克	měi kè	ٴار گرام
每亩	měi mǔ	ٴار مۇ
美龙胆	měilóngdǎn	اسەم توكگۈل
美人蕉	měirénjiāo	كانتا، اسەم گۈل
镁	měi	ماگني
门	mén	ٴتيپ
门齿	ménchǐ	قاسقا ٴتىس
萌生	méngshēng	بۈرشكتەنىپ ٴوسۇ
萌芽	méngyá	ٴونۇ، كۆكتەم
蒙脱石	méngtuōshí	مەنتوزيت تاس
猛禽	měngqín	جىرتقىش
蒙古黄鼠	Měnggǔ huángshǔ	مۇڭعۇل تىشقانى
蒙古细柄茅	Měnggǔ xìbǐngmáo	ساداق بوزداق
蒙古异燕麦	Měnggǔ yìyànmài	مۇڭعۇل ازبا سۈلىسى
锰	měng	مارگەنەتس
孟德尔遗传定律	Mèngdé'ěr yíchuán dìnglǜ	مەندەلدىك تۇقىم قۇالاۇ زاڭى
弥补	míbǔ	تولىقتاۇ
米尺	mǐchǐ	سىزعىش
觅食	mìshí	ازىقتىق ٴىزدەۇ
密度	mìdù	جيلىگى
密度计法	mìdùjìfǎ	جيلىگىن ٴەسەپتەۇ ٴادىسى
密度制约因素	mìdù zhìyuē yīnsù	تىعىزدىق فاكتور
密切	mìqiè	تىعىز

密植	mìzhí	جيى ەگۇ
蜜蜂	mìfēng	بال اراسى
蜜蜂科	mìfēngkē	بال ارا تۇقسمداسى
蜜源植物	mìyuán zhíwù	بال قاينارلى وسمدىك
棉花	miánhuā	ماقتا
棉铃虫	miánlíngchóng	ماقتا قاۋاشاق قۇرتى
免疫	miǎnyì	يمۇنيتەت، قارسلىق قۇاتى
免疫剂	miǎnyìjì	يمۇنيتتەندرگىش
面积	miànjī	اۋدان، كولەم
苗	miáo	مايسا
苗床	miáochuáng	مايسا تۇسەنشى، مايسا تاقتاسى
苗龄	miáolíng	مايسا جاسى
敏感性	mǐngǎnxìng	سەزىمتالدىق
名称	míngchēng	اتالۇى
明显性	míngxiǎnxìng	كورنەكتىلدىك
螟蛾科	míng'ékē	جىندى كوبەلەك تۇقسمداسى
模式	móshì	ۇلگى
膜翅	móchì	جارعاق قاناتتىلار
膜翅目	móchìmù	جارعاق قاناتتىلار وترياتى
膜萼花	mó'èhuā	جارعاقگۇل
膜稃草	mófūcǎo	ەلەك شوپ، قياق شوپ
膜原细胞	móyuánxìbào	پەردە كلەتكاسى
膜质	mózhì	جۇقا پەردە
摩尔	mó'ěr	مول
磨损	mósǔn	ۇساقتاۋ
蘑菇属	mógūshǔ	قالپاق ساعىراۇ قۇلاق تۇسى
末期	mòqī	سوڭعى مەزگىلى
茉莉属	mòlìshǔ	اقجۇپار گۇل تۇسى
莫氏田鼠	Mò shì tiánshǔ	موشى تششقان
母本	mǔběn	اناسى(اتا تەگى)
母本品系	mǔběn pǐnxì	اتا جەلىس، انا جۇيەسى
母本植株	mǔběn zhízhū	انالىق وسمدىك
母畜	mǔchù	ەنەلىك مال، انالىق مال، ۇرعاشى مال
母体遗传	mǔtǐ yíchuán	اتالىق دەنەنىڭ تۇقىم قۇالاۇى
母细胞	mǔxìbāo	انالىق كلەتكا
母性遗传	mǔxìng yíchuán	اناسىنا تارتىپ تۇقىم قۇالاۋ

母质	mǔzhì	انالىق جىنس
母质层	mǔzhìcéng	انالىق جىنس قاباتى (توپراق قاباتى)
牡丹草	mǔdāncǎo	جۇپارگۆل، تورسلداۇڭق ٴشوپ
木板	mùbǎn	اعاش ەدەن
木薄壁组织	mù báobì zǔzhī	سۇرەك جوقا تكانى
木本植物	mùběn zhíwù	اعاش تەكتى وسىمدكتەر
木本猪毛菜	mùběn zhūmáocài	اعاش تەكتەس سوراڭ
木地肤	mùdìfū	قارا يزەن
木蠹蛾	mùdù'é	اعاشتى جەڭى، بۇرعى كوبەلەك
木耳	mù'ěr	قارا ساڭىراۇ قۇلاق، اعاش ساڭىراۇ قۇلاق
木棍	mùgùn	اعاش تاياق
木化	mùhuà	سۇرەكتەنۇ
木碱蓬	mùjiǎnpéng	قاتتى اق سورا
木兰科	mùlánkē	كۆلگىن اعاش تۇقىمداسى
木栓	mùshuān	اعاش تۇزى
木栓化	mùshuānhuà	تۇزدانۇ
木炭	mùtàn	اعاش كومىرى
木糖	mùtáng	اعاش قاتستى كىلىكوزا
木樨草	mùxīcǎo	تۇيە جۇڭشقا
木樨科	mùxīkē	ەرەنگۆل تۇقىمداسى
木纤维	mùxiānwéi	سۇرەك تالشعى
木贼	mùzéi	قىرىقبۇئن
木贼草	mùzéicǎo	قىرىقبۇئن قىلشا، تاۇقلشا
木贼科	mùzéikē	قىرىقبۇئن تۇقىمداسى
木质	mùzhì	ليگنين
木质部	mùzhìbù	سۇرەك ٴبولىمى
木质素	mùzhìsù	اعاشتانۇ گورمونى
目	mù	وتريا
目测法	mùcèfǎ	كوزبەن مەجەلەۇ ٴادىسى
目镜	mùjìng	ميكروسكوپتىڭ قاراۇ كۇزى
苜蓿白斑病	mùxu báibānbìng	جۇڭشقا اق دەرتى
苜蓿白粉病	mùxu báifěnbìng	جۇڭشقا توزاڭ دەرتى
苜蓿斑翅蚜	mùxu bānchìyá	جۇڭشقا شركەيى
苜蓿褐斑病	mùxu hèbānbìng	جۇڭشقا قوڭىر دەرتى
苜蓿花叶病	mùxu huāyèbìng	جۇڭشقا الا تەڭبىل دەرتى
苜蓿花叶病毒	mùxu huāyèbìngdú	جۇڭشقا ۆيروس دەرتى

苜蓿黄斑病	mùxu huángbānbìng	جوڭىشقا ساري ەرەكشە داق دەرتى
苜蓿黄萎病	mùxu huángwěibìng	جوڭىشقا ساري داق دەرتى
苜蓿茎线虫病	mùxu jīngxiànchóngbìng	جوڭىشقا ساري قۇرت دەرتى
苜蓿菌核病	mùxu jūnhébìng	جوڭىشقا باكتەريا دەرتى
苜蓿盲蝽	mùxu mángchūn	جوڭىشقا ساسىق قوڭىز
苜蓿盲蝽象	mùxu mángchūnxiàng	جوڭىشقا قاندالاس
苜蓿属	mùxushǔ	جوڭىشقا تۇسى
苜蓿霜霉病	mùxu shuāngméibìng	جوڭىشقا قوڭىر دەرتى
苜蓿炭疽病	mùxu tànjūbìng	جوڭىشقا كۇيدىرگى دەرتى
苜蓿蛙眼病	mùxu wāyǎnbìng	جوڭىشقا جىلان كوز دەرتى
苜蓿细菌性凋萎病	mùxu xìjūnxìng diāowěibìng	جوڭىشقا سولۇ دەرتى
苜蓿象甲	mùxu xiàngjiǎ	جوڭىشقا ٴپىل تۇمسىق قوڭىزى
苜蓿锈病	mùxu xiùbìng	جوڭىشقا تات دەرتى
苜蓿蚜	mùxuyá	جوڭىشقا شىركەيى
苜蓿叶象甲	mùxu yèxiàngjiǎ	جوڭىشقا ٴپىل تۇمسەى
苜蓿夜蛾	mùxu yè'é	جوڭىشقا كوبەلەگى
苜蓿籽蜂	mùxu zǐfēng	جوڭىشقا اراسى
苜蓿籽象甲	mùxu zǐxiàngjiǎ	جوڭىشقا ٴپىل تۇمسەى
牧草	mùcǎo	ٴشوپ، مال ازىعىنندىق ٴشوپ
牧草矮化	mùcǎo ǎihuà	ٴشوپتىڭ تاپتالۇى
牧草病害	mùcǎo bìnghài	ٴشوپ دەرتى
牧草病理学	mùcǎo bìnglǐxué	شوپتەر پاتالوگياسى
牧草丰度	mùcǎo fēngdù	ٴشوپتىڭ مولشىلدىعى
牧草更新	mùcǎo gēngxīn	ٴشوپتىڭ قايتا اۇسىپ قالپىنا كەلۇى
牧草经济性状	mùcǎo jīngjì xìngzhuàng	ٴشوپتىڭ ەكونوميكالىق قاسيەتى
牧草盲蝽	mùcǎo mángchūn	ٴشوپ ساسىق قوڭىز
牧草萌发生长	mùcǎo méngfā shēngzhǎng	ٴشوپتىڭ تەبىندەپ كوكتەۇى
牧草耐牧性	mùcǎo nàimùxìng	ٴشوپتىڭ مال جايۇعا تۇزىمدىلىگى
牧草青贮料	mùcǎo qīngzhùliào	ٴشوپ سۇرلەم
牧草适口性	mùcǎo shìkǒuxìng	ٴشوپتىڭ جاعىمدىلىعى
牧草收割	mùcǎo shōugē	ٴشوپتى شابۇ
牧草再生能力	mùcǎo zàishēng nénglì	ٴشوپتىڭ الشىنداۇ قۇاتى
牧场利用率	mùchǎng lìyònglǜ	جايلىمنان پايدالانۇ ونمدىلىگى
牧业机械化	mùyè jīxièhuà	مال شارۇاشىلىعىن ماشينالاندىرۇ
钼	mù	موليبدەن
钼酸铵	mùsuān'ǎn	موليبدەن قوشقىلى اممونى

| 钼酸钠 | mùsuānnà | موليبيدەن قشقىلى ناترى |
| 钼渣 | mùzhā | موليبيدەن شارى |

耐病	nàibìng	دەرت ـ دەربەزگە تۆزىمدىلىگى
耐病性	nàibìngxìng	دەرت ـ دەربەزگە ٴتوزىمدى
耐虫性	nàichóngxìng	قۇرتقا، قۇرت تۇسوٴگە ٴتوزىمدى
耐冻草	nàidòngcǎo	سۇىقتىق قاسقىر جەم
耐肥	nàiféi	قۇنارلىققا ٴتوزىمدى
耐肥性	nàiféixìng	تىڭايتقىشقا ٴتوزىمدى
耐光性	nàiguāngxìng	جارىققا تۆزىمدىلىك
耐害性	nàihàixìng	زىياندارٴا تۆزىمدىلىك
耐寒性	nàihánxìng	سۇىققا تۆزىمدىلىك
耐旱	nàihàn	قۇرعاقشىلىققا ٴتوزىمدى
耐瘠	nàijí	قۇنارسىزدىققا ٴتوزىمدى
耐碱性	nàijiǎnxìng	سورتاڭعا شداامدىلىق
耐久性	nàijiǔxìng	ۇزاققا ٴتوزىمدى
耐热性	nàirèxìng	ىستىققا شداامدىلىق
耐受性定律	nàishòuxìng dìnglù	تۆزىمدىلىك فورماسى
耐水性	nàishuǐxìng	سۇعا شداامدىلىق
耐酸性	nàisuānxìng	قشقىلعا تۆزىمدىلىگى
耐盐性	nàiyánxìng	تۇزعا شداامدىلىق
耐药性	nàiyàoxìng	دارىگە تۆزىمدىلىگى
耐阴性	nàiyīnxìng	كولەڭكەگە ٴتوزىمدى
南酸北碱	nán suān běi jiǎn	وڭتۇستىك قشقىل سولتۇستىك ٴسىلتىلى
难溶性	nánróngxìng	وڭايشلىقپەن ەرىمەيتىن
难易度	nányìdù	وڭاي ـ قيىندىعى
囊	náng	قالتا، قاپ، قابىقشا
囊孢子	nángbāozǐ	قالتالى سپورا
囊果碱蓬	nángguǒ jiǎnpéng	ۇرمە جەمىس سۇراسى
囊肿	nángzhǒng	قالتالى ىسىك
囊状	nángzhuàng	جارتى شار فورمالى
脑激素	nǎojīsù	مي گورمونى

脑磷脂	nǎolínzhī	سەقالين(ميدنڭ فوسپورلى مايى)
内包皮	nèibāopí	ٸشكى كٶپەك
内鼻孔	nèibíkǒng	ٸشكى مۇرىن تەسىك
内壁	nèibì	تۇزاڭىنىڭ ٸشكى جۇقا قاباتى
内表皮	nèibiǎopí	ٸشكى بەتكى قابىقشا
内产卵瓣	nèichǎnluǎnbàn	ٸشكى جۇمىرتقالاۋ
内唇	nèichún	ٸشكى ەرىن
内颚叶	nèi'èyè	ٸشكى تاڭداي جاپىراقشاسى
内分泌	nèifēnmì	ٸشكى سەكرەت
内附	nèifù	ٸشكى قاۋىز
内激素	nèijīsù	ٸشكى گورمون
内脊	nèijǐ	ٸشكى ومىرتقا
内胚	nèipēi	ٸشكى ۇرىق
内胚被	nèipēibèi	ۇرىق تونى
内胚层	nèipēicéng	ەندودەرما، ۇرىق قاباتى زاتى
内胚乳	nèipēirǔ	ۇرىق ٶزى
内生菌根	nèishēng jūngēn	ٸشتەن وسەتىن باكتەريا تامىرى
内突	nèitū	ٸشكى وراي
内吸	nèixī	ٸشكە سورۇ
内源	nèiyuán	ٸشكى جەبەك
内源性代谢	nèiyuánxìng dàixiè	ٸشتەي زات الماسۇ
内脏	nèizàng	ٸشكى مٶشەلەرى
内脏管	nèizàngguǎn	ٸشكى مٶشەلەر تٷيسسگى
内质	nèizhì	ەندوپلازما
内质膜	nèizhìmó	ەندوپلازما قابىعى
内质体	nèizhìtǐ	ەندوپلازما دەنە
内质网	nèizhìwǎng	ٸشكى ەندوپلازما تورى
内质跖垫	nèizhìzhídiàn	ەندوپلازما مٷيزگەك
内种皮	nèizhǒngpí	ٸشكى تٷقىم قابىعى
内珠被	nèizhūbèi	ۇرىق جابىن جاپىراقشاسى
内子叶	nèizǐyè	ٸشكى ۇرىق جاپىراقشاسى
嫩草	nèncǎo	بالاۋسا
嫩枝	nènzhī	جاس بۇتاق
能力	nénglì	قابىلەت
能量代谢	néngliàng dàixiè	ەنەرگيالىق زات الماسۇ
能量流动	néngliàng liúdòng	ەنەرگيالىق اعىنى

能量平衡	néngliàng pínghéng	ھەنەرگىيا تەپە ـ تەڭدگى
能量生态学	néngliàng shēngtàixué	ھەنەرگىيا ەكولوگىيالىق علمى
能量饲料	néngliàng sìliào	قۇاتتى ازىقتار، ھەنەرگىيالىق ازىقتار
能量转换	néngliàng zhuǎnhuàn	ھەنەرگىيا الماسۇى
能量转移	néngliàng zhuǎnyí	ھەنەرگىيا الماسۇى
能源	néngyuán	ھەنەرگىيا
尼古丁	nígǔdīng	نىيكوتىن
泥蜂科	nífēngkē	باتپاق ارا تۇقىمداسى
泥流	níliú	لاي اعنى
泥石流	níshíliú	جەر كوسەلگەن
泥炭	nítàn	شەمتەزەك، جەرتەزەك
泥炭肥料	nítàn féiliào	شەمتەزەكتى تەڭايتقىش
泥炭土	nítàntǔ	شەمتەزەك توپىراعى
泥炭沼泽	nítàn zhǎozé	شەمتەزەك سازى
拟态	nǐtài	رىتىم كۇي
逆变	nìbiàn	كەرى وزگەرۇ
逆行	nìxíng	كەرى دامۇشلىق
年度	niándù	جىلدىق
年降水量	niánjiàngshuǐliàng	جىلدىق سۇ مولشەرى
年龄	niánlíng	جاس
年龄组成	niánlíng zǔchéng	جاس قۇرامى
年轮	niánlún	جىلدىق شەڭبەر
年生活史	niánshēnghuóshǐ	جىلدىق تىرشىلىك بارىسى
黏掺砂	nián chān shā	كەرىشكە قۇم
黏虫	niánchóng	جابىسقاق قۇرت
黏度	niándù	جابىسقاقتىق
黏结力	niánjiélì	بىرىككىشتىگى
黏粒	niánlì	كەرىش
黏膜	niánmó	كەلەڭكەي پەردە
黏人草	niánréncǎo	سۇلاما ٴشوپ
黏土	niántǔ	كەرىش (ساعىز) توپىراق
黏土砾岩	niántǔ lìyán	قۇمايىت
黏土岩	niántǔyán	ساعىز جىنىستار
黏性	niánxìng	جابىسقاق
黏液	niányè	سىلەكەي
黏液层	niányècéng	جابىسقاق سۇيىق

黏着剂	niánzhuójì	جاپسرعش
黏着性	niánzhuóxìng	جابسقاقتعى
捻翅虫	niǎnchìchóng	جەلەك قانات قۇرتى
捻翅目	niǎnchìmù	جەلەك قاناتتلار وترياتى
鸟类	niǎolèi	قۇس تۇرلەرى
鸟头荠	niǎotóujì	تاس جەمس
尿道球腺	niàodàoqiúxiàn	نەسەپ جولى شارشا بەزى
尿肥	niàoféi	نەسەپ تىڭايتقشى
尿素	niàosù	ۇرا
尿酸	niàosuān	نەسەپ قشقلى
啮齿动物	nièchǐ dòngwù	كەمىرگىش حايۋان
啮齿目	nièchǐmù	كەمىرگشتەر وترياسى
啮食	nièshí	قسقش
镊子	nièzi	ساماي سۇيەك
颞骨	nièɡǔ	ساماي سۇيەك
蘖	niè	جاس بۇرشك
蘖枝	nièzhī	ٴتۇپ
凝固	nínggù	ۇيۇ
凝固性	nínggùxìng	قاترعش ٴتۇر
牛	niú	سيىر
牛蒡	niúbàng	شوڭايىنا
牛鞭草	niúbiāncǎo	سيىر قياق، سيقىر وتى
牛黄	niúhuáng	سيىر ٴوت تاسى
牛角花	niújiǎohuā	سيىر بۇرشى
牛毛毡	niúmáozhān	سيىر ولەك
牛舌草属	niúshécǎoshǔ	وگىز ٴتىل تۇستاسى
牛尾草	niúwěicǎo	سوياۋ نەتەگە
农村	nóngcūn	اۋل ـ قستاق
农家品种	nóngjiā pǐnzhǒng	جەرلىك سورت
农具	nóngjù	ەگىس سايماندارى
农科院	nóngkēyuàn	اۋل ـ شارۋاشلىق اكادەمياسى
农田	nóngtián	ەگىس اتزى
农田防护林带	nóngtián fánghùlíndài	ەگىس اتزى قورعانىس ورمان بەلدەۋى
农田基本建设	nóngtián jīběn jiànshè	اتز ـ ارىق نەگىزگى قۇرلسى
农药	nóngyào	ەگىنشلىك ٴدارىسى
农业	nóngyè	اۋل ـ شارۋاشلىق

农业防治法	nóngyè fángzhìfǎ	ھەگىستىك الدىن الۇ ٴادىسى
农作物	nóngzuòwù	ھەگىنشلىك داقىلدارى
浓度	nóngdù	قويۇلىق دارەجە
脓状物	nóngzhuàngwù	كەرەكسىز زات
女蒿属	nǚhāoshǔ	اسەم جۇسان تۇسى
女娄菜属	nǚlóucàishǔ	شارباق گۇل تۇسى
女菀属	nǚwǎnshǔ	اسەم استىرا

偶发性害鼠	ǒufāxìng hàishǔ	تۇتقىيل پايدا بولاتىن زيانكەس تىشقان
偶数羽状叶	ǒushù yǔzhuàngyè	قوس قاناتتى جاپىراق
沤肥	òuféi	اشتىلعان تىڭايتقىش

爬山虎属	páshānhǔshǔ	شىلارعىن تۇسى
爬行类	páxínglèi	ورمەلەگىشتەر
耙地	pádì	جەر تاراۇ
耙子	pázi	تىرما
帕米尔蓼	pàmǐ'ěrliǎo	پامير تاران
帕米尔松田鼠	Pàmǐ'ěr sōngtiánshǔ	پامير تىشقانى
帕米尔委陵菜	Pàmǐ'ěr wěilíngcài	پامير قاز تابان
排出物	páichūwù	شەعارىندى، ھەكسترات
排灌	páiguàn	سۇارۇ، سۇ بەستىرۇ
排列	páiliè	ٴتىزبەلىسى
排渠道	páiqúdào	بەستىرۇ ارناسى
排水	páishuǐ	سۇ بەستىرۇ
排水沟	páishuǐgōu	سۇ بەستىرۇ كولشىگى
排水渠道	páishuǐ qúdào	سۇ بەستىرۇ توعانى
排水散墒	páishuǐ sànshāng	سۇدى بەستىرىپ بلعالدىقتى ساقتاۇ
排香草	páixiāngcǎo	تاك قۇراي

排泄	páixiè	شەعارۋ
排泄量	páixièliàng	شەعارۋ مولشەرى
排泄器官	páixiè qìguān	شەعارۋ مولشەرى
攀握足	pānwòzú	ۇرمەلەيتىن اياق
攀缘茎	pānyuánjīng	ورمەلەگەش ساباق
攀缘植物	pānyuán zhíwù	ۇرمەلەگىش �وسمدىكتەر
盘	pán	تاباق
盘边花	pánbiānhuā	جيەك گۇل
盘心花	pánxīnhuā	ورتالىق گۇل
判断	pànduàn	تۇجىرىم جاساۋ
泡果芥	pàoguǒjiè	جۇرەك ٴشوپ
泡水	pàoshuǐ	سۇ باسۇ
胚	pēi	ۇرىق
胚柄	pēibǐng	ۇرىق ساباعى
胚层	pēicéng	ۇرىق قاباتى
胚盾	pēidùn	ۇرىق قالقانى
胚根	pēigēn	ۇرىق تامىرى
胚梗	pēigěng	ۇرىق ساباعى
胚环	pēihuán	ۇرىق ساباعى
胚囊	pēináng	ۇرىق ساقيناسى
胚乳	pēirǔ	ۇرىق قالتاسى
胚乳核	pēirǔhé	ۇرىق ٴوزى
胚上皮	pēishàngpí	ۇرىق قاعى
胚素	pēisù	ۇرىق وركەنى
胚胎	pēitāi	ۇرىق سانى
胚胎数	pēitāishù	ۇرىق ٴپىشنى
胚形	pēixíng	ۇرىق ۋيقسى
胚休眠	pēixiūmián	ۇرىق ۋيقسى
胚芽	pēiyá	ۇرىق بۇرشىگى
胚芽鞘	pēiyáqiào	ۇرىق قىناپشاسى
胚叶	pēiyè	ۇرىق جاپىراعى
胚轴	pēizhóu	تۇقىم جارناعىنىڭ قالتاسى
胚珠	pēizhū	تۇقىم ٴبۇرى
胚珠被	pēizhūbèi	تۇقىم ٴبۇر قابىعى

培肥	péiféi	قۇناۋلاندىرۋ
培养	péiyǎng	جەتىلدىرۋ
培养基	péiyǎngjī	وسەرگىش
培养皿	péiyǎngmǐn	ٴوربتۇ تاباقشاسى
培育	péiyù	ٴوسىرۋ
配合	pèihé	سايكەستىرۋ
配合力	pèihélì	قوسلۇ مولشەرى
配合饲料	pèihé sìliào	قوسپا ازقتقتار
配位化合物	pèiwèi huàhéwù	كورديناتسيالىق قوسىلىستار
配制	pèizhì	قوسىپ جاساۇ
配子	pèizǐ	گاماتا
配子母细胞	pèizǐ mǔxìbāo	انالىق تامىر
配子配合	pèizǐ pèihé	گاماتا ٴوربتۇ
配子体	pèizǐtǐ	گاماتا دەنە
配子体致死因子	pèizǐtǐ zhìsǐ yīnzǐ	گاماتانىڭ ٴولى يونى
喷粉法	pēnfěnfǎ	بۇركىپ سۇارۇ ٴادسى
喷灌	pēnguàn	بۇركىپ سۇارۇ
喷施	pēnshī	بۇركىپ بەرۇ
喷雾法	pēnwùfǎ	بۇركۇ ٴادسى
喷液	pēnyè	بۇركۇ
蓬子菜	péngzǐcài	قزىل بوياۇ، ايىل جاپىراق
硼	péng	بور
硼镁肥	péngměiféi	بور ماگني تىڭايتقىش
硼泥	péngní	بور بالشعى
硼砂	péngshā	بور قۇمى
硼酸	péngsuān	بور قشقلى
膨胀	péngzhàng	بورتۇ
披碱草	pījiǎncǎo	سورتاڭ قياق
披针形	pīzhēnxíng	قاندۇرشا
披针叶	pīzhēnyè	قانداۋر جاپىراق
劈接	pījiē	جارىپ تەلۇ
皮部生根	píbù shēnggēn	تامىر تارتۇ
皮层	pícéng	قرتس، قرتس قابق
皮层组织	pícéng zǔzhī	قابات ۇلپاسى

皮刺	pícì	تىكەن
皮细胞层	píxìbāocéng	قابىق كلەتكا قاباتى
枇杷	pípa	سار تال
枇杷菜	pípacài	قۇراي، رەمورىيا
蜱	pí	بۆرگە
偏差	piānchā	پارسق
偏向	piānxiàng	اۇتقۇ
片	piàn	الاقان
片叶	piànyè	ناعىز قۇلاق
片真叶	piànzhēnyè	ناعىز قۇلاق
片状	piànzhuàng	قابىرشاق ٴتارىزدى
漂浮植物	piāofú zhíwù	سۇدا وسەتىن وسىمدىك
瓢虫	piáochóng	هل قالاي كۆشەدى
瓢甲科	piáojiǎkē	هل قالاي كۆشەدى تۇسسى
频繁	pínfán	جىيى - جىيى
品系	pǐnxì	لەنيا، اتا جۇيەسى
品系间杂交	pǐnxìjiān zájiāo	لەنيالار ارا بۇداندىستىرۇ
品系杂交	pǐnxì zájiāo	لەنيالاردى بۇداندىستىرۇ
品质	pǐnzhì	ساپا، ساپاسى
品种	pǐnzhǒng	سورت
品种改良	pǐnzhǒng gǎiliáng	سورت ساپالاندىرۇ
品种更换	pǐnzhǒng gēnghuàn	سورت الماستىرۇ
品种内杂交	pǐnzhǒngnèi zájiāo	سورت ىشىندە بۇداندىستىرۇ
平衡	pínghéng	تەپە ـ تەڭدگى
平衡施肥	pínghéng shīféi	تەڭشەپ تەڭايتقىش بەرۇ
平衡状态	pínghéng zhuàngtài	تەپە ـ تەڭ جاعداي
平均	píngjūn	ورتاشا
平颅高山鼠	pínglú gāoshānshǔ	توبىمسىر تىشقان
平卧茎	píngwòjīng	توسەلمەلى ساباق
平行脉序	píngxíng màixù	پارالەل جۇيكەلەنۇ
平行线式	píngxíngxiànshì	پارالەل سىزىق فورمالى
平原地	píngyuándì	جازىق جەر
平原千里光	píngyuán qiānlǐguāng	جازىق جەر، گۇلجاينار
平展型	píngzhǎnxíng	تاقتايداي تەگىس
平整	píngzhěng	رەتتەۇ

评价	píngjià	باعا بەرۇ
坪	píng	جازىق تەكشە
苹果	píngguǒ	الما
苹果属	píngguǒshǔ	الما تۇسى
瓶尔小草科	píng'ěrxiǎocǎokē	جىلان ٴتىل تۇقىمداسى
萍蓬草	píngpéngcǎo	سارى تۇعۇعىق
坡地	pōdì	كولبەۇ جەر
坡度	pōdù	كولبەۇلگى
坡积物	pōjīwù	قۇلاما جىنستار
坡面	pōmiàn	كولبەۇلىك بەت
坡向	pōxiàng	كولبەۇلىك باعىتى
婆婆纳	póponà	بودەن ٴشوپ
婆婆针	pópozhēn	ٴيت وشاعان
朴	pò	تاۇداعان
破坏	pòhuài	بۇزىلۇ
破坏程度	pòhuài chéngdù	زياندالۇ دارەجەسى
破坏量	pòhuàiliàng	زياندالۇ مولشەرى
破坏率	pòhuàilù	زياندالۇ سالىستىرماسى
剖面	pōumiàn	كەسپە بەت
剖面刀	pōumiàndāo	كەسپە بەت پىشاعى
铺地地下芽植物	pūdì dìxiàyá zhíwù	بۇرشىك جارۇ
匍匐茎	púfújīng	سۇلاما ساباق
匍匐生根茎	púfúshēnggēnjīng	كوگەن ساباق
匍匐枝	púfúzhī	سۇلاما بۇتاق
葡萄	pútao	ٴۇزىم
葡萄科	pútaokē	ٴجۇزىم تۇقىمداسى
葡萄糖	pútaotáng	كليگوزا
蒲草	púcǎo	قوعا، جالپاق جاپىراقتى قوعا
蒲公英	púgōngyīng	باقباق، توزعاناق
普查	pǔchá	جالپى بەتتەك تەكسەرۇ
普通蝼蛄	pǔtōng lóugū	جاي بۇزاۇ باس
普通田鼠	pǔtōng tiánshǔ	كادىمگى تىشقان
蹼	pǔ	جارعاق

七瓣莲	qībànlián	جەلقى ٴشوپ، جەتمەك
七星草	qīxīngcǎo	سۇيەك ٴشوپ
七星瓢虫	qīxīng piáochóng	جەتى جولاقتى ەل قالاي كوشەدى
七叶树	qīyèshù	اتباس تالشىن
七叶委陵菜	qīyè wěilíngcài	جەتى جاپىراقتى قاز تابان
栖境特征	qījìng tèzhēng	مەكەندەلگەن ورتا ەرەكشەلىگى
栖身地	qīshēndì	مەكەندەنۇ، يەمدەنۇ
期距法	qījùfǎ	مەزگىل ارالىق ٴادىسى
漆姑草	qīgūcǎo	ماي ٴشوپ
漆树	qīshù	سىرلى اعاش
其他作用	qítā zuòyòng	باسقا رولى
畦播	qíbō	تاقتالاپ ەگۇ
棋盘式	qípánshì	شاحمات فورمالى
棋盘式采样法	qípánshì cǎiyàngfǎ	شاحمات فورمالى ٴولگى الۋ ٴادىسى
蛴螬	qícáo	زاۋزاق قوڭىز بالاپان قۇرتى
旗瓣	qíbàn	كوبەلەك پىششندەس كۇلتە
气根	qìgēn	اۋا تامىر
气管	qìguǎn	اۋا تۇتىكشە
气管口	qìguǎnkǒu	تىنىس جول اۋزى
气管系统	qìguǎn xìtǒng	تىنىس جۇيەسى
气候	qìhòu	اۋارايى
气候图法	qìhòutúfǎ	كلىمات كارتاسى ٴادىسى
气孔	qìkǒng	تىنىس تەسگى
气孔期	qìkǒngqī	تىنىس تەسىك اپاراتى
气门	qìmén	اۋا تەسگى
气囊	qìnáng	اۋا قالتارسى
气体	qìtǐ	گاز
气温	qìwēn	اۋا تەمپەراتۇراسى
气象	qìxiàng	اۋارايى
气压	qìyā	قىسىم، اۋا قىسىمى
槭科	qìkē	قاندى اعاش
器官	qìguān	ورگان
器械	qìxiè	اسپاپ

器械捕杀	qìxiè bǔshā	ئاسپاپىن ئۇلتىرۇ
千金子	qiānjīnzǐ	مايتاران
千里光	qiānlǐguāng	گۇل جاينار
千粒重	qiānlìzhòng	مىڭ ئدان ئۇرلىرلىعى
千屈菜	qiānqūcài	جىلاڭقىئشوپ، سالام باس ئشوپ
千日红	qiānrìhóng	قىزىل اراي
千日菊	qiānrìjú	بۇراندا گۇل
千头柏	qiāntóubǎi	مەڭ باس ارشا
扦插	qiānchā	ھگۇ، وتىرعىزۇ
扦样	qiānyàng	ئۇلگى الۇ
迁出	qiānchū	ئۇپ كەتۇ
迁出者	qiānchūzhě	ئۇپ كەتۇشى
迁飞	qiānfēi	كوشۇ
迁入	qiānrù	ئۇپ كەلۇ
迁入者	qiānrùzhě	ئۇپ كەلۇشى
迁入种	qiānrùzhǒng	سىرتتان اكەلگەن تۇقىم
迁移	qiānyí	قونىس ئۇدارۇ، ئۇۇ
牵牛花	qiānniúhuā	مەڭ باس شىرماۇنق
荨麻	qiánmá	قالاقاي، قىشىما، شاقپا ئشوپ
荨麻属	qiánmáshǔ	قالاقاي، تۇقىمداس
前蝶骨	qiándiégǔ	الدىڭعى سۇيەك
前跗节	qiánfūjié	الدىڭعى تولارساق
前颌骨	qiánhégǔ	الدىڭعى جاق سۇيەك
前口式	qiánkǒushì	الدىڭعى ئۇز
前脑	qiánnǎo	الدىڭعى مي
前提	qiántí	العى شارت
前胃	qiánwèi	الدىڭعى اشقازان، الدىڭعى قارىن
前胸	qiánxiōng	الدىڭعى كەۇده
前胸腺	qiánxiōngxiàn	الدىڭعى كەۇده
前缘	qiányuán	الدىڭعى جيەك
钱贯草	qiánguàncǎo	جولجەلكەن
钱榆	qiányú	اق شەگىرشىن
潜伏期	qiánfúqī	جاسىرىن مەزگىل
潜伏芽	qiánfúyá	بۇيىققان بۇرشىك
潜食	qiánshí	جاسىرىن جەۇ
潜叶蛾	qiányè'é	جاپىراق كۇبەلەگى

潜叶蝇	qiányèyíng	جاپىراق شىبنى
潜育层	qiányùcéng	جاسىرىن جەتىلۇ قاباتى
潜在	qiánzài	كومەسكى
浅根灭草	qiǎngēn miècǎo	تايازداپ قۇرۇ
浅根植物	qiǎngēn zhíwù	تاياز تامىر تارتاتىن وسمدكتەر
茜草	qiàncǎo	ويران، ويران ٴشوپ
嵌纹分布型	qiànwén fēnbùxíng	ٴتۇيسىندى تارالۇ
强度	qiángdù	كۇشەمەلك قۇاتى
强化饲料	qiánghuà sìliào	كۇشتى ازىق
强碱性	qiángjiǎnxìng	كۇشتى سلتىلك قاسيەتى
强联	qiánglián	كۇشتى قاتىناس
强烈	qiángliè	كۇشتى
强酸	qiángsuān	كۇشتى قشقل
强酸性	qiángsuānxìng	كۇشتى قشقلدق قاسيەتتە
蔷薇科	qiángwēikē	راۇشان گۇل تۇقىمداسى
蔷薇猪毛菜	qiángwēi zhūmáocài	قىزعىلت سۇراك
强迫休眠	qiǎngpò xiūmián	زورلاپ بۇيىقتىرۇ
锹甲科	qiāojiǎkē	بوعى قوڭىز تۇقىمداسى
乔木	qiáomù	بيك اعاش، اعاش
荞麦	qiáomài	قارا قۇمىق
荞麦蔓	qiáomàimàn	شىرماۇىق تارالعان
壳斗果	qiàodǒuguǒ	قاقپاقشا جەمىس، توشتاعانشا جەمىس
壳斗科	qiàodǒukē	بۇك تۇقىمداس
翘摇	qiàoyáo	سەڭگىرۇ
鞘	qiào	قىناپ
鞘翅	qiàochì	قاتتى قانات
鞘翅目	qiàochìmù	قالقان قانات وترياتى
鞘叶	qiàoyè	قىناپتى جاپىراق
鞘状叶柄	qiàozhuàng yèbǐng	قىناپ ساعاقتى جاپىراق
切断	qiēduàn	ٴۇزۇ
切割	qiēgē	كەسۇ
切根虫	qiēgēnchóng	تامىر جىرعىش قۇرت
切接	qiējiē	جارىپ تەلۇ
茄科	qiékē	القا تۇستەس
茄子	qiézi	چەزى تۇستەس

亲本	qīnběn	اتا ـ اناسى، اتا تەگى
亲代	qīndài	اتا تەك ۇرپاعى
亲合力	qīnhélì	بىرىگۇ قۇاتى
亲缘关系	qīnyuán guānxi	تۇىستىق قاتىناس
亲子代	qīnzǐdài	اتا تەگى مەن كەيىنگى ۇرپاق
侵害作用	qīnhài zuòyòng	جۇعىمدالۇ رولى
侵染	qīnrǎn	جۇعىمدالۇ
侵染来源	qīnrǎn láiyuán	جۇعىمدالۇ قاينارى
侵染性病害	qīnrǎnxìng bìnghài	جۇعىمدالعىش دەرت
侵染循环	qīnrǎn xúnhuán	جۇعىمدالۇ اينالىمى
侵入期	qīnrùqī	ۇسۇ مەزگىلى
侵入生长	qīnrù shēngzhǎng	سۇعنا ۇسۇ
侵蚀	qīnshí	بولدىرۇ
芹菜属	qíncàishǔ	بالدىر كوك تۇسى
芹叶钩吻	qínyègōuwěn	ۇ بالدىرعان
禽粪	qínfèn	قۇس ساڭعىرىعى
禽足草	qínzúcǎo	ساعىز ۇشوپ
青草	qīngcǎo	كوك ۇشوپ، كوك مايسا
青草心	qīngcǎoxīn	جولجەلكەن
青粗饲料	qīngcūsìliào	كولەمدى كوك ازىقتار
青豆	qīngdòu	كوك بۇرشاق
青蜂属	qīngfēngshǔ	كوك ارا تۇسى
青干草	qīnggāncǎo	كوك پىشەن
青冈栎	qīnggānglì	كوك ەمەن، شەمىر ەمەن
青冈柳	qīnggāngliǔ	ساباۇ تال، اق تال
青果属	qīngguǒshǔ	ارالا تۇسى
青海田鼠	Qīnghǎi tiánshǔ	چيڭحاي تىشقانى
青蒿	qīnghāo	كوك ەرمەن
青稞穗蝇	qīngkē suìyíng	كوك نايزا جەبە شىبىنى
青枯病	qīngkūbìng	كوكتەي قۇارۇ دەرتى
青兰	qīnglán	جىلانباس
青铃兰属	qīnglínglánshǔ	زاۇزا گۇل تۇسى
青麻	qīngmá	كوك كەندىر، ماقتا كەندىر
青桐	qīngtóng	شىنار
青杨	qīngyáng	اق شىرشا

青贮	qīngzhù	سۆرلەم
青贮壕	qīngzhùháo	سۆرلەم ۇرا
青贮饲料	qīngzhù sìliào	سۆرلەم زاتتار
青贮塔	qīngzhùtǎ	سۆرلەم مۇناراسى
氢	qīng	سۆتەگى
氢氧化钠	qīngyǎnghuànà	ناتري توتعى
氢氧酸中毒	qīngyǎngsuān zhòngdú	سيان قشقلنان ۆلاڭ
轻度	qīngdù	جەڭىل ونەركاسپ
轻工业	qīnggōngyè	جەڭىل قۇمايت توپىراق
轻黏土	qīngniántǔ	اق شرشا
轻壤土	qīngrǎngtǔ	ساعىزداۋ توپىراق
蜻蜓	qīngtíng	ينەلىك
氰钴胺	qínggǔ'àn	ۆيتامين B12
丘	qiū	ادىر، قىرات
丘陵	qiūlíng	بۆيراتتار، ادىرلار
秋播	qiūbō	كۆزگى ەگىس
秋耕	qiūgēng	كۆزدىك پار
秋花藜	qiūhuālí	كۆزدىك الا بوتا
秋水仙素	qiūshuǐxiānsù	كولجيتسين
蚯蚓	qiūyǐn	جاۋىن قۇرتى
求积仪	qiújīyí	كولەم ولشەگىش، كولەمەتر
求偶	qiú'ǒu	ٴجىلتيپات ٴبىلدىرۋ
球根植物	qiúgēn zhíwù	شارشا تامىر وسىمدكتەر
球果	qiúguǒ	شار جەمىس
球茎	qiújīng	تۆينەك ساباق
球穗蔗草	qiúsuì biāocǎo	شارشا سارى ولەڭ
球形	qiúxíng	شار ٴتارىزدى
球状体	qiúzhuàngtǐ	شارشا دەنەشىك
区系	qūxì	وڭىرلىك جاي
曲芒鹅观草	qūmáng éguāncǎo	يمەك قىلتاندى كۇمىلگەي
躯干	qūgàn	تۇلعا
躯体	qūtǐ	تۇلعاسى
趋光性	qūguāngxìng	كۇن نۇرىنا باعتتالعشتىق
趋化性	qūhuàxìng	حيميالىق زاتقا بەيىمدەلگىشتەك
趋热性	qūrèxìng	تەمپەراتۇراعا بەيىمدەلگىشتەك
趋声性	qūshēngxìng	كەرمەلەرىن، ناشارلارىن الىپ تاستاۋ

趋湿性	qūshīxìng	دبىسقا بەيمدەلگىشتىك
趋向性	qūxiàngxìng	تەمپەراتۇراعا بەيمدەلگىشتىك
趋性	qūxìng	باعتتالعىشتىق
渠边	qúbiān	بەيمشىلدىك
取材	qǔcái	توعام جانى
取长补短	qǔ cháng bǔ duǎn	ماتەريال الؤ
取土	qǔtǔ	ارتقشلسعىن قابلداپ، كەمشىلگىن تولىقتاؤ
取样	qǔyàng	توپىراق الؤ
取样方法	qǔyàng fāngfǎ	ؤلگى الؤ
去雄	qùxióng	ؤلگى الؤ ٴادىسى
去杂去劣	qùzá qùliè	اتالعىن الؤ
全白委陵菜	quánbái wěilíngcài	دىمقىلعا بەيمدەلگىشتىك
全变态	quánbiàntài	اق قاز تابان
全钾量	quánjiǎliàng	سالالى سارعالداق
全裂毛莨	quánliè máogèn	تولىق وزگەرتؤ
全裂叶	quánlièyè	تولىق كالي مولشەرى
全磷量	quánlínliàng	ٴتىلىم جاپىراق
全球生态学	quánqiú shēngtàixué	تولىق فوسفور مولشەرى -
全头无足型	quántóuwúzúxíng	جەرشارى
全缘叶	quányuányè	ٴبؤتىن باس ـ اياقسىز زات
全株性病害	quánzhūxìng bìnghài	تؤتاس جيەكتى جاپىراق
颧骨	quángǔ	بەت سۇيەك
犬齿	quǎnchǐ	ورساق ٴتس
缺乏	quēfá	كەم
缺刻	quēkè	كەتؤ
缺磷	quēlín	كەم فوسفور
缺绿病	quēlùbìng	حلوروپىل جەتسپەؤ
缺苗	quēmiáo	مايسا كەم قالؤ
雀儿舌头	què'ershétou	تورعاي ٴتىل
雀麦	quèmài	ارپا باس، مورتىق
群集性	qúnjíxìng	توپتالعىشتىق قاسيەت
群落	qúnluò	توپ
群落生态学	qúnluò shēngtàixué	شوعىر ٴەكولوگيا علمى
群体	qúntǐ	شوعىرلى دەنە
群心菜	qúnxīncài	جۇرەك ٴشوپ

燃料	ránliào	جانار زات
染病	rǎnbìng	اۇرۇ جۇقتىرۇ
染色单体	rǎnsèdāntǐ	حروماتيد
染色剂	rǎnsèjì	بوياعىش
染色体	rǎnsètǐ	حروموسوما، بويالعىش دەنە
染色体变异	rǎnsètǐ biànyì	حروموسوماننڭ وزگەرۇى
染色体突变	rǎnsètǐ tūbiàn	حروموسوماننڭ كەنەت وزگەرىسى
染色体组	rǎnsètǐzǔ	حروموسوما گرۇپپاسى
染色质	rǎnsèzhì	حروماتيد
壤土	rǎngtǔ	قۇمايىت توپىراق
热带森林	rèdài sēnlín	ىستىق بەلدەۇدى ورمان
热量	rèliàng	جىلۇلىق
热能	rènéng	جىلۇ ەنەرگياسى
热膨胀	rèpéngzhàng	ىستىقتان ۇلعايۇ
热性土	rèxìngtǔ	ىستىق قاسيەتتەگى توپىراق
人畜践踏	rénchù jiàntà	ادام مەن مالدىڭ تاپتاۇى
人粪尿	rénfènniào	ادامنىڭ دايراق نەسەبى
人工授粉	réngōng shòufěn	جاساندى جولمەن توزاڭداۇ
人工选择	réngōng xuǎnzé	قولدان سۇرىپتاۇ
人工诱变	réngōng yòubiàn	جاساندى جولمەن ەلكترۇ
人工筑巢	réngōng zhùcháo	قۇس ۇياسىن جاساۇ
人均	rénjūn	ادام باسىنا
人类	rénlèi	ادام زات
人类生态系统	rénlèi shēngtài xìtǒng	ادامزات ەكولوگيا سيستەماسى
人力	rénlì	ادام كۇشى
人参	rénshēn	جەن شەنى
人为	rénwéi	**جاساندى**
人为演替	rénwéi yǎntì	جاساندى جولمەن الماسۇ
人心果	rénxīnguǒ	ادام جيدەك
仁果	rénguǒ	ٴدانىدى جەمىستەر
忍冬	rěndōng	ۇشقات
韧度	rèndù	سوزىلعىش تالشىق
韧皮部	rènpíbù	تالشىق قابىق، قابىق

韧皮层	rènpícéng	قابىق قابات، قابىقتى قابات
妊娠期	rènshēnqī	ىشتىلىك مەزگىلى
日测统计法	rìcè tǒngjìfǎ	كۈندىك ساناقتا الىپ تەكسەرۈ
日光暴晒	rìguāng bàoshài	كۈنگە قاقتاۋ
日排夜灌	rìpái yèguàn	كۈندىز بەستەرىپ، تۈندە سۇارۇ
溶菌酶	róngjūnméi	باكتەرىيا ەرىتكۈش فەرمەنت
茸毛堇菜	róngmáo jǐncài	قىسقا تۈكتى شەكەر گۈل
绒藜	rónglí	تۈكتى كوكبەك (الا بوتا)
绒毛草	róngmáocǎo	بۇقبا ٴشوپ تۈكتى، بۇقپا ٴشوپ
绒毛红花	róngmáo hónghuā	تۈكتى ماقسارى
绒毛桦	róngmáohuà	ۆلپەك قايىك
绒毛蓼	róngmáoliǎo	تۈكتى تاران، كىگىز تاران
绒毛膜	róngmáomó	ۇرىقتاك ٴبۇرلى قابىعى
绒毛牛蒡	róngmáo niúbàng	كىگىز شوك اينا
绒毛苔草	róngmáo táicǎo	تۈكتى قىماق ولەك
绒毛银叶花	róngmáo yínyèhuā	تۈكتى كۈمىس جاپىراق
绒石竹	róngshízhú	شوقپار باس قالامپىرى
绒樱菊	róngyīngjú	تۈكتى ەمىليا
容积	róngjī	سىيمدىلىق
容重	róngzhòng	مەنشىكتى سالماعى
溶剂	róngjì	ەرىتىندى دارىلەر
溶解	róngjiě	ەرىتۇ، ەرۇ
溶解度	róngjiědù	ەرۇ نۆكتەسى
溶解物	róngjiěwù	ەرىتىگش زات
溶酶体	róngméitǐ	ەرىتۇ فەرمەنتى
溶性养分	róngxìng yǎngfèn	ەرىگىش قورەكتى زاتتار
溶液	róngyè	ەرىتىندى
溶液剂	róngyèjì	ەرىتىندىلەر، ەرىتىندى دارىلەر
溶质	róngzhì	ەرىگىش، ەرىگىش زات
榕	róng	پىيكوس
融合遗传性	rónghé yíchuánxìng	ٴسىڭىسپ تۈقىم قۇالاۇشلىق
柔黄芪	róuhuángqí	جۇمساق تاسپا
柔毛	róumáo	ٴتۇبىت، مامىق
柔毛百脉根	róumáo bǎimàigēn	تۈكتى مىڭتامىر
柔毛节节盐木	róumáo jiéjiéyánmù	دومالاتپا، ۇرپەگىن
柔毛冷杉	róumáo lěngshān	تۈكتى سامىرسىن

柔毛鼠	róumáoshǔ	ميلاردىيا
柔毛杨	róumáoyáng	مامىق تەرەك
柔毛郁金香	róumáo yùjīnxiāng	ماقپال قىزعالداق
柔荑花序	róutí huāxù	سىرعا گۇل شوعىرى
柔籽草	róuzǐcǎo	بىلتە وت
鞣酸	róusuān	مالما قشقىلى
肉孢子虫目	ròubāozǐchóngmù	ساركوسپوردىيا وترياتى
肉草	ròucǎo	كوك شەگىر
肉桂色蔷薇	ròuguìsè qiángwēi	قوڭىز راۇشان
肉果	ròuguǒ	ەتتى جەمىس
肉茎植物	ròujīng zhíwù	ەت ساباقتى وسىمدىكتەر
肉色三叶草	ròusè sānyècǎo	كۇرەڭ بەدە
肉食螨	ròushímǎn	جىرتقىش كەنە
肉食性	ròushíxìng	ەت قورەكتى
肉食性禽	ròushíxìngqín	ەت قورەكتى قۇس
肉食性兽	ròushíxìngshòu	ەت قورەكتى حايۋان
肉食亚目	ròushí yàmù	جىرتقىش قوڭىزدار وترياتى
肉食植物	ròushí zhíwù	ناسەكوم جەيتىن وسىمدىكتەر
肉穗花序	ròusuì huāxù	ەت ماساقتى گۇل شوعىرى
肉眼	ròuyǎn	جاي كوز
肉叶独行草	ròuyè dúxíngcǎo	ەت جاپىراقتى شىترماق
肉叶芥	ròuyèjiè	بايا
肉质虫纲	ròuzhìchónggāng	سىر كودالار، جالعان اياقتىلار
肉质根	ròuzhìgēn	جۇان تامىر
肉质果	ròuzhìguǒ	ەتتى جەمىس، شىرىندى جەمىس
肉质茎	ròuzhìjīng	ەتتى ساباق
肉质芽	ròuzhìyá	ەتتى بۇرشاك
肉质叶	ròuzhìyè	ەتتى جاپىراق
肉质植物	ròuzhì zhíwù	ەتتى وسىمدىك
肉足	ròuzú	ەت اياق، تامىر اياق
肉足虫纲	ròuzúchónggāng	تامىر اياقتىلار
茹孟芹	rúmèngqín	تۇينەك ساسىر، ٴيت تۇمسىق
蠕虫	rúchóng	شەك قۇرتتار، قۇرتتار
乳葱	rǔcōng	اقشىل جۇا
乳蛋白	rǔdànbái	ٴسۇت بەلوگى
乳瓜（木瓜、冬瓜树）	rǔguā（mùguā、dōngguāshù）	بەجە، ايبا

乳化剂	rǔhuàjì	برتكش
乳浆草	rǔjiāngcǎo	تالشق سؤتتىگەن
乳浆期	rǔjiāngqī	ۇنزدانۇ مەزگىلى
乳清	rǔqīng	ٴسۇت سارسۇى
乳熟期	rǔshúqī	سۇتتەنىپ پىسۇ مەزگىلى
乳鼠	rǔshǔ	انالىق تىشقان
乳鼠阶段	rǔshǔ jiēduàn	قىزىل شاقا تىشقان ساتىسى
乳酸	rǔsuān	ٴسۇت قىشقىلى
乳酸发酵	rǔsuān fājiào	ٴسۇت قىشقىلدى اشۇ
乳酸菌	rǔsuānjūn	ٴسۇت قىشقىلىن تؤدراتىن باكتەريا
乳糖	rǔtáng	لاكتوزا، ٴسۇت قانتى
乳糖酶	rǔtángméi	لاكتوزا ٴسۇت قانت فەرمەنتى
乳头	rǔtóu	ەمشەك
乳菀属	rǔwǎnshǔ	دالا زمعىر تؤسى
乳油	rǔyóu	ەمشەك مايى
乳汁	rǔzhī	ٴسۇتتى شىرسن، قاراؤىز
软材	ruǎncái	جۇمساق ماتەريال
软刺毛茛	ruǎncì máogèn	جۇمساق تىكەندى سارعالداق
软灯心草	ruǎndēngxīncǎo	جۇمساق ەلەك ٴشوپ
软骨	ruǎngǔ	شەمىرشەك
软弱马先蒿	ruǎnruò mǎxiānhāo	نازىك قاندىگۇل
软体动物类	ruǎntǐdòngwùlèi	بىلقىلداق دەنەلەر
软条七	ruǎntiáoqī	ىلگىش راؤشان
软枣	ruǎnzǎo	قۇرما
软紫草属	ruǎnzǐcǎoshǔ	قىزىل تامىر تؤسى
蚋	ruì	شىركەي
锐齿	ruìchǐ	وتكىر ٴتس
锐端细胞组织	ruìduān xìbāo zǔzhī	ەكى شەتى ۇشكىر سوپاق كلەتكالى تكان
锐叶翠雀	ruìyè cuìquè	قاندىؤىز جاپىراقتى تەگەؤرىنگۇل
锐枝木蓼	ruìzhī mùliǎo	تىكەندى تۇيە ٴسىڭىر
瑞典秆蝇	Ruìdiǎn gǎnyíng	شؤەتسارىيا شىبنى
瑞尼蕨	ruìníjué	رينيا
瑞香	ruìxiāng	سۋيقى، قاسقىر جيدەك
润湿	rùnshī	دمقىل
若虫	ruòchóng	نىمقا، بالاپان قۇرت
若干	ruògān	بىرنەشە

弱毒	ruòdú	ٴالسىز ۇٴەت
弱毒疫苗	ruòdú yìmiáo	ٴالسىز ۆيروستى ۆاكسينا
弱光性昆虫	ruòguāngxìng kūnchóng	ٴالسىز جارىقتىق سيپات الاتىن ناسەكوم
弱碱	ruòjiǎn	ٴالسىز ٴسىلتى، ٴالسىز نەگىز
弱酸	ruòsuān	ٴالسىز قىشقىل
弱酸溶性	ruòsuānróngxìng	ٴالسىز قىشقىلدا ەريتىن
弱酸性反应	ruòsuānxìng fǎnyìng	ٴالسىز قىشقىلدى رەاكسيا

撒尔维亚	sā'ěrwéiyà	دارىلىك سالۆيا
撒群放牧	sāqún fàngmù	مالدى قاپتاتىپ جايۇ
撒粉	sǎfěn	دارىلەۇ
撒粉器（喷粉器）	sǎfěnqì（pēnfěnqì）	ٴدارى سەپكىش
撒施	sǎshī	شاشىپ بەرۇ
撒饲谷物	sǎsì gǔwù	شاشىپ بەرەتىن ٴداندى جەم
萨卑松（沙芬）	sàbēisōng（shāfēn）	ٴدارى ارشا، سابينا
鳃	sāi	جەلبەزەك
鳃状	sāizhuàng	جەلبەزەك ٴتارىزدى
赛繁缕	sàifánlǚ	سولەڭ جۇلدىز ٴشوپ
赛菊芋	sàijúyù	گەليوپين
赛南芥	sàinánjiè	دوڭگەلەكشە
赛氏忍冬	Sài shì rěndōng	سەمەنۇ ۆشقاتى
三白草	sānbáicǎo	اقپان گۇل
三倍体	sānbèitǐ	توىپلويد (ٴۇش ەسەلى دەنە)
三层黄芪	sāncéng huángqí	ٴۇش قابات تاسپا
三叉卷耳	sānchā juǎn'ěr	ايىر ٴمۇيىز ٴشوپ
三叉丝石竹	sānchā sīshízhú	ٴۇش ايىر اققاتقاباق
三叉杂交	sānchā zájiāo	ٴۇش توعىستىرا بۇدانداستىرۇ
三肠目	sānchángmù	ٴۇش تارماق ىشەكتىلەر
三齿滨藜	sānchǐ bīnlí	دالا كوكپەگى
三齿草藤	sānchǐ cǎoténg	ٴۇش ٴتىستى سيىر جوڭىشقا
三出脉	sānchūmài	ٴۇش جۇيكەلى
三出叶	sānchūyè	ٴۇش سالالى جاپىراق

三出羽状复叶	sānchū yǔzhuàng fùyè	ئۇش سالالى قاۇرسىن ئتارىزدى كۇردەلى جاپىراق
三出掌状叶	sānchū zhǎngzhuàngyè	ئۇش سالالى الاقان ئتارىزدى كۇرەك جاپىراق
三春柳	sānchūnliǔ	جىڭگىل، بوز جىڭگىل
三代虫	sāndàichóng	ئۇش ۇرپاق قۇرتتار
三点盲蝽	sāndiǎn mángchūn	وش جولاقتى كوزسىز قوڭىز
三隔镰孢	sāngé liánbāo	سپورا
三果葱	sānguǒcōng	ئۇش جەمىستى جۇا
三回羽状叶	sānhuí yǔzhuàngyè	ئۇش قايتالاعان سالالى كۇردەلى جايداق
三级消费者	sānjí xiāofèizhě	ئۇشىنشى رەتكى تۇتنۇشلار
三角大戟	sānjiǎo dàjǐ	ئۇش بۇرىشتى سۇتتىتگەن
三角枫	sānjiǎofēng	ەرەن اعاشى
三角麦	sānjiǎomài	قارا قۇمسق
三口类	sānkǒulèi	ئۇش ئۇزدى قۇرتتار
三肋果	sānlèiguǒ	ئۇش قىرلى ئشوپ
三棱草属	sānléngcǎoshǔ	قارا ولەك تۇسى
三棱大戟	sānléng dàjǐ	ئۇش قىرلى سۇتتىتگەن
三棱茎	sānléngjīng	ئۇش قىرلى ساباق
三裂苔草	sānliè táicǎo	ئۇش تىلىك، قىاق ولەك
三氯杀螨砜	sānlùshāmǎnfēng	ئۇش حلورلى كەنە جويعىش
三脉美苓草	sānmài měilíngcǎo	ئۇش تارامدى مەدينگيا
三脉叶马兰	sānmàiyè mǎlán	اق استرا
三芒草	sānmángcǎo	سەلەۇ بوياۇ، نار سەلەۇ
三毛草属	sānmáocǎoshǔ	ئۇش قىلقان تۇستاس
三胚层的胚	sānpēicéng de pēi	ئۇش قاباتتى ەمبريون
三品种杂交	sānpǐnzhǒng zájiāo	ئۇش تۇقمدى بۇداندستىرۇ
三品种杂种	sānpǐnzhǒng zázhǒng	ئۇش تۇقمىنىك بۇدانى
三七	sānqī	جەتى جاپىراق
三七属	sānqīshǔ	جەتى جاپىراق تۇسى
三色堇（蝴蝶花）	sānsèjǐn（húdiéhuā）	شەگگىر گۇل، ۇكى كوز
三色苋	sānsèxiàn	گۇلتاجى
三室子房	sānshì zǐfáng	ئۇش ۇيالى ئتۇيىن
三体雄蕊	sāntǐ xióngruǐ	ئۇش اعايىندى اتالىق
三系杂交	sānxì zájiāo	ئۇش لەنيالى بۇدان
三叶草	sānyècǎo	بەدە، جاتاعان بەدە
三叶草白粉病	sānyècǎo báifěnbìng	بەدەنىك ئۇش جولاقتى دەرتى
三叶草霜霉病	sānyècǎo shuāngméibìng	بەدەنىك اق توزاك دەرت

三叶草锈病	sānyècǎo xiùbìng	بەدەننىڭ تات دەرتى
三叶翻白草	sānyè fānbáicǎo	ٴۇش قۇلاقتى جوڭشقا
三叶龙胆	sānyè lóngdǎn	ٴۇش قۇلاقتى جوڭشقا
三叶期	sānyèqī	ٴۇش جاپىراقتى كوك گۇل
三趾跳鼠	sānzhǐ tiàoshǔ	ٴۇش جاپىراقتى مەزگىلى
伞柄竹（苦竹）	sǎnbǐngzhú（kǔzhú）	ٴۇش تۇياقتى قوس اياقتار
伞刺槐	sǎncìhuái	شاتىرلى روبينيا
伞房花序	sǎnfáng huāxù	اشتى نار قامىس
伞房菊	sǎnfángjú	قالقانشا كاستە جۇسان
伞花繁缕	sǎnhuā fánlǚ	شاتىرلى جۇلدىز ٴشوپ
伞菌	sǎnjūn	قۇز قۇيرىق
伞莎草	sǎnsuōcǎo	شاتىرشا سالەم ٴشوپ
伞形虎眼万年青	sǎnxíng hǔyǎn wànniánqīng	شاتارلىق قوس سۇتتىگەن
伞形花序	sǎnxíng huāxù	شاتىرشا گۇل شوعى
伞形蓟	sǎnxíngjì	شاتىرشا كوكباسى
伞形剪秋萝	sǎnxíng jiǎnqiūluó	ٴۇليە گۇل جاپىراق
伞形科	sǎnxíngkē	شاتىرشا گۇل تۇقىمداسى
伞状蓼	sǎnzhuàngliǎo	شاتىر باس تاران
散射	sǎnshè	تارقاۋ
散生植被	sǎnshēng zhíbèi	سيرەك وسكەن وسىمدىك
散生中柱	sǎnshēng zhōngzhù	شاشىراڭقى ورتالىق سيليندىر
散枝叉毛蓬	sǎnzhī chāmáopéng	شاشىراڭقى سوراڭشا
散枝梯翅蓬	sǎnzhī tīchìpéng	تورعاي كوز
散枝猪毛菜	sǎnzhī zhūmáocài	وركەندى سوراڭ
散播	sànbō	شاشىپ ەگۋ
散黑穗菌	sànhēisuìjūn	توزاڭدى قارا كويە
散开	sànkāi	اشلۋ
桑（桑树）	sāng（sāngshù）	تۇت اعاشى، تۇت
桑蚕	sāngcán	تۇت كوبەلەگى
桑蟥	sānghuáng	قارا جولاقتى جىبەك كوبەلەگى
桑寄生科	sāngjìshēngkē	بەلدىككۇل تۇقىمداسى
桑科	sāngkē	تۇتتار تۇقىمداسى
桑毛虫	sāngmáochóng	تۇتتىڭ سارى تۇكتى كوبەلەگى
桑螵蛸	sāngpiāoxiāo	تاۋۇت سىركەسى
桑葚	sāngshèn	ٴۇجمە
桑天牛	sāngtiānniú	تۇت سۇگەندىرى

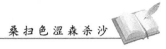

桑象甲	sāngxiàngjiǎ	تۇت ئۇبز تۆمسعى
扫帚艾	sàozhou'ài	اق جۇسان، شاشاقتى جۇسان
扫帚菜	sàozhoucài	يزەن، قىزىل يزەن
色氨酸	sè'ānsuān	تريپستوقان
色觉	sèjué	سەزىم تۆيسگى
色盲	sèmáng	ئتۆس ايىرا الماۋشلىق، ئتۆس سوقۇرلىق، تۆسكە سوقۇرلىق،
色盲基因	sèmáng jīyīn	ئتۆس اجىراتا الماۋ گەنى
色素	sèsù	پيگمەنت
色素色	sèsùsè	رەڭ
色素体	sèsùtǐ	بوياعىش دەنە
色素原	sèsùyuán	حرومو گەن، العاشقى ۋلپا بوياۋى
涩荠	sèjì	ايعايىك
森林	sēnlín	ورمان
森林草甸草场	sēnlín cǎodiàn cǎochǎng	ورماندى جايىلىم
森林气候	sēnlín qìhòu	ورمان كليماتى
森林土	sēnlíntǔ	ورمان توپىراعى
杀虫剂	shāchóngjì	ناسەكوم قىراتىن دارىلەر
杀虫脒	shāchóngmǐ	گالەكروت، حلور فەتاميدىن
杀虫灭菌	shāchóng mièjūn	قۇرت ئۇلترسپ باكتەرياىنى جويۇ
杀虫畏	shāchóngwèi	ۋينيل ديمەتيل فوسفات، ئتورت حلورلى ۋينفوس
杀虫药	shāchóngyào	قۇرت قىراتىن دارىلەر
杀菌剂	shājūnjì	باكتەريا جويعىش
杀螨剂	shāmǎnjì	كەنە جويعىش
杀鼠剂	shāshǔjì	تىشقان قىرعىش دارىلەر
杀鼠灵	shāshǔlíng	پرولين
杀鼠醚	shāshǔmí	ھندوكس
杀鼠酮	shāshǔtóng	پيۋال
杀鼠药	shāshǔyào	تىشقاندى قىراتىن دارىلەر
杀线虫剂	shāxiànchóngjì	قۇرت جويعىش
沙草敏	shācǎomǐn	پيدازون
沙层	shācéng	قۇم قاباتى
沙掺黏	shā chān nián	قۇمعا كەرىش ارالاستىرۋ
沙长生草	shāchángshēngcǎo	قۇمدىق كوكمارال
沙葱	shācōng	قۇم جۇاسى
沙打旺白粉病	shādǎwàng báifěnbìng	سادىاۋاك اق توزاق دەرتى
沙打旺黑斑病	shādǎwàng hēibānbìng	سادىاۋاك قاراداق دەرتى

沙打旺黄萎病	shādǎwàng huángwěibìng	سادا‸اڭ سارعايىپ سولۇ دەرتى
沙打旺炭疽病	shādǎwàng tànjūbìng	سادا‸اڭ كۆيدىرگى دەرتى
沙打旺叶肿病	shādǎwàng yèzhǒngbìng	سادا‸اڭ جاپىراق سولۇ دەرتى
沙多泥少	shā duō ní shǎo	قۇم كوپ، بالشعى از
沙芬	shāfēn	‸دارى ارشا، سابينا
沙蜂	shāfēng	قۇم قازبا اراسى
沙拐枣	shāguǎizǎo	جۇزگىن، كادىمگى جۇزگىن
沙蒿	shāhāo	قۇم جۇسان
沙蒿叶甲	shāhāo yèjiǎ	جۇسان جاپىراق قو‸ىز
沙狐	shāhú	قارساق
沙画眉草	shāhuàméicǎo	قۇمدىق ‸شيتارى
沙槐属	shāhuáishǔ	قويان سۇيەك تۇستاس
沙荒	shāhuāng	قۇمايت، قۇمدا‸ت
沙黄芪	shāhuángqí	قۇمدىق تاسپا
沙棘	shājí	شىرعاناق، يتسومدىت
沙棘豆	shājídòu	مەرۇەتتى كەكرە
沙梨	shālí	قۇم المۇرت
沙藜（盐节草）	shālí（yánjiécǎo）	مىرزا سوراڭ، تەنتەك سوراڭ
沙芦草	shālúcǎo	قۇم قامىس
沙漠	shāmò	قۇمدى ‸شول
沙漠车前	shāmò chēqián	قۇم باقا جاپىراق
沙漠蝗科	shāmòhuángkē	شولاق شەگىرتكە تۇقىمداسى
沙漠生态学	shāmò shēngtàixué	قۇم-‸شول ەكولوگيالىق علمى
沙漠羊茅	shāmò yángmáo	قۇم بەتەگە
沙漠针茅	shāmò zhēnmáo	قۇم تىرساس
沙木	shāmù	شىرشا
沙黏程度	shānián chéngdù	قۇمدى كەرىش دارەجەسى
沙蓬	shāpéng	قۇم قومارشىق
沙杞柳	shāqǐliǔ	قۇمايتتى تال، كۇنتال
沙丘植物	shāqiū zhíwù	شاعىلدى جەر وسمدىگى
沙壤土	shārǎngtǔ	قۇمدى قۇمايت توپىراق
沙沙声	shāshāshēng	سقىرلاعان داۇس
沙参	shāshēn	قو‸ىرا‸شا، شيقىلدا‸ىق
沙生冰草	shāshēng bīngcǎo	جول ەركەك
沙生针茅	shāshēng zhēnmáo	قۇمايت سەلەۇ
沙生植物	shāshēng zhíwù	قۇم وسمدىكتەرى

沙鼠	shāshǔ	قؤم تىشقان، ماي تىشقان
沙鼠亚科	shāshǔ yàkē	ٔشول تىشقان قوسالقى تؤقمىداسى
沙松	shāsōng	سبەريا شرشاسى
沙穗属	shāsuìshǔ	ٔشول ماساق تؤسى
沙苔草	shātáicǎo	قورعاقشىل قياق ولەك
沙梯牧草	shātīmùcǎo	قؤم ات قوناعى
沙土	shātǔ	قؤمدى توپىراق
沙性	shāxìng	شاعلدى
沙岩	shāyán	قؤم جىنس
沙野麦	shāyěmài	قؤمدىق قياق
沙苑子	shāyuànzǐ	اقتىق كؤنباعار، داقلا ٔتؤسى كؤنباعار
沙枣	shāzǎo	جىيدە، بوزجىيدە
沙质沉淀物	shāzhì chéndiànwù	قؤمدى شوگىندى
沙质土	shāzhìtǔ	قؤمايت توپىراق
筛管	shāiguǎn	تورلى تؤتكتەر، تور كوزدى تؤتكتەر
筛孔	shāikǒng	توركوز
筛状组织	shāizhuàng zǔzhī	تورلى ٔلپا
晒垡	shàifá	قىرلارىن كؤن قاقتىرؤ
晒田	shàitián	اتىزدى كؤن قاقتىرؤ
山白菊	shānbáijú	اق استىرا
山稗子	shānbàizi	اسەم قياك ولەك
山扁豆	shānbiǎndòu	مايتاران، سانا
山冰草（野麦草、大麦草）		
	shānbīngcǎo（yěmàicǎo、dàmàicǎo）	تاؤ ٔبيدايىق، تاؤۇرەكەك
山茶花	shāncháhuā	كامەيا
山茶属	shāncháshǔ	جاپون ٔشاي تؤسى
山赤莲	shānchìlián	تاؤ قاندىعى
山川芎	shānchuānxiōng	كؤينو سەلين
山慈姑（郁金香）	shāncígu（yùjīnxiāng）	جاؤقازىق، سارعالداق
山刺玫	shāncìméi	تاس راؤشان
山葱	shāncōng	تاؤ سارىمساعى
山丹	shāndān	ساكپىل ٔلالاگؤل
山地	shāndì	تاؤلى ٔوڭىر، تاؤلى جەر
山地草甸	shāndì cǎodiàn	تاؤلى جەر شالعىندىعى
山地干草原	shāndì gāncǎoyuán	تاؤلى جەر قؤرعاق جايلىم
山地干旱草原	shāndì gānhàn cǎoyuán	تاؤلى قاعىر جايلىم

山豆花	shāndòuhuā	تۆكتى شاي بۇتاسى
山飞蓬	shānfēipéng	تاۋ مايدا جەلەگى
山柑属	shāngānshǔ	كەمىسەۆل تۇسى، ٴيت تۇينەك تۇسى
山谷	shāngǔ	اڭعار
山谷草	shāngǔcǎo	باتتاۋق، ايراۋق
山芥	shānjiè	سۇرەپكا، بارباره
山荆子	shānjīngzi	جيدەك الما
山韭	shānjiǔ	قاتقىل جۇا
山卷耳	shānjuǎn'ěr	تاۋ ٴمويىز ٴۇشوبى
山兰	shānlán	جىلان قياق
山榄（铁木）	shānlǎn（tiěmù）	تەمىر اعاش
山黧豆属	shānlídòushǔ	تاۋ بۇرشاق (شينا) تۇسى
山里红	shānlǐhóng	قىزىل دولانا
山栎	shānlì	تاۋ ەمەنى
山蓼	shānliǎo	بيىك ساۋمالدىق
山苓菊	shānlíngjú	تاۋتەكە سنتاراعى
山柳菊	shānliǔjú	سارشاتىر، قارشعا ٴشوپ
山柳菊叶糖芥	shānliǔjúyè tángjiè	شاشاقتى اقباس قۇراي
山柳属	shānliǔshǔ	باقاتال تۇسى
山路	shānlù	تاۋ جولى
山麓	shānlù	تاۋ بوكتەرى
山萝卜	shānluóbo	قوتىروت
山萝花属	shānluóhuāshǔ	مارياناك تۇسى
山毛茛	shānmáogèn	تاۋ سارعالداعى
山毛柳	shānmáoliǔ	ٴهشكى تال، جبەك تال
山毛桃（野桃）	shānmáotáo（yětáo）	جابايى شاپتول
山莓草属	shānméicǎoshǔ	تاۋداعان تۇسى
山梅花	shānméihuā	اقتاماق گۇل
山米麻（柳叶枸子）	shānmǐmá（liǔyè xúnzi）	تال جاپىراقتى ٴرعاي
山木通	shānmùtōng	اعاش شرماۋعى
山囊鼠	shānnángshǔ	تاۋ بۇزاۋباس تىشقان
山牛蒡	shānniúbàng	شالعىندىق وشاعان
山枇杷	shānpípa	تاۋ شاڭعۇش
山坡	shānpō	بەت، بەتكەي، قاتپال
山葡萄	shānpútao	امۇر ٴجوزىمى
山杞子	shānqǐzǐ	قايىك جاپىراقتى شاڭعۇش

山前丘陵	shānqián qiūlíng	تاۋ بوكتەرسندەگى قىرات، ادىرلار
山区	shānqū	تاۋلى رايون
山松鼠	shānsōngshǔ	تاۋ تيىنى
山橡胶草	shānxiàngjiāocǎo	ناعىز تاۋساعىز
山杏	shānxìng	جابايى ورىك
山羊草	shānyángcǎo	قىلتان ٴشوپ، قىتاندىق
山羊豆	shānyángdòu	ەشكى بۇرشاق
山杨	shānyáng	تاۋ تەرەگى، كوكتەرەك
山药	shānyào	بەك
山野豌豆	shānyěwāndòu	تاۋ سيىر جوڭىشقا
山义明	shānyìmíng	بايىلشىل
山樱桃（毛樱桃）	shānyīngtao（máoyīngtao）	تۇكتى شيە، تاۋ شيەسى
山芋	shānyù	باتان، اق باتان
山月桂属	shānyuèguìshǔ	كالميا تۇسى
山枣	shānzǎo	تاۋ شىلانى، جابايى شىلان
山楂	shānzhā	دولانا
山紫堇	shānzǐjǐn	تاۋايدار ٴشوبى
杉	shān	شىرشا
杉菜	shāncài	ۇ قىرىقبۇۋىن
杉科	shānkē	شىرشا تۇقىمداسى
杉松	shānsōng	مانجۋريا سامىرسىن
扇贝科	shànbèikē	تاراقشا موليلۇسكا تۇقىمداسى
扇蕨	shànjué	قاناتتى قىرىق بۇۋىن
扇形果滨藜	shànxíngguǒ bīnlí	قانات جەمىستى كوكبەك
扇形叶	shànxíngyè	جەلپۇش جاپىراق
伤疤	shāngbā	داق
伤激素	shāngjīsù	جارا قات گورموندارى
伤口	shāngkǒu	جاراقات اۋزى
伤流液	shāngliúyè	جارا شىرىندى
商陆属	shānglùshǔ	ايبالا تۇسى
商品	shāngpǐn	تاۋار
墒情	shāngqíng	ىلعالدىلىق احۋالى
上膘	shàngbiāo	شەلدەنۋ، سەمىرۋ
上表皮	shàngbiǎopí	ۇستىڭگى تەرى
上部	shàngbù	ۇستىڭگى ٴبولىمى
上唇	shàngchún	ۇستىڭگى ەرىن

上腭	shàng'è	ۋستگى تاڭداي
上腭骨	shàng'ègǔ	ۋستگى تاڭداي سۇيەك
上颚	shàng'è	ۋستگى جاق سۇيەك
上繁草	shàngfáncǎo	بويشاڭ ٴشوپ
上颌	shànghé	ۋستگى جاق
上颌骨	shànghégǔ	ۋستگى جاق سۇيەك
上呼吸道	shànghūxīdào	جوعارعى تىنىس جول
上壳	shàngké	ۇستكا
上胚轴	shàngpēizhóu	ۋستگى ۇرىق وزەگى
上皮	shàngpí	ۇپيتەلى تكان
上气孔	shàngqìkǒng	ۋستگى ۇ ستىتسە
上砂	shàngshā	ۋستگى قۇم
上升	shàngshēng	جوعارلاتۋ
上位花(花被上位花)	shàngwèihuā (huābèishàngwèihuā)	تومەن ٴتۇيىن گۇل
上位子房	shàngwèi zǐfáng	جوعارى ٴتۇيىن
上限	shàngxiàn	ۋستگى شەك
上虚下实	shàng xū xià shí	ٴۇستى بوس، استى نەعىز
上旬	shàngxún	الدىڭعى ون كۇن
上转胚珠	shàngzhuǎn pēizhū	ٴتۇيىننىڭ ۋشىنا قاراي يەلگەن تۇقىم ٴبۇرى
梢瓜（菜瓜）	shāoguā (càiguā)	اسقاباق
烧杯	shāobēi	حيميالىق ستاكان
烧草	shāocǎo	ٴشوپ ورتەۇ
烧烙	shāolào	قارۇ
烧苗	shāomiáo	مايسانى كۇيدىرۇ
烧瓶	shāopíng	كولبا
勺鸡	sháojī	قىل قۇيرىق بۇلدىرىق
芍药	sháoyao	شۆعەنىق، تاۋ شۆعەنىق
杓兰	sháolán	شولپان كەبىسى، كەبەس ٴشوپ
少花蒿	shǎohuāhāo	ەرمەن
少量	shǎoliàng	از مولشەردە
少年生植物	shǎoniánshēng zhíwù	قىسقا عومىرلى وسىمدىكتەر
舌	shé	ٴتىلى
舌接	shéjiē	تىلشە جالعانۇ
舌片	shépiàn	تىلشە
舌状虎耳草	shézhuàng hǔ'ěrcǎo	ٴتىل تارىزدى تاسجارعان
舌状花冠	shézhuàng huāguān	تىلشىك كۇلتە

蛇床属	shéchuángshǔ	اشتى تامىر تؤسى
蛇根木	shégēnmù	جىلانتامىر
蛇蒿	shéhāo	شىلالجىن جؤسان
蛇蛉目	shélíngmù	جىلان مويىن، يىنەلىك
蛇麻黄	shémáhuáng	جاتاعان قىلشا
蛇莓	shéméi	بؤلدىرگەن
蛇蜻蛉	shéqīnglíng	سالبىر قاناتتىلار
蛇沙拐枣	shéshāguǎizǎo	جىلان جؤرگەن
蛇甜瓜	shétiánguā	ئىر قاؤىن
蛇尾纲（阳遂足纲）	shéwěigāng（yángsuìzúgāng）	جىلان قۇيرىقتىلار
蛇形采样法	shéxíng cǎiyàngfǎ	جىلان فورمالى ۇلگى الۇ ئادىسى
舍饲	shèsì	قولدا باعۇ، قولدا ازىقتاندىرۇ
舍饲育成	shèsì yùchéng	قولدا باعىپ جەتىلدىرۇ
舍饲育肥	shèsì yùféi	قولدا باعىپ سەمىرتۇ
社会行为	shèhuì xíngwéi	قوعامدىق ارەكەت
射精管	shèjīngguǎn	ۇرىق بؤركۇ ورگانى
摄取	shèqǔ	قابىلداۇ
摄食器官	shèshí qìguān	ازىقتانۇ ورگانى
摄氏度	shèshìdù	سەلتسىيگرادۇس
麝鼠	shèshǔ	اقشا ئتس، جؤپار تىشقان
麝香	shèxiāng	جؤپار، جؤپار زات
麝香草（百里香）	shèxiāngcǎo（bǎilǐxiāng）	جەبىر، تاس ئشوپ
麝香草莓	shèxiāng cǎoméi	قؤلپىناي
麝香石竹	shèxiāng shízhú	باقشا قالامپىر
伸长期	shēnchángqī	ۇزارتۇ مەزگىلى
深波状叶	shēnbōzhuàngyè	ويىق جاپىراق
深根性	shēngēnxìng	تەرەڭ تامىرلى
深根植物	shēngēn zhíwù	تەرەڭ تامىر تارتاتىن وسىمدىكتەر
深耕	shēngēng	تەرەڭ جىرتۇ
深裂刺头菊	shēnliè cìtóujú	تىلىنگەن كوبەن قؤيرىق
深裂叶	shēnlièyè	ؤلكەن ۇيىقتى جاپىراق
深裂叶堇菜	shēnlièyè jǐncài	جارىق شەگىرگۇل
深浅	shēnqiǎn	تەرەڭ تايازدىعى
深色	shēnsè	قانىق تؤسى
深山柳	shēnshānliǔ	تاؤ شىلگى
深山米芒	shēnshān mǐmáng	تارالعىن، سەلدىرلىك

深墒	shēnshāng	تەرەڭ ىلعالدىق
深施	shēnshī	تەرەڭ بەرۇ
深位	shēnwèi	تەرەڭ ٴبولىمى
神经	shénjīng	نەرۋ(جۇيكە)
神经分泌细胞	shénjīng fēnmì xìbāo	نەرۋ بولگىش كلەتكا
神经节	shénjīngjié	نەرۋ بۇنى
神经膜	shénjīngmó	نەرۋ قابىعى
神经系统	shénjīng xìtǒng	نەرۋ جۇيەلەرى
神经细胞	shénjīng xìbāo	نەرۋ كلەتكاسى
神经纤维	shénjīng xiānwéi	نەرۋ تالشىعى
神经原	shénjīngyuán	نەرۋ تۇعىرى
神经中枢	shénjīng zhōngshū	نەرۋ ورتالىعى
神曲	shénqū	تابەتتىك قورىتقى
神圣虎耳草	shénshèng hǔ'ěrcǎo	اۇليە تاسجارعان
神圣冷杉	shénshèng lěngshān	قاسيەتتى سامىرسىن
神香草	shénxiāngcǎo	شەتپە ٴشوپ
肾	shèn	بۇيرەك
肾形	shènxíng	بۇيرەك ٴپىشىندى
肾形花	shènxínghuā	بۇيرەك ٴپىشىندى گۇل
肾形叶	shènxíngyè	بۇيرەك ٴپىشىندى جاپىراق
肾叶毛茛	shènyè máogèn	بۇيرەك جاپىراقتى سارعالداق
肾叶唐松草	shènyè tángsōngcǎo	جالعان كۇلتەلى مارال وتى
渗出物（渗出液）	shènchūwù（shènchūyè）	جالقاڭ، ىرىكتتك، سارى سۇ
渗出作用	shènchū zuòyòng	جالقاقتانۇ
渗透	shèntòu	وسموسى
渗透性	shèntòuxìng	وتكزگىشتىك
渗透压	shèntòuyā	وسموستىق قىسىم
渗透作用	shèntòu zuòyòng	وسموستىق اسەر
蜃香草	shènxiāngcǎo	گۇل رايحان، كوكمارال
蜃形花	shènxínghuā	بال قۇراي، ەرىنگۇل
升降	shēngjiàng	جوعارلاۇ ـ تومەندەۇ
升麻	shēngmá	ساسىق قاندالا ٴشوپ، قاندالا ٴشوپ
升温	shēngwēn	تەمپەراتۇرانىڭ جوعارلاۋى
生菜（长叶莴苣）	shēngcài（chángyè wōjù）	ۇزىن جاپىراقتى اس سۇتتىگەن
生草	shēngcǎo	شىم، قىرتىس
生草层	shēngcǎocéng	شىم قابات، شىمدى قىرتىس

生草化	shēngcǎohuà	شىمدانىدىرۇ
生草灰化土	shēngcǎo huīhuàtǔ	شىمدى گۈلگەن توپىراق
生产	shēngchǎn	ئوندىرىس
生产力	shēngchǎnlì	وندىرىستىك قۇات
生产量	shēngchǎnliàng	بيوماسا، بيولوگيالىق سالماق
生产者	shēngchǎnzhě	ئوندىرۇشى
生成	shēngchéng	پايدا بولۇ، ئتۈزۈلۈ، قالىپتاسۇ
生存	shēngcún	تىرشىلىك ەتۇ، ئومىر ئسۈرۇ
生存期	shēngcúnqī	تىرشىلىك مەزگىلى
生存性	shēngcúnxìng	ومىرشەڭدىك
生根	shēnggēn	تامىر تارتۇ
生化特性	shēnghuà tèxìng	بيو ـ حيميالىق قاسيەت
生荒地	shēnghuāngdì	تاڭ، تاڭ جەر
生活规律	shēnghuó guīlù	تىرشىلىك زاڭى
生活力（生活强度）	shēnghuólì（shēnghuó qiángdù）	تىرشىلىك قابىلەتى
生活史	shēnghuóshǐ	تىرشىلىك تاريحى
生活污水	shēnghuó wūshuǐ	تۇرمۇستىق ىللاس سۇ
生活习性	shēnghuó xíxìng	تىرشىلىك داعدىسى
生活型	shēnghuóxíng	تىرشىلىكتى فورما
生姜	shēngjiāng	شيكى جەمجەمەل، جەمجەمەل
生境（居住环境）	shēngjìng（jūzhù huánjìng）	تىرشىلىك ورتاسى
生境调查	shēngjìng diàochá	تىرشىلىك ورتانى تەكسەرۇ
生境幅度	shēngjìng fúdù	تىرشىلىكتەنۇ ورتا ئۇماعى
生境复区	shēngjìng fùqū	ئوسۇ ورنى
生理	shēnglǐ	فيزيولوگيالىق
生理功能	shēnglǐ gōngnéng	فيزيولوگيالىق قىزمەتى
生理生态学	shēnglǐshēngtàixué	ەكولوگيالىق علمى
生命	shēngmìng	تىرشىلىك
生命活动	shēngmìng huódòng	تىرشىلىك ارەكەتى
生命周期	shēngmìng zhōuqī	تىرشىلىك پەريوتى
生石灰（氧化钙）	shēngshíhuī（yǎnghuàgài）	سوندىرىلمەگەن اك
生水	shēngshuǐ	ئولى سۇ، شيكى سۇ
生态	shēngtài	ەكولوگيا(تىرشىلىك كۇي)
生态分布	shēngtài fēnbù	ەكولوگيالىق تارالۇ
生态分类	shēngtài fēnlèi	ەكولوگيالىق جىكتەلۇ
生态价	shēngtàijià	ەكولوگيالىق قۇنى

生态类群	shēngtài lèiqún	ەكولوگيالىق توپتار
生态平衡	shēngtài pínghéng	ەكولوگيالىق تەپە ـ تەڭدىك
生态位	shēngtàiwèi	ەكولوگيالىق ورنى
生态位重叠	shēngtàiwèi chóngdié	ەكولوگيالىق ورننىڭ قالىپتاسؤى
生态系统	shēngtài xìtǒng	ەكولوگيالىق جۇيە ، ەكولوگيالىق سيستەما
生态型	shēngtàixíng	ەكولوگياعا لايىقتاسقان ٴتيپ
生态学	shēngtàixué	ەكولوگيا عىلمى
生态因子	shēngtài yīnzǐ	ەكولوگيالىق فاكتور
生土	shēngtǔ	قۇنارسىز توپىراق
生物	shēngwù	ورگانيزمدەر
生物病原真菌	shēngwù bìngyuánzhēnjūn	ورگانيزم دەرت قاينارى ساڭىراۇ قۇلاق باكتەريا
生物带	shēngwùdài	تىرشىلىك زوناسى
生物的进化	shēngwù de jìnhuà	ورگانيزمدەردىڭ بىرتىندەپ داموؤى
生物防治法	shēngwù fángzhìfǎ	بيولوگيالىق الدىن الۇ
生物化学	shēngwù huàxué	بيو ـ حيميا
生物碱	shēngwùjiǎn	بيولوگيالىق نەگىزدەر
生物界	shēngwùjiè	تىرشىلىك دۇنيەسى
生物量	shēngwùliàng	بيو ماسسا
生物灭鼠	shēngwù mièshǔ	بيولوگيالىق جولمەن تىشقان جويۇ
生物能	shēngwùnéng	بيو ـ ەنەرگيا
生物群落	shēngwù qúnluò	ورگانيزم شوعىرى
生物素	shēngwùsù	ۆيتامين بيو ٴتيپ
生物体	shēngwùtǐ	ٴتىرى ورگانيزم
生物显微镜	shēngwù xiǎnwēijìng	بيولوگيالىق ميكروسكوپ
生物性	shēngwùxìng	بيو ٴتيپ
生物学	shēngwùxué	بيولوگيا عىلمى
生物因素	shēngwù yīnsù	بيولوگيالىق فاكتور
生物钟	shēngwùzhōng	تاۋلىكتىك ريتىم
生芽	shēngyá	كوكتەۋ
生育酚	shēngyùfēn	ۆيتامين
生育力	shēngyùlì	كوبەيۇ قۋاتى
生育期	shēngyùqī	ٴوسىپ ـ جەتىلۇ مەزگىلى
生育期间	shēngyù qījiān	ٴوسىپ ـ جەتىلۇ مەزگىلى
生长点	shēngzhǎngdiǎn	ٴوسۇ نۇكتەسى
生长方向	shēngzhǎng fāngxiàng	ٴوسۇ باعىتى
生长过旺	shēngzhǎng guòwàng	قاۇلاپ ٴوسۇ

生长健壮	shēngzhǎng jiànzhuàng	تولىمدى بولىپ ٴوسۋ
生长率	shēngzhǎnglǜ	ٴوسۋ كوەفيتسيەنتى
生长期	shēngzhǎngqī	ٴوسۋ مەزگىلى
生长区	shēngzhǎngqū	ٴوسۋ رايونى
生长日粮	shēngzhǎng rìliáng	ٴوسۋ راتسيونى
生长素	shēngzhǎngsù	ٴوسۋ گورمونى
生长物质	shēngzhǎng wùzhì	وسىرگىش زات
生长叶（生长芽）	shēngzhǎngyè (shēngzhǎngyá)	ٴوسۋ بۇرشىگى
生长液	shēngzhǎngyè	ٴوسۋ سۇيىقتىعى
生长枝	shēngzhǎngzhī	وسكىش وركەن
生殖（繁殖）	shēngzhí (fánzhí)	ٴوسىپ ـ ٴورۇ
生殖方式	shēngzhí fāngshì	كوبەيۇ فورماسى
生殖孔	shēngzhíkǒng	كوبەيۇ تەسىگى
生殖力	shēngzhílì	كوبەيۇ قۋاتى، ٴوسىمتالدىعى
生殖期	shēngzhíqī	كوبەيتۇ مەزگىلى
生殖器官	shēngzhí qìguān	كوبەيتۇ مۇشەسى
生殖腔	shēngzhíqiāng	كوبەيۇ قۋسى
生殖生长期	shēngzhí shēngzhǎngqī	كٴوبەيىپ ٴوسۋ مەزگىلى
生殖系统	shēngzhí xìtǒng	كوبەيتۇ سيستەماسى
生殖细胞	shēngzhí xìbāo	جىنىستىق كلەتكا
生殖周期	shēngzhí zhōuqī	كوبەيۇ پەريوتى
牲畜	shēngchù	مال، جانۋار
牲畜采食率	shēngchù cǎishílǜ	مالدىڭ وتتاۋى
牲畜产品	shēngchù chǎnpǐn	مال شارۋاشىلىق ٴونىمى
牲畜出栏率	shēngchù chūlánlǜ	قورادان شىققان مال شاماسى
牲畜存栏头数	shēngchù cúnlán tóushù	قولدا بار مال سانى
牲畜单位	shēngchù dānwèi	مال بىرلىگى
牲畜缺饲料	shēngchù quē sìliào	مال جەم ـ شوبىنەن قىسىلۋ
绳虫实	shéngchóngshí	ەڭگىش بال قاڭباق (ماي قاڭباق)
省级	shěngjí	ولكە دارەجەلى
省力	shěnglì	كۇشتى ٴۇنەمدەۋ
省藤	shěngténg	شىرماۋىق اعاشى
省油	shěng yóu	ماي ٴۇنەمدەۋ
盛果期	shèngguǒqī	قاۋىرت جەمىس بەرۋ مەزگىلى
盛花期	shènghuāqī	تولىق گۇل اشۋ
盛期	shèngqī	قاۋىرت مەزگىل

剩余	shèngyú	ارتىق
尸体	shītǐ	ولەكسە
失感觉	shī gǎnjué	جانسىزدانۇ
虱卵	shīluǎn	سركە
虱蝇科	shīyíngkē	قان سورعىش شبىن
虱子	shīzi	ۇبيت
虱子草	shīzicǎo	مونشاقتى كوك تكەن
施肥	shīféi	تـڭايتقش بەرۇ، تـڭايتقۇ
施肥播种	shīféi bōzhǒng	تـڭايتقش ارالاس تۆقىم سەبۇ
施肥草场	shīféi cǎochǎng	جايلىمدى تـڭايتقۇ، تـڭايتلەعان جايلىم
施肥量	shīféiliàng	تـڭايتقشتى بەرۇ مولشەرى
施入	shīrù	بەرۇ
狮牙草	shīyácǎo	گۇلبابا
湿测法	shīcèfǎ	دىمداي ولشەۇ ۇادسى، دىمداي ولشەۇ
湿地蒿	shīdìhāo	شالعىندىق ەرمەن
湿度	shīdù	ىلعالدىق، ىلعال
湿度表	shīdùbiǎo	گيگروميت
湿润	shīrùn	ىلعالدى
湿润草场	shīrùn cǎochǎng	ىلعالدى جايلىم
湿生动物	shīshēng dòngwù	ىلعال سۇيگىش جانۇارلار
湿生植物	shīshēng zhíwù	ىلعالشىل وسمدىك
湿时	shīshí	دىم كەزى
湿土重	shītǔzhòng	دىم توپىراق سالماعى
蓍草（锯齿草）	shīcǎo（jùchǐcǎo）	مىڭ جاپىراق، اقشەشەك
蓍草马先蒿	shīcǎo mǎxiānhāo	مىڭ جاپىراق قاندىگۇل
蓍属	shīshǔ	مىڭ جاپىراق تۇسى
蓍状艾菊（蓍状亚菊）	shīzhuàng àijú（shīzhuàng yàjú）	مىڭ جاپىراق ۇتۇستى، تۆيمە شەتەن
十二指肠	shí'èrzhǐcháng	ون ەكى ەلى ششەك
十字花科	shízìhuākē	كرەستى گۇلدەر تۆقىمى
十字龙胆	shízì lóngdǎn	كرەستى ۇتارىزدى كوكگۇل
十字形花冠	shízìxíng huāguān	كرەستى گۇلتە
十足目	shízúmù	ون اياقتى شايان تارىزدىلەر
石棒子	shíbàngzi	كوك توبىلعى
石蚕	shícán	ەمەن ۇشوپ
石菖蒲	shíchāngpú	جاپونيا اندىزى
石长生	shíchángshēng	قوزى قۇلاق

石蛾	shí'é	جىلعالقتار،ئوبىت قاناتتىلار
石耳	shí'ěr	تاسقۇلاق (قنانك ئبر ئتۇرى)
石防风	shífángfēng	تاس ساسر ئشوبى
石膏	shígāo	كەبس
石蚣	shígōng	قرنق اياق
石瓜	shíguā	ايبا، بەجه
石果鹤虱	shíguǒ hèshī	تنكەن جەمستى كارقىز
石花	shíhuā	تاس قنا
石化土质部	shíhuàtǔzhìbù	تاس سۇربك
石灰	shíhuī	نزبوش، سوندسرلمەگەن اك
石灰碱化草	shíhuī jiǎnhuà cǎo	اك سۇمەن سلتلەنگەن ئشوپ ــ شالاك
石灰水	shíhuīshuǐ	اك سۇى
石灰性土壤	shíhuīxìng tǔrǎng	نزبوشتى توپىراق
石灰岩	shíhuīyán	نزبوش جنسى
石鸡	shíjī	كەكلك
石角果藻	shíjiǎoguǒzǎo	جەلىم ئشوپ
石芥菜	shíjiècài	ئرى جاپىراقتى بايمانا
石芥花属	shíjièhuāshǔ	ئتس ئشوپ تۇسى
石块	shíkuài	تاس كەسەكتەرى
石蜡	shílà	بالاۋز
石砾	shílì	قيرشق
石粒	shílì	قومدى تۇيىرشك
石莲花	shíliánhuā	تاس تاۋ ماساعى
石榴	shíliu	انار
石龙芮	shílóngruì	ۋ سارعالداق
石龙子	shílóngzi	كەسەرتكى، ھشكى ەمەر
石茅（石茅高粱）	shímáo（shímáo gāoliang）	قۇماي ئشوپ، شاي جۇرگەرى
石茅属	shímáoshǔ	قۇماي ئشوپ تۇسى
石棉	shímián	تاس ماقتا
石蕊	shíruǐ	بۇعمۇك
石生悬钩子	shíshēng xuángōuzǐ	تاس بۇلدرگەن
石生植物	shíshēng zhíwù	تاس جانه تاستى جەرگه شعاتىن وسمدك
石蒜	shísuàn	تاس جۇا
石蒜科	shísuànkē	تاس جۇا تۇقىمداسى
石习柏（芦笋）	shíxíbǎi（lúsǔn）	جابايى قاسقىر جەم، ئبيت ئشوپ
石细胞	shíxìbāo	تاس كلەتكا

石枣	shízǎo	قىزىلبۇتا
石质土	shízhìtǔ	تاستى توپراق
石竹	shízhú	قالامپىر، جۇڭگو قالامپىرى
石竹科	shízhúkē	قالامپىر تۇقىمداسى
石组织（硬组织）	shízǔzhī（yìngzǔzhī）	تاس تكان، قاتتى تكان
实地调查	shídì diàochá	ناقتلى تەكسەرۇ
实际产量	shíjì chǎnliàng	ناق ٴتۇسىمى، ناق ٴونىمى
实际含水量	shíjì hánshuǐliàng	امالي سۇ قۇرام مۇلشەرى
实生苗（籽苗）	shíshēngmiáo（zǐmiáo）	ەكپە كوشەت
实验	shíyàn	تاجرىبە
实蝇	shíyíng	شىبار شىبىن
实质	shízhì	تەكتى زات
食草动物	shícǎo dòngwù	ٴشوپ قورەكتى جانۇارلار
食虫动物	shíchóng dòngwù	ناسەكوم قورەكتى جانۇارلار
食虫目	shíchóngmù	قورىمشىل وسىمدىكتەر
食虫性	shíchóngxìng	ناسەكوممەن قورەكتەنۇشلىك
食虫植物	shíchóng zhíwù	ناسەكوم قورەكتى وسىمدىك
食道（食管）	shídào（shíguǎn）	وڭەش، قىزىل وڭەش
食窦	shídòu	ازىق قالتاسى
食饵诱杀	shí'ěr yòushā	جەممەن شىرعالاپ ٴولتىرۇ
食蝗鼠	shíhuángshǔ	شەگىرتكە جەگىش تىشقان
食料	shíliào	جەمەكتىك ماتەرىيال
食毛目	shímáomù	توكجەگى ماتەرىيال
食品	shípǐn	شىپەك ـ جەمەك
食肉目	shíròumù	جىرتقىشتار، ەت قورەكتىلەر
食物链	shíwùliàn	ازىقتىق تىزبەك
食心虫	shíxīnchóng	وزەك
食性	shíxìng	ازىقتىق قاسيەت
食蚜蝇	shíyáyíng	شىركەي اۋلاعىش شىبىن
食蚜蝇科	shíyáyíngkē	شىركەي اۋلاعىش شىبىن تۇقىمداس
食蚜蜘蛛	shíyá zhīzhū	شىركەي اۋلاعىش ورمەكشى
食盐	shíyán	اس ٴتۇزى
食盐中毒	shíyán zhòngdú	اس تۇزىنان ۋلانۇ
食叶	shíyè	جاپىراق جەۋ
食叶害虫	shíyè hàichóng	جاپىراق جەيتىن قورتتار
食用补骨脂	shíyòng bǔgǔzhī	ازىقتىق اق قۇراي

食用大戟	shíyòng dàjǐ	ازىقتىق سۆتتىگەن
食欲	shíyù	تابەت، زاۋىق، كوڭىل، تابەتى
莳萝	shíluó	اسكوك، قاراكوز بەديان
矢车菊	shǐchējú	گۆل كەكسرە، ەم كەكسرە
使君子	shǐjūnzǐ	ەلشى ٴشوپ
始牧时间	shǐmù shíjiān	مالدى جايلاۋعا اپارعان ۋاقتى
始兴植物群落	shǐxīng zhíwù qúnluò	قالىپتاسا باستاعان وسىمدىك قاۋىمى
始重	shǐzhòng	باستاپقى سالماق
始祖	shǐzǔ	اتا ـ باباسى، اتا ـ تەگى
世代重叠	shìdài chóngdié	ٴداۋىر قاباتتاسۋ
世代交替	shìdài jiāotì	ٴداۋىر الماسۋ
视觉	shìjué	كورۋ، كورۋ سەزىمى
视觉器	shìjuéqì	كورۋ مۇشەسى
视叶	shìyè	كورۋ جاپىراقشاسى
试管	shìguǎn	پروبىركا
试剂	shìjì	تاجىرىبە ٴدارىسى
试验	shìyàn	سىناق، سىناۋ
试制	shìzhì	سىناق رەتىندە جاساۋ
柿	shì	قۇرما، تۆتقىر قۇرما، شزى
适氮植物	shìdàn zhíwù	ازوتتى وسىمدىكتەر
适钙植物	shìgài zhíwù	كالتسيلىك وسىمدىكتەر
适旱牧草	shìhàn mùcǎo	قۇاڭشىل ٴشوپ
适旱植物	shìhàn zhíwù	قۇاڭشىل وسىمدىكتەر
适碱性植物	shìjiǎnxìng zhíwù	ٴسىلتىتشىل وسىمدىكتەر
适口性	shìkǒuxìng	جاعىمدىلىعى، ٴتىل ۇيىرسىمدىلىگى
适口性等级	shìkǒuxìng děngjí	وسىمدىكتىڭ جەلىنگىشتىك دارەجەسى
适沙植物	shìshā zhíwù	قۇمشىل وسىمدىكتەر
适湿植物	shìshī zhíwù	ىلعالدىق وسىمدىكتەر
适酸性生物	shìsuānxìng shēngwù	قىشقىلشىل ورگانيزىمدەر
适盐植物	shìyán zhíwù	سورتاڭدا وسەتىن وسىمدىكتەر
适阳植物	shìyáng zhíwù	جارىق سۇيگىش وسىمدىكتەر
适宜	shìyí	ۋيلەسىمدى
适蚁植物	shìyǐ zhíwù	قۇمىرسقا ۋيالاعىش وسىمدىكتەر
适应	shìyìng	بەيىمدەلۋ
适应性	shìyìngxìng	بەيىمدەگىشتىك
适应性状	shìyìng xìngzhuàng	بەيىمدەلۋ بەلگىلەرى

适者生存	shìzhě shēngcún	بەيمدەلۇشلەردىك ئومىر ئسۇرۇئي
室（指子房、花药、脑室）		ئويا، قارىنشا
	shì（zhǐ zǐfáng、huāyào、nǎoshì）	
室间开裂	shìjiān kāiliè	ئويا ارالعنان جارىلۇ
舐剂	shìjì	جالاعش
舐吸式	shìxīshì	شايناۇ اپاراتى
释放	shìfàng	ئبولىنىپ شعۇ
收割	shōugē	ورۇ
收割法	shōugēfǎ	ورۇ ئادىسى
收割样方	shōugē yàngfāng	ئولگىلى جەردى ورۇ
收获期	shōuhuòqī	جين ـ تەرىن مەزگىلى
收缩	shōusuō	جيسرىلۇ
手段	shǒuduàn	ئتاسىل
手摸法	shǒumōfǎ	قولمەن ۇستاۇ ئادىسى
手捏	shǒuniē	قولمەن سعۇ
手参	shǒushēn	كوكەك ئشوپ
受害株	shòuhàizhū	زياندالعان ئتۇپ
受精	shòujīng	ۇرىقتانۇ
受精卵	shòujīngluǎn	ۇرىقتانعان جۇمىرتقا (قۇرتتار)
受精囊	shòujīngnáng	ۇرىقتانۇ قالتاسى
受精腺	shòujīngxiàn	ۇرىقتانۇ بەزى
兽毒乌头	shòudú wūtóu	ۇ ئشوپ
兽媒植物	shòuméi zhíwù	جانۇارلار ارقىلى توزاڭداناتىن وسىمدىكتەر
授粉	shòufěn	توزاڭدانۇ
授粉能力	shòufěn nénglì	توزاڭدانۇدىك قۇاتى
瘦地	shòudì	قۇنارسىز جەر
瘦果	shòuguǒ	دانەك جەمىس
疏丛禾本科植物	shūcóng héběnkē zhíwù	سيرەك تۇپتەنەتىن استىق تۇقىمداسى
疏丛禾草	shūcóng hécǎo	سيرەك تۇپتىتەنەتىن استىق تۇقىمداسى
疏丛型牧草	shūcóngxíng mùcǎo	سيرەك شوپتەر
疏花假木贼	shūhuā jiǎmùzéi	از گۇلدى بۇيىرعىن
疏花唐松草	shūhuā tángsōngcǎo	ئدوك مارال وتى
疏花勿忘草	shūhuā wùwàngcǎo	سيرەك گۇلدى بوتاكوز
疏离黑麦草	shūlí hēimàicǎo	بىتىراڭقى ئۇي ئبيدايىق
疏林	shūlín	سيرەك ورمان
疏林地	shūlíndì	سيرەك ورمان جەر

疏毛野豌豆	shūmáo yěwāndòu	سىرەك تۆكتى جوڭشقا
疏苗移植	shūmiáo yízhí	سىرەتىپ ۋترعزۇ
疏松	shūsōng	بوس
疏松土壤	shūsōng tǔrǎng	جۇمساق توپراق
疏松性（湿润型）	shūsōngxìng（shīrùnxíng）	للعالدىق ئتىپ
疏穗马先蒿	shūsuì mǎxiānhāo	سىرەك ماساقتى قاندىگۈل
疏叶柳	shūyèliǔ	سىرەك جاپىراقتى تال
疏叶骆驼刺	shūyè luòtuocì	سىرەك جاپىراقتى جانتاق
疏展老鹳草	shūzhǎn lǎoguàncǎo	شاشخقى قاز تاماق
输导系统	shūdǎo xìtǒng	ۋتگىزگىش سىستەما
输导组织	shūdǎo zǔzhī	ۋندىرگىش تكان
输精管	shūjīngguǎn	ۇرىق جولى
输送	shūsòng	جەتكىزۇ
输液	shūyè	سۇيىقتىق قۇيۇ
输液剂	shūyèjì	قۇيىلاتىن سۇيىقتقتار
蔬菜	shūcài	كۆكتات
熟化	shúhuà	پىسۇ
熟荒	shúhuāng	تىڭايعان جەر
熟荒地	shúhuāngdì	قۇنارلانعان جەر
熟期	shúqī	پىسۇ مەزگىلى
熟石灰	shúshíhuī	سوندىرىلگەن اك
熟休眠	shúxiūmián	ۇزاق تولاس
暑风	shǔfēng	ستىق جەل
属	shǔ	تۇستاس
属间嫁接	shǔjiān jiàjiē	تۇس ارا تەلۇ
属间特征	shǔjiān tèzhēng	تۇس ارالىق بەلگىلەر
属间杂交	shǔjiān zájiāo	تۇس ارا بۇداندىاسترۇ
属间杂种	shǔjiān zázhǒng	تۇس ارالىق بۇدان
属型	shǔxíng	تۇستاس
属于	shǔyú	تاۇەلدى
蜀葵	shǔkuí	جالبىز تكەن
蜀黍（高粱）	shǔshǔ（gāoliang）	قوناق جۇگەرى، اق جۇگەرى
鼠疮	shǔchuāng	تىشقان قورىق
鼠刺科	shǔcìkē	تىشقان تۇقىمداس
鼠洞	shǔdòng	ئنى
鼠耳蝠	shǔ'ěrfú	تىشقان جارقانات، تىشقان ئتارىزدى جارقانات

鼠粪	shǔfèn	تاشقان بوعى
鼠科	shǔkē	تاشقان تۆقىمداسى
鼠李	shǔlǐ	قارا جەمىس، ئىت ئجۈزۈم
鼠笼	shǔlóng	تاشقان قاپاس
鼠毛看麦娘	shǔmáo kānmàiniáng	ھگۆ تۈلكى قويرىق
鼠丘	shǔqiū	تاشقان ۋىگەن توپراق
鼠特灵	shǔtèlíng	راتىكات
鼠兔	shǔtù	شاقىلداۆق تاشقان
鼠兔科	shǔtùkē	تاشقان پشسندەس قويان ئتۈرى
鼠尾草	shǔwěicǎo	سالۋىا
薯芋	shǔyù	بەك
薯芋科	shǔyùkē	بەك تۆقىمداسى
束	shù	شوق، شوعىر
束翅亚目	shùchì yàmù	تەك قاناتتىلار
束腰（环割）	shùyāo（huángē）	ساقىنالاۆ
树搓（树椿）	shùcuō（shùchūn）	ئتۈبىر، ئتۈبىر تەك
树蜂	shùfēng	اعاش شانشار، ئمۈيىر قۈيرىقتتىلار
树干	shùgàn	اعاش دەڭى
树根	shùgēn	اعاش تامىرى
树冠	shùguān	بوركباس
树冠层	shùguāncéng	بوركباس قاباتى
树冠直径	shùguān zhíjìng	بوركباس دىامەترى
树花	shùhuā	راماليا (قىنانىك ئبىر ئتۈرى)
树胶	shùjiāo	ئشايىر
树胶腺	shùjiāoxiàn	ئشايىر بەرۆ
树木育种	shùmù yùzhǒng	ساپالى اعاش جەتىلدىرۆ
树栖	shùqī	اعاشقا مەكەندەۆ
树梢	shùshāo	اعاش باسى
树香胶（树香脂）	shùxiāngjiāo（shùxiāngzhī）	بالزام
树型	shùxíng	اعاش ئتىپى
树脂	shùzhī	سمولا، قاراماي
树脂道	shùzhīdào	سمولا جولى
树脂腺	shùzhīxiàn	سمولا بەزى
树种	shùzhǒng	اعاش تۆقمى
树状叉明棵	shùzhuàng chāmíngkē	سارساداق
树状突	shùzhuàngtū	بۆتاقشا نەرۆ

竖向	shùxiàng	تىك باعىت
数据	shùjù	ساندىق مالىمەت
数量	shùliàng	سانى
数量性状	shùliàng xìngzhuàng	ساندىق قاسیەت
数量遗传	shùliàng yíchuán	ساندىق تۆقىم قۇالاۇ
数学生态学	shùxuéshēngtàixué	ماتەماتیكالىق ەكولوگیالىق علمى
衰老	shuāilǎo	قارتایۇ، ەسكىرۇ، قالجىراۇ
衰弱	shuāiruò	ٴالسىز، السىرەۇ، قالجىراۇ
衰退阶段	shuāituì jiēduàn	قۇلدىراۇ ساتىسى
衰退期	shuāituìqī	قۇلدىراۇ مەزگىلى
衰亡	shuāiwáng	قالجىراۇ، قۇلدىراۇ
衰亡植物群落	shuāiwáng zhíwù qúnluò	قۇرىپ جوعالۇعا بەت العان وسىمدىكتەر
栓化	shuānhuà	تۆزدانۇ
栓化作用	shuānhuà zuòyòng	تۆزدانۇ رولى
栓剂	shuānjì	تەسىن دارىلەر
栓皮	shuānpí	بىلقىلداق قابىق
栓皮栎	shuānpílì	تەسەندىق ەمەن
栓皮槭	shuānpíqì	دالا ٴۇیەڭكىسى
栓质化	shuānzhìhuà	قاساڭدانۇ ، تۆزدانۇ
双倍期（二倍期）	shuāngbèiqī（èrbèiqī）	دیپویدتى كەزەڭ
双倍染色体	shuāngbèi rǎnsètǐ	قوس ەسەلى حروموسوما
双倍体	shuāngbèitǐ	ەكى ەسەلىك دەنە
双被花	shuāngbèihuā	قوس جەلەكتى گۇل
双叉麦瓶草	shuāngchā màipíngcǎo	ایىر سەلدىر ٴشوپ
双齿葱	shuāngchǐcōng	قوس ٴتىستى جۇا
双翅果	shuāngchìguǒ	قوس قاناتتى جەمىستەر
双翅目	shuāngchìmù	قوس قاناتتىلار
双翅盐蓬	shuāngchì yánpéng	قوس قاناتتى كۆیرەۇىك
双重取样	shuāngchóng qǔyàng	قوس قابات ٴۇلگى الۇ
双果黄芪	shuāngguǒ huángqí	قوس جەمىستى تاسپا
双花报春	shuānghuā bàochūn	قوس گۇلدى بایشەشەك
双花狗牙根	shuānghuā gǒuyágēn	قارا ٴشایىر، قار اجىرىق
双极	shuāngjí	قوس جیەك
双脊茅属	shuāngjǐjìshǔ	قوس جۇمىرشاق تۇسى
双价体	shuāngjiàtǐ	قوس ٴالەنت
双交	shuāngjiāo	قوس بۇداندانىستىرۇ

双角蒲公英	shuāngjiǎo púgōngyīng	قوس ٴمۇيىزدى باقباق
双目显微镜	shuāngmù xiǎnwēijìng	قوس كوزدى ميكروسكوپ
双亲（亲本）	shuāngqīn（qīnběn）	اتا ـ اناسى
双球芹属	shuāngqiúqínshǔ	شەرەنكيا تۇسى
双室花药	shuāngshì huāyào	قوس ٴۇيالى توزاڭقاپ
双受精	shuāngshòujīng	قوس قابات ۇرىقتانۇ
双瘦果	shuāngshòuguǒ	قوس دانەك
双数羽状复叶	shuāngshù yǔzhuàng fùyè	جۇپ قاۇىرسىن ٴتارىزدى كۆردەلى جاپىراق
双穗麻黄	shuāngsuì máhuáng	قوس ماساقشالى قىلشا
双尾目（双尾虫）	shuāngwěimù（shuāngwěichóng）	قوس قۇيرىقتىلار، اشا قۇيرىقتىلار
双悬果	shuāngxuánguǒ	قوس سالىنشا جەمىس
双杂交种	shuāngzájiāozhǒng	قوس بۇردان تۇقىم
双子叶纲	shuāngzǐyègāng	قوس جارناقتى
双子叶胚	shuāngzǐyèpēi	قوس جارناقتى ۇرىق
双子叶植物	shuāngzǐyè zhíwù	قوس جارناقتى وسىمدىك
双子叶植物纲	shuāngzǐyèzhíwùgāng	قوس جارناقتى وسىمدىك كلاسى
霜冻	shuāngdòng	ۇسىك
水柏枝属	shuǐbǎizhīshǔ	بالعىن تۇسى
水布	shuǐbù	سۇ ارقىلى تاراتۇ
水草	shuǐcǎo	بالدىرلار
水菖蒲	shuǐchāngpú	ساسىق قوعا
水车前（龙舌草）	shuǐchēqián（lóngshécǎo）	سۇ جول جەلكەنى
水稻螟虫	shuǐdào míngchóng	كۇرىش جەزى كوبەلەگى
水底生植物	shuǐdǐshēng zhíwù	سۇ ٴتۇبى وسىمدىكتەرى
水冬瓜	shuǐdōngguā	قاباق ادىنا
水多气少	shuǐ duō qì shǎo	سۇ كوپ اۋا از
水肥	shuǐféi	سۇيقتىق تەڭايتقىش
水分子	shuǐfēnzǐ	سۇ مولەكۇلاسى
水分	shuǐfèn	سۇ قۇرامى
水分重	shuǐfènzhòng	سۇ سالماعى
水合物（水化物）	shuǐhéwù（shuǐhuàwù）	گيدرات
水化	shuǐhuà	گيدروليزدەنۇ
水桦	shuǐhuà	وەن قايىڭى
水黄皮（水流豆）	shuǐhuángpí（shuǐliúdòu）	جابايى اتبۇرشاق
水剂	shuǐjì	قيرشىق دوزا
水解	shuǐjiě	سۇدا ەرۇ

水解物	shuǐjiěwù	سۇدا ەرۆشى زاتتار
水芥菜	shuǐjiècài	سۇ سارباس قۇرايى
水库	shuǐkù	سۇ قويماسى
水莲花	shuǐliánhuā	لايكەك، ٴلالا
水蓼	shuǐliǎo	بۇرىش تاران، سۇ بۇرىش
水流黄	shuǐliúhuáng	تەكەندى تۇٴعىق
水柳	shuǐliǔ	وزەن تال
水麻属	shuǐmáshǔ	سۇ كەندەر تۇسى
水芒草（水莽草）	shuǐmángcǎo（shuǐmǎngcǎo）	سۇ باتپاق ٴشوپ
水媒	shuǐméi	سۇ ارقلى توزاڭدانۇ
水膜	shuǐmó	سۇ پەردەسى
水平抗性	shuǐpíng kàngxìng	تەگىس بەتتەك قارسى
水栖动物	shuǐqī dòngwù	سۇدا مەكەندەيتىن جانۇارلار
水青冈	shuǐqīnggāng	بەك
水曲柳	shuǐqūliǔ	سۇ شاعانى
水溶性	shuǐróngxìng	سۇدا ەريتىن
水溶性肥料	shuǐróngxìng féiliào	سۇدا ەريتىن تەڭايتقىش
水溶性维生素	shuǐróngxìng wéishēngsù	سۇدا ەرىگىش ۆيتامين
水杉	shuǐshān	بۇيشاك شىرشا
水生植物	shuǐshēng zhíwù	سۇ وسىمدىگى
水莎草	shuǐsuōcǎo	ارامقوعا
水田	shuǐtián	سۇلى اتىز
水田鼠	shuǐtiánshǔ	سۇ ەگەۇ قويىرشعى
水仙	shuǐxiān	ناركوس گول
水香	shuǐxiāng	سۇ سۋيقى
水羊草	shuǐyángcǎo	شابىندىق بەتەگە، سۇ بەتەگە
水杨	shuǐyáng	جىلاۇىق تال
水杨梅	shuǐyángméi	سۇ بۇرعەن
水榆	shuǐyú	سۇ شەتەنى
水芋	shuǐyù	اققانات ٴشوپ
水云母	shuǐyúnmǔ	سۇلى شىرىمتال
水藻	shuǐzǎo	تامىر ٴشوپ، قالقىما ٴشوپ
水泽马先蒿	shuǐzé mǎxiānhāo	سازقاندىگۇل
睡莲	shuìlián	تۇٴعىق، سۇلاما تۇٴعىق
睡眠	shuìmián	ۇيقى، ۇزاق ۇيقى
睡鼠	shuìshǔ	ماجۇن تىشقان

顺次取样	shùncì qǔyàng	ٴبىر بەتكە ٴولگى الۋ
顺利	shùnlì	ٴساتتى
顺序	shùnxù	ٴتارتبى
顺序选择	shùnxù xuǎnzé	رەتى بويىنشا سۇرىپتاۋ
说明	shuōmíng	ٴتۇسىندىرۋ
蒴果	shuòguǒ	قاۋاشاق جەمىسى
丝氨酸	sī'ānsuān	سەرين
丝草属	sīcǎoshǔ	موينيا تۇسى
丝虫	sīchóng	قىل قۇيرىقتار
丝瓜	sīguā	سۇ قيار، تالشقتى قاباق
丝黑穗病	sīhēisuìbìng	توزاڭدى قارا كۇيە
丝毛委陵菜	sīmáo wěilíngcài	جبىك قاز تاباق
丝石竹	sīshízhú	اق قاۋباق، ٴبە قاۋباق
丝腺	sīxiàn	تالشق بەز
丝叶芹	sīyèqín	قىرلى بالدىرعان
丝状根	sīzhuànggēn	جىپشەلى تامىر
丝状物	sīzhuàngwù	تالشق ٴتارىزدى زات
撕碎	sīsuì	تالقاندۋ
死地被物	sǐdìbèiwù	توسەنىش
死毛	sǐmáo	ٴولى ٴجۇن
死水	sǐshuǐ	توقتاۋ سۋ، ٴولى سۋ
死亡	sǐwáng	ٴولۋ
死亡率	sǐwánglù	ٴولىم مولشەرى
四倍体	sìbèitǐ	ٴتورت ەسەلى دەنە
四边景天	sìbiān jǐngtiān	ٴتورت جاقتى بوز كەلەم
四齿芥	sìchǐjiè	ٴتورت ٴتىسى
四齿苋	sìchǐxiàn	ٴتورت ٴتىس
四分孢子	sìfēn bāozǐ	ٴتورت بولەك سپورا
四分法	sìfēnfǎ	تورتكە ٴبولۋ ٴادىسى
四分体	sìfēntǐ	تەتراد، تورتتىك دەنە
四分体时期	sìfēntǐ shíqī	ٴتورت دەنەشەك مەزگىلى
四季草场放牧	sìjì cǎochǎng fàngmù	جىل بويى جايىلىمدا مال جايۋ
四季放牧场	sìjì fàngmùchǎng	ٴتورت ماۋسىمدى جايىلىمدار
四季轮牧	sìjì lúnmù	ٴتورت ماۋسىم اۋىستىرىپ جايۋ
四季牧场	sìjì mùchǎng	ٴتورت ماۋسىمدىق جايىلىم
四棱荠	sìléngjì	قىرلى جۇمىرشاق

四棱茎	sìléngjīng	ٴتورت قىرلى ساباق
四棱石竹	sìléng shízhú	ٴتۆرت قابىرشاقتى قالامپىر
四排黄芪	sìpái huángqí	ٴتورت قاتار تاسپا
四强雄蕊	sìqiáng xióngruǐ	ٴتورت كٷيشلى اتالىق
四室药	sìshìyào	ٴتورت ٷيالى توزاڭدىق
四眼负鼠	sìyǎn fùshǔ	ٴتورت كوزدى تىشقان
四叶葎	sìyèlǜ	ٴتورت جاپىراقتى قىزىل بوياۋ
四足类	sìzúlèi	ٴتورت اياقتىلار
饲槽	sìcáo	وقىر، جەمدان
饲草	sìcǎo	مال ازىعى، پىشەن، جەم ـ ٴشوپ
饲料	sìliào	جەم ـ ٴشوپ، مال ازىعى
饲料仓库	sìliào cāngkù	جەم ـ ٴشوپ قويماسى
饲料成分	sìliào chéngfèn	جەم ـ ٴشوپ قۇرامى
饲料单位	sìliào dānwèi	جەم ـ ٴشوپ بىرلىگى، ازىقتىق بىرلىك
饲料定量	sìliào dìngliàng	جەم ـ ٴشوپ نورماسى
饲料粉碎机	sìliào fěnsuìjī	جەم ـ ٴشوپ جارمالاعىش
饲料混合	sìliào hùnhé	جەم ـ ٴشوپ ارالاستىرۋ
饲料混合机	sìliào hùnhéjī	جەم ـ ٴشوپ ارالاستىرعىش
饲料基地	sìliào jīdì	جەم ـ ٴشوپ بازاسى
饲料净能	sìliào jìngnéng	ازىقتىقتىڭ تازا ەنەرگياسى
饲料轮作	sìliào lúnzuò	جەم ـ ٴشوپتى اۋىسپالى ەگۋ
饲料配方	sìliào pèifāng	جەم ـ ٴشوپ دايىنداۋ رەتسەبى
饲料青贮法	sìliào qīngzhùfǎ	سۇرلەم باسۋ ٴادىسى
饲料全价性	sìliào quánjiàxìng	جەم ـ ٴشوپتىڭ قۇنارلىلىعى
饲料日粮	sìliào rìliáng	جەم ٴشوپتىڭ راتسيونى
饲料添加剂	sìliào tiānjiājì	جەم ـ ٴشوپ قوسپالار
饲料调制	sìliào tiáozhì	جەم ـ ٴشوپ ٴازىرلەۋ
饲料消化	sìliào xiāohuà	جەم ـ ٴشوپتىڭ قورتىلۋى
饲料制粒机	sìliào zhìlìjī	جەم ـ ٴشوپتى تٷيىرشىكتەۋ ماشيناسى
饲料中毒	sìliào zhòngdú	ازىقتان ٷلانۋ
饲料贮藏量	sìliào zhùcángliàng	جەم ـ ٴشوپ قورى
饲料作物	sìliào zuòwù	ازىقتىق داقىلدار
饲料作物病害	sìliào zuòwù bìnghài	جەم ـ ٴشوپ دەرتى
饲喂	sìwèi	ازىقتاندىرۋ، جەم ـ ٴشوپ بەرۋ
饲养法	sìyǎngfǎ	باعۋ ٴادىسى
饲养期	sìyǎngqī	ازىقتاندىرۋ مەزگىلى

饲用马铃薯	sìyòng mǎlíngshǔ	مال ازىقتىق كارتوپ
饲用粟	sìyòngsù	ٴيتقوناق
松柏	sōngbǎi	ەۋروپا ارشاسى
松虫草	sōngchóngcǎo	اسەم قوتروت
松大象甲	sōngdàxiàngjiǎ	ماي قاراعاي سۆكەنى
松紧状况	sōngjǐn zhuàngkuàng	بوستىق نەعىزدىق احۋالى
松科	sōngkē	قاراعاي، سامىرسىن
松兰（板蓝根）	sōnglán（bǎnlángēn）	قاس بوياۋ
松萝	sōngluó	قاراعاي قوتروت
松毛虫	sōngmáochóng	سامىرسىن جەبەك كوبەلەگى
松青蛾	sōngqīng'é	قىلتان جاپىراقتى اعاش ٴۇلى كوبەلەگى
松球	sōngqiú	قاراعاي بۇرشگى
松球掌	sōngqiúzhǎng	دومالاق سۆتتەنگەن
松散性	sōngsǎnxìng	بوستىق قاسيەت
松沙土	sōngshātǔ	قۇمدى بوس توپىراق
松属	sōngshǔ	قاراعاي تۇسى
松鼠	sōngshǔ	كادىمگى تيىن، تيىن
松鼠科	sōngshǔkē	تيىن تۇقىمداس
松土	sōngtǔ	توپىراق بوساتۋ
松下兰属	sōngxiàlánshǔ	شىرشا ٴشوپ تۇسى
松香油	sōngxiāngyóu	ۆيتامين A
松象甲	sōngxiàngjiǎ	قاراعاي ٴبىز تۇمسىق قوڭىزى
松叶牡丹	sōngyè mǔdān	قۇتان ٴشوپ
松叶猪毛菜	sōngyè zhūmáocài	قاراعاي جاپىراقتى سوراك
松夜蛾	sōngyè'é	قاراعاي سايتان كوبەلەگى
松脂	sōngzhī	ٴشايىر
嵩草	sōngcǎo	قارا سىرىق
苏氨酸	sū'ānsuān	ترەوتين
苏丹草	sūdāncǎo	سۇدان ٴشوبى
酥油草	sūyóucǎo	بەتەگە، قوي بەتەگە
素质（素因）	sùzhì（sùyīn）	الدىن ـ الا بەيىمدەلىك
速度	sùdù	قارقىنى
速率	sùlǜ	قارقىن مولشەرى
速生树种	sùshēng shùzhǒng	تەز وسەتىن اعاش
速效肥料	sùxiào féiliào	تەز ٴونىمدى تىڭايتقىش
速效态钾	sùxiàotàijiǎ	تەز ٴونىمدى كالي

宿萼	sù'è	تۇراقتى توستاعانشا
宿根	sùgēn	تۇراقتى تامىر
宿根亚麻	sùgēn yàmá	كوپ جىلدىق زىعىر
宿住	sùzhù	يە، قوجا
粟草	sùcǎo	تارشىق
粟茎跳甲	sùjīng tiàojiǎ	قوناق قوڭىزى
粟米草属	sùmǐcǎoshǔ	شەعىرشىق تۇمسى
嗦囊	sùnáng	جەم قالتاسى
塑料布	sùliàobù	سۇليايۇ بۇل
酸	suān	قىشقىل
酸化	suānhuà	قىشقىلدانۇ
酸碱	suānjiǎn	قىشقىل ستلتلىك ph ٴمانى
酸碱度	suānjiǎndù	قىشقىل سلتلىك دارەجەسى
酸碱平衡	suānjiǎn pínghéng	قىشقىل ٴسلتىننڭ تەپە ـ تەڭدىگى
酸梅	suānméi	قارا ورىك، كادىمگى قارا ورىك
酸模	suānmó	قىمىزدىق، ات قوناق
酸模叶蓼	suānmó yèliǎo	قىمىزدىق جاپىراقتى تاران
酸性	suānxìng	قىشقىلدىق قاسيەت
酸性饲料	suānxìng sìliào	قىشقىل جەم ـ ٴشوپ
酸性土	suānxìngtǔ	قىشقىل توپىراق
酸枣	suānzǎo	شىلان
蒜（大蒜）	suàn（dàsuàn）	ٴۇ ساريمساق
蒜藜芦	suànlílú	اق تامىر ٴداري، اق تومار ٴداري
蒜属	suànshǔ	ساريمساق تۇمسى
随拌随播	suí bàn suí bō	ٴبىر جاعىنان ارالاستىرىپ، ٴبىر جاعىنان ەگۇ
随机分布	suíjī fēnbù	رەتسىز تارالۇ
随机分布型	suíjīfēnbùxíng	رەتسىز تارالۇ فورماسى
随机取样	suíjī qǔyàng	كەز ـ كەلگەننەن ٴۇلگى الۇ، قالاعاننانشا ٴۇلگى الۇ
随体	suítǐ	ساتەلليتا، سەربىك دەنە
髓	suǐ	وزەك، ٴۇلپا
髓细胞	suǐxìbāo	سەربىك كلەتكا
碎土	suìtǔ	توپىراقتى ۇساتۇ
穗	suì	ماساق
穗发草	suìfācǎo	ماساقتى ساز سەلدىرلىك
穗花棘豆	suìhuā jídòu	ماساق گۇل كەكىرە، ماساقگۇل
穗花婆婆纳	suìhuā póponà	ماساقتى بەتپەلدىق
穗碱芽	suìjiǎnyá	ماساقتى اق مامىق

穗三毛	suìsānmáo	ماساقتى ٴۇش قىلتان
穗蝇	suìyíng	جەبە شىبىنى
穗状寒生羊茅	suìzhuàng hánshēng yángmáo	كۇنلۇن بەتەگە
穗状花冠	suìzhuàng huāguān	ماساق كۇلتە
穗状花序	suìzhuàng huāxù	جاي ماساق
穗状鳞	suìzhuànglín	ماساق قابىرشەعى (ماساقشانىڭ سىرتقى قاباتى)
损伤	sǔnshāng	زاقىمدالۇ
损失	sǔnshī	زيان
损失估计	sǔnshī gūjì	زيانسن مەجەلەۇ
莎草	suōcǎo	سالەم ٴشوپ، ولەك قايىق
莎草科	suōcǎokē	قياق ولەك تۇقىمداستار
梭梭	suōsuō	اق سەكسەۇىل، قىڭىراق
缩二脲	suō'èrniào	بيروت
锁阳	suǒyáng	ەسەك جەم

溚草	tǎcǎo	قوي تارلاۇ
胎	tāi	ۇرىق، ٴىشتەگى ٴتول
胎萌	tāiméng	بالاشقتانۇ
胎萌植物	tāiméng zhíwù	بالاشقتايتىن وسىمدىكتەر
胎生	tāishēng	ۇرىقتان كوبەيۇ
胎生早熟禾	tāishēng zǎoshúhé	تاڭەرتەڭگى قوڭىر باس
胎座	tāizuò	تۇقىم ٴبۇر كەندىگى
胎座式	tāizuòshì	پلاتسەنتاتسيا
苔草	táicǎo	قياق ولەك
苔纲	táigāng	باۇىر مۇكتەر
苔景天	táijǐngtiān	مۇكتى بوزكەلەم
苔藓	táixiǎn	مۇك، سارباۇىر مۇك
苔藓虫纲	táixiǎnchónggāng	مشاتكالار
苔藓植物门	táixiǎnzhíwùmén	مۇك تارىزدىلەر
太阳虫目	tàiyángchóngmù	كۇن تارىزدىلەر
太阳辐射	tàiyáng fúshè	كۇن نۇرى
太阳花	tàiyánghuā	كۇن تۇدى، قوتان ٴشوپ
肽（缩氨酸）	tài（suō'ānsuān）	پەيتيد

肽基	tàijī	پەيتىد گرۇپباسى
肽酶	tàiméi	پەيتىدازا
贪青	tānqīng	كوگەربس تۆربس الۇ
摊草机	tāncǎojī	ٔشوپ جينايتىن ماشينا
滩贝母	tānbèimǔ	ٔشوپ سەكپىل كۆلى
滩地韭	tāndìjiǔ	تاۇ جۇا
瘫痪	tānhuàn	سالدانۇ
坛状叶	tánzhuàngyè	قاۇعا جاپىراق
檀香	tánxiāng	ساندال اعاش
檀子树	tánzǐshù	بارون ھەمنى
探春花（迎夏）	tànchūnhuā（yíngxià）	جاسەمين گۆل
碳	tàn	كومىر
碳氮比	tàndànbǐ	كومىرتەگى مەن ازوتتىڭ سالىسترماسى
碳水化合物	tànshuǐ huàhéwù	كومىر ـ سۇ قوسىلىستارى
碳素循环	tànsù xúnhuán	كومىرتەگىنىڭ اينالىسى
碳酸钠	tànsuānnà	كومىر قشقىل ناترى
碳酸氢铵	tànsuānqīng'ǎn	قشقىل كومىر قشقىل اممونى
唐松草（白蓬草）	tángsōngcǎo（báipéngcǎo）	مارال وت، كوك گۆل كەركىرە
棠梨（杜梨）	tánglí（dùlí）	جابايى المۇرت، قوڭىر المۇرت
塘泥	tángní	كولشكتەگى بالشق
搪瓷盘	tángcípán	پارفور تاباق
糖	táng	قانت
糖分	tángfèn	قانت قۇرامى
糖芥	tángjiè	اقباس قۇراي
糖类	tánglèi	قانت تۆرلەرى
糖萝卜	tángluóbo	قانت قزلشاسى
糖性植物	tángxìng zhíwù	قانتتى وسىمدىكتەر
糖原	tángyuán	گيگوگەن
螳螂（大刀螂）	tángláng（dàdāoláng）	تاۇەت، داۇەت
绦虫纲	tāochónggāng	تاسپا قۇرتتار
桃（桃子）	táo（táozi）	شاپتول
桃仁	táorén	شاپتول ٔدانى
桃色忍冬	táosè rěndōng	شينجياك ۇشقاتى
桃属	táoshǔ	شاپتول تۇسى
桃蚜	táoyá	شاپتول بتەس
桃叶蓼	táoyèliǎo	ايلان ٔشوپ تاران

套播（套作）	tàobō（tàozuò）	كرىستسترپ ەگؤ
套耕	tàogēng	باستىرا جىرىتؤ
套接	tàojiē	قاپتاپ تەلؤ
套芽接（环状芽接）	tàoyájiē（huánzhuàng yájiē）	بؤرشگىن كرىستسترپ تەلؤ (بؤرشگىن ساقينالاپ تەلؤ)
套种	tàozhòng	جؤپتاپ ەگؤ
特肥地	tèféidì	ەرەكشە قؤنارلى جەر
特殊	tèshū	ەرەكشە
特异性	tèyìxìng	وزگەشەلىك
特有种	tèyǒuzhǒng	ەرەكشە ٴتۇر
特征	tèzhēng	ەرەكشەلىك، ەرەكشەلگى
特征种	tèzhēngzhǒng	ورتاق ٴتۇر
藤本植物	téngběn zhíwù	سؤلاما ساباقتى وسمدىك
藤黄科	ténghuángkē	شايىقؤرايلار تؤقمداس
藤萝	téngluó	ۋيس تاريا
藤麻黄	téngmáhuáng	شرمالعش قلشا
梯翅蓬	tīchìpéng	بوز سوراك
梯牧草	tīmùcǎo	اتقوناق اقسوقتا
梯田	tītián	ساتىلى اتىز
提供	tígōng	قامداؤ
体壁	tǐbì	دەنە قابىقشاسى
体段	tǐduàn	دەنە بولەگى
体格	tǐgé	تؤرقى، ٴبتمى
体积	tǐjī	كولەمى
体节	tǐjié	دەنە بؤنى
体腔	tǐqiāng	دەنە قؤسى
体躯	tǐqū	ۇلى دەنەسى، تؤرقى
体系	tǐxì	تؤلعا جؤيەسى
体细胞	tǐxìbāo	دەنەلىك كلەتكا
体形	tǐxíng	سمباتى
体型	tǐxíng	دەنەلىك ٴتيپ، دەنە ٴتيپى
体质	tǐzhì	سوما
体质健壮	tǐzhì jiànzhuàng	ٴبتمى مىقتى، دەنى ساؤ
体重	tǐzhòng	دەنە سالماعى
天蚕	tiāncán	جاپونيا جبەك كۇبەلەگى
天蚕蛾	tiāncán'é	ۇكى كوز شبىن

天敌	tiāndí	جاراتىلستىق جاۋ
天敌调查	tiāndí diàochá	قاس جاۋىن تەكسەرۋ
天冬草（天门冬）	tiāndōngcǎo（tiānméndōng）	قويان ٴشوپ، قاسقىر جەم
天蛾	tiān'é	بۇرشاق كوبەلەگى
天蛾科	tiān'ékē	توره كوبەلەك تۇقىمداس
天芥菜	tiānjiècài	سۇيەل جازار
天蓝飞蓬	tiānlán fēipéng	كوكشىل مايدا جەلەك
天蓝苜蓿	tiānlán mùxu	قولماق بەدە
天蓝羊茅	tiānlán yángmáo	تايپاق بەتەگە
天罗絮（天丝瓜）	tiānluóxù（tiānsīguā）	تالشىقتى قاباق
天麻	tiānmá	قىزىل كەندىر
天南星	tiānnánxīng	ارۆيد
天牛科	tiānniúkē	ۇزىن مۇرتتى قوڭىز تۇقىمداسى
天平	tiānpíng	تارازى
天然草地	tiānrán cǎodì	تابيعي جايىلىم
天然放牧场	tiānrán fàngmùchǎng	جاراتىلستىق جايىلستار
天然肥力	tiānrán féilì	تابيعي قۇنارلىق
天然割草场	tiānrán gēcǎochǎng	تابيعي شاپپالىق
天然林	tiānránlín	تابيعي ورمان
天然牧草	tiānrán mùcǎo	دالا ٴشوبى، جاراتىلستىق ٴشوپ
天然饲料基地	tiānrán sìliào jīdì	تابيعي جەم ـ ٴشوپ بازاسى
天然性	tiānránxìng	تابيعيلىق
天然植被	tiānrán zhíbèi	تابيعي وسىمدىك جامىلعىسى
天山方枝柏	Tiān Shān fāngzhībǎi	بالعىن ارشا، تيانشان ارشاسى
天山桦	tiānshānhuà	تيانشان قايىڭى
天山黄鼠	Tiān Shān huángshǔ	تيانشان سار شؤناعى
天山棘豆	Tiān Shān jídòu	تيانشان كەكرەسى
天山卷耳	Tiān Shān juǎn'ěr	تيانشان ٴمۇيىز ٴشوبى
天山赖草	Tiān Shān làicǎo	تيانشان قياعى
天山林鼠	Tiān Shān línshǔ	تيانشان تاۋ تىشقانى
天山琉璃草	Tiān Shān liúlicǎo	تيانشان بوتا كوزى
天山丝石竹	Tiān Shān sīshízhú	تيانشان اق قالامپىر
天山邪蒿	Tiān Shān xiéhāo	تيانشان ٴهشكى بالدىرعانى
天山野青茅	Tiān Shān yěqīngmáo	تيانشان قۆراعى
天山隐子草	Tiān Shān yǐnzǐcǎo	تيانشا سەلدەر ٴشوبى
天山罂粟	Tiān Shān yīngsù	تيانشان كوكنارى

天山樱桃	Tiān Shān yīngtao	تيانشان شيەسى
天山羽衣草	Tiān Shān yǔyīcǎo	تيانشان تەڭگە جاپىراعى
天山郁金香	Tiān Shān yùjīnxiāng	تيانشان قىزعالداسى
天山圆柏	Tiān Shān yuánbǎi	قىزىل ارشا، ساۋىر ارشاسى
天山云杉	Tiān Shān yúnshān	تيانشان شرشاسى
天山猪毛菜	Tiān Shān zhūmáocài	تيانشان سوراڭى
天仙子	tiānxiānzǐ	مەڭدۇانا
天竺葵	tiānzhúkuí	بەلارگونيا
添加	tiānjiā	قوسپا
添加剂	tiānjiājì	ۇستەمەلەر، قوسپالار
添加物	tiānjiāwù	ۇستەمە زات، قوسپا زات
田白芥	tiánbáijiè	ۇلى قىشى
田边	tiánbiān	اتىز جاعاسى
田刺芹	tiáncìqín	اتىز كوكباسى
田大戟	tiándàjǐ	ەگستەك سۇتتىگەنى
田繁缕	tiánfánlǚ	بەرگيا
田基麻科	tiánjīmákē	سۇ جاپىراقتار تۇقىمداسى
田荠	tiánjì	ەگستەك سارقالۇ ەنى
田间	tiánjiān	اتىز
田间持水量	tiánjiān chíshuǐliàng	اتىزداعى سۇ ساقتاۇ مولشەرى
田间调查	tiánjiān diàochá	اتىزدا تەكسەرۇ
田间试验	tiánjiān shìyàn	اتىزدىق سىناق
田间菟丝子	tiánjiān tùsīzǐ	دالا ارام سوياۇى، ماسىل شەرماۇنق
田芥菜	tiánjiècài	اتىز قىشسى
田蓼	tiánliǎo	شەعىس تاراتى
田鹨	tiánliù	بوز تورعاي
田麻科	tiánmákē	جوكە اعاش تۇقىمداسى
田三叶草	tiánsānyècǎo	اتىز بەدەسى
田鼠	tiánshǔ	سۇرى تىشقان، توقال عتىسى، كور تىشقان
田鼠亚科	tiánshǔ yàkē	اتىز تىشقان قوسالقى تۇقىمداسى
田蒜芥	tiánsuànjiè	بيىك سارباس قۇراي
田庭荠	tiántíngjì	ەگستەك مايداشتەرى
田旋花	tiánxuánhuā	ەگستەك شەرماۇعى
田鼬鼠	tiányòushǔ	عتۇز تىشقانى
田皂角（合萌）	tiánzàojiǎo（héméng）	قارتا جاپىراق
甜菜	tiáncài	قانت قىزىلشاسى

甜菜盲蝽	tiáncài mángchūn	قىزىلشا قاندالاسى
甜菜潜叶蝇	tiáncài qiányèyíng	قىزىلشا ۇڭگىمە شىبنى
甜菜糖	tiáncàitáng	قىزىلشا قانتى، قامس قانتى
甜菜象	tiáncàixiàng	قىزىلشا ٴپىل تۆمسعى
甜菜象虫	tiáncài xiàngchóng	قىزىلشا ٴبىز تۆمسعى
甜菜夜蛾	tiáncài yè'é	قانت قىزىلشا جىندى كوبەلەگى
甜菜子	tiáncàizǐ	جاعمدى جؤسان
甜橙（黄果）	tiánchéng（huángguǒ）	اپەلسىين
甜瓜	tiánguā	قاۋۇن، بال قاۋۇن
甜芥	tiánjiè	قارا قومىق
甜萝卜	tiánluóbo	قانت قىزىلشاسى
甜茅	tiánmáo	مىيا ٴدانى
甜香花草	tiánxiāng huācǎo	اقشامگۉل
甜杨	tiányáng	بالزامدى تەرەك
甜樱桃	tiányīngtao	قىزىل شیه، ٴتاتتى شیه
填料	tiánliào	تولقتىرعەش
填饲	tiánsì	جەمدەۋ، بورداقلاۋ
填图法	tiántúfǎ	قارىتاعا ٴتۆسىرۋ
填土	tiántǔ	توپىراق تولتىرۋ
条播	tiáobō	قاتارلاپ ەگۋ
条件	tiáojiàn	شارت ـ جاعداي
条施	tiáoshī	شونەكتەپ تىڭايتقىش بەرۋ
条纹根瘤象	tiáowén gēnliúxiàng	جولاقتى تامىر ٴپىل تۆمسعى
条纹黄芪	tiáowén huángqí	الا تاسپا
条纹松鼠	tiáowén sōngshǔ	الا تيىن
条纹亚麻	tiáowén yàmá	بۆيرا زعەر
调节	tiáojié	تەڭشەۋ
调节剂	tiáojiéjì	تەڭشەگش
调节器	tiáojiéqì	تەڭشەگش اسبابى
调整草场	tiáozhěng cǎochǎng	جايلىمدى رەتكە سالىپ تەڭشەۋ
调制干草	tiáozhì gāncǎo	پىشەن ۋڭدەۋ
跳虫目	tiàochóngmù	اياق قۇيرىقتىلار
跳甲	tiàojiǎ	ٮرشىتىن قوڭىز
跳甲亚科	tiàojiǎ yàkē	توپىراق بۆرگەسى
跳鼠	tiàoshǔ	قوساياق
跳鼠科	tiàoshǔkē	قوساياق تۆقىمداسى

跳跃	tiàoyuè	سەكىرۇ
跳跃足	tiàoyuèzú	سەكىرەتىن اياق
跳蚤	tiàozao	بۆرگە
贴苞灯芯草	tiēbāo dēngxīncǎo	دارىلىك قورعاسىن
铁	tiě	تەمىر
铁荸荠	tiěbíqi	جەر جۇمىرشاق
铁齿苋	tiěchǐxiàn	تاۋسار شولاق
铁秆蒿	tiěgǎnhāo	مامىق استىرا، تەمىرتەك
铁皮瓜	tiěpíguā	قارا قاۋىن
铁树	tiěshù	تەمىر اعاش
铁刷子	tiěshuāzi	سنا جاپىراقتى توبىلعى
铁锨	tiěxiān	كۆرەك
铁线虫	tiěxiànchóng	تۆكتى قورتتار
铁线蕨	tiěxiànjué	شولپان شاش، ٴسۇمبىل
铁线莲	tiěxiànlián	ۇشسىرماۋۇق، جىپىلگەن
铁仔状柳	tiězǎizhuàngliǔ	قاتپا تال، شاعىر تال
听觉	tīngjué	ەستۇ
听觉器	tīngjuéqì	ەستۇ مۇشەلەرى
听泡	tīngpào	ەستۇ كوپىرشگى
庭荠	tíngjì	جالاۋشا
庭荠属	tíngjìshǔ	جاۋلشا (مايدا شتەر) تۇسى
停止	tíngzhǐ	توقتاۋ
停止放牧	tíngzhǐ fàngmù	مال جايماۋ
停滞	tíngzhì	توقتاۋ
葶苈	tínglì	موتتانا، كرۇپكا
挺水植物	tǐngshuǐ zhíwù	سۇدا تىك ۆسەتىن وسىمدىك
通常	tōngcháng	ادەتتە
通风透光	tōngfēng tòuguāng	جال وتپەيتىن نۇردىك ٴتۇسۇى
通梗花	tōnggěnghuā	شىرماۋۇق ابەليا
通经草	tōngjīngcǎo	تالاق ٴداري، قارا ساعات
通气根	tōngqìgēn	تىنىس تامىر
通气性	tōngqìxìng	اۋا وتگىزكىشتىگى
通气组织	tōngqì zǔzhī	اۋا تىكان، كەۋەك تىكان
通水组织	tōngshuǐ zǔzhī	سۋلى تىكان، ھيتتەما
通透性	tōngtòuxìng	وتكىزكىشتىگى
同苞性（两性）	tóngbāoxìng（liǎngxìng）	قوس جىنىستىلىق

同齿樟味藜	tóngchǐ zhāngwèilí	‹تىستى قارا ماتاۋ
同翅蝴蝶	tóngchì húdié	تەڭ قاناتتى كوبەلەك
同翅目	tóngchìmù	تەڭ قاناتتىلار
同等	tóngděng	ۋقساس دارەجەلى
同化淀粉	tónghuà diànfěn	اسيمليياتسيا كراحمالى
同化物	tónghuàwù	ورگانيكالىق زات
同化作用	tónghuà zuòyòng	اسيمليياتسيا
同脉亚目	tóngmài yàmù	تەڭ قاناتتى كوبەلەكتەر
同配生殖	tóngpèi shēngzhí	ۋقساس گامەتادان كوبەيۋ
同时出现	tóngshí chūxiàn	ۋقساس ۋاقتتا كورنۋ
同形孢子	tóngxíng bāozǐ	تەڭ سپورالار
同形配子	tóngxíng pèizǐ	يزو گامەتا
同型	tóngxíng	ۋقساس ‹تيپ، گومەويتپ
同型分裂	tóngxíng fēnliè	ۋقساس تيپتى ‹بولىنۋ
同型花传粉	tóngxínghuā chuánfěn	لەگيتمدى توزاڭدانۋ
同源	tóngyuán	گومولولگيا، ‹بىر تەكتەس
同源染色体	tóngyuán rǎnsètǐ	‹بىر تەكتەس گوموسوما
同质	tóngzhì	‹بىر تەكتى، ‹بىرىڭعاي
同种生物	tóngzhǒng shēngwù	‹بىر تۇردەگى ورگانيزم
同种异花受精	tóngzhǒng yìhuā shòujīng	‹بىر تۇپتە باسقا گۇلدەن توزاڭدانۋ
同种异型	tóngzhǒng yìxíng	‹تۇرى ۋقساس ‹تيپى باسقا
茼蒿	tónghāo	اسەم شاقشا باسى
桐麻	tóngmá	اق كەندىر، بۇيرا كەندىر
铜	tóng	مىس
铜绿丽金龟	tónglǜ lìjīnguī	جاسىل جولاقتى قوڭىز
统计	tǒngjì	ساناققا الۋ
统计洞口法	tǒngjìdòngkǒufǎ	‹ىن اۋزىن ساناۋ ‹ادىسى
统一	tǒngyī	‹بىر تۋتاس
筒状萼	tǒngzhuàng'è	تۇتكشە گۇل توستاعانشا
筒状花	tǒngzhuànghuā	تۇتكشە گۇل
筒状花冠	tǒngzhuàng huāguān	تۇتكتى كۇلتە
头顶	tóudǐng	توبە
头冠缝	tóuguānfèng	‹تاجى جاپسارى
头壳	tóuké	باس قاڭقا
头式	tóushì	باس فورماسى
头状花霞草	tóuzhuànghuā xiácǎo	باستى اققاڭباق

头状花序	tóuzhuàng huāxù	باستى گۈل شوعـرى
头状蓼	tóuzhuàngliǎo	شاتـىر باس تاران
头状雀麦	tóuzhuàng quèmài	باستى مۆرتـق
头足纲	tóuzúgāng	باس اياقتـىلار
投药	tóuyào	دارىلـەۋ
透翅蛾	tòuchì'é	شنى قاناتتـىلار
透明质	tòumíngzhì	ٴمولدىر پلازما
透气性	tòuqìxìng	اۋا ٴوتكـزگـشتـك
透水性	tòushuǐxìng	سۇ ٴوتكـزگـشتـك
凸脉	tūmài	ٴدولـك تامـىر
突变	tūbiàn	كەنەت ٴوزگەرۋ
突变频率	tūbiàn pínlǜ	كەنەت ٴوزگەرۋ جيلـگى
突变体（突变型）	tūbiàntǐ（tūbiànxíng）	كەنەت ٴوزگەرگەن دەنە
突出	tūchū	كورنەكتى
屠宰场	túzǎichǎng	سويسحانا
土笔	tǔbǐ	ٴۇ قىرىق بۇ'ن
土鳖虫	tǔbiēchóng	جەر كەنەسى
土拨鼠	tǔbōshǔ	سۋىر، بايپاق سۋىر
土层	tǔcéng	توپىراق قاباتى
土地	tǔdì	جەر جۇمـىرشاق
土豆	tǔdòu	كارتوپ
土蜂科	tǔfēngkē	توپىراق ارا تۇقـىمداسى
土荆芥	tǔjīngjiè	قاز تابان الابوتا
土粒	tǔlì	توپىراق تۇيـىرشـگى
土木香	tǔmùxiāng	قارانـدىز
土丘	tǔqiū	توپىراق ٴوىينـدىسى
土壤	tǔrǎng	توپىراق
土壤处理	tǔrǎng chǔlǐ	توپىراقتى ٴبىر جايلى ەتۇ
土壤地带性	tǔrǎng dìdàixìng	توپىراق زونالـعى
土壤剖面	tǔrǎng pōumiàn	توپىراقـتـك كەسپە بەتى
土壤沙化	tǔrǎng shāhuà	توپىراقـتـك قيرشقتانۇى
土壤筛	tǔrǎngshāi	توپىراق سـەزگىسى
土壤渗透性	tǔrǎng shèntòuxìng	توپىراقـتـك وتكـزگشتـگى
土壤施药	tǔrǎng shīyào	توپىراق دارىلـەۋ
土壤水	tǔrǎngshuǐ	توپىراق ٴلـعالدىعى
土壤条件	tǔrǎng tiáojiàn	توپىراق شارت ـ جاعدايى

土壤通气	tǔrǎng tōngqì	توپىراق ئاۋا ئالماستۇرۇشى
土壤习居菌	tǔrǎng xíjūjūn	توپىراقتا مەكەندەيدىغان باكتېرىيە
土壤盐渍度	tǔrǎng yánzìdù	توپىراقنىڭ سورلىلىقى
土壤因素	tǔrǎng yīnsù	توپىراق فاكتورى
土三七（三七草）	tǔsānqī（sānqīcǎo）	گىيۇرا
土生土长	tǔshēng tǔzhǎng	جەرلىك، شۇ جەردە ئۆسۈپ ـ ئونگەن
土体	tǔtǐ	توپىراق دەنەسى
土温	tǔwēn	توپىراق تېمپېراتۇراسى
土重	tǔzhòng	توپىراق سالماقى
土著生物	tǔzhù shēngwù	جەرلىك بايېرغى ئورگانىزم
土钻	tǔzuàn	توپىراق بۇرغىسى
吐穗期	tǔsuìqī	باش چىقارۇ مەزگىلى
吐絮期	tǔxùqī	قاۋۇشاق ئېچىش مەزگىلى
兔唇花	tùchúnhuā	قويان ئېرىن گۈل، قوياننجېرىق
兔耳草	tù'ěrcǎo	قويانقۇلاق
兔儿条	tù'ertiáo	توبۇلغى
兔儿尾苗	tù'erwěimiáo	ئۈشۈن جاپىراقتى بودەنە ئوشۇپ
兔蝠	tùfú	قالقان قۇلاق جارغانات
兔苣	tùjù	قويان قالۆەن
兔科	tùkē	قويان تۇقۇمداشى
兔类	tùlèi	قويان پىشندەشى
兔尾鼠	tùwěishǔ	سارشولاق تېشقان، الاقۇرغۇن
兔形目	tùxíngmù	قوياندار، قويان تارىزدىلەر
兔形鼠	tùxíngshǔ	قويان ئتارىزدى تېشقان
菟丝子	tùsīzǐ	ماسىل شرمائۇڭ
团聚力	tuánjùlì	توپتاشۇ كۈشى
团粒	tuánlì	توپتى تۈيرەشەك
推迟	tuīchí	كەشەۋۈلدەتۈ
腿	tuǐ	اياق، سىراق، بوربايى، بالتىر، سان
腿口纲	tuǐkǒugāng	اياق ئۈزدىلار
退耕还草	tuìgēng huáncǎo	ئېگىستەك جەردى جايلىمعا قايتارۇ
退耕还林	tuìgēng huánlín	ئېگىستەك جەردى ورمانغا قايتارۇ
退化	tuìhuà	ازعنداۇ، جۇيىلۇ، شەگەنۇ
退化草场	tuìhuà cǎochǎng	جۆتاغان جايلىم
退化草地	tuìhuà cǎodì	جۆتاغان جايلىم
退化器官	tuìhuà qìguān	جۇيىلغان مۈشە

退化雄蕊(不育雄蕊)	tuìhuà xióngruǐ（bùyù xióngruǐ）	توزاڭسىز اتالىق تۆلەۇ
蜕	tuì	تۆلەۇ
蜕化	tuìhuà	جاڭلانۇ، وزگەرۇ
蜕裂线	tuìlièxiàn	تۆلەۇ سىزىعى
蜕皮	tuìpí	قابعىن تاستاۇ، تەرىسىن تاستاۇ
蜕皮腺	tuìpíxiàn	قابىق تۆلەۇ بەزى
褪色	tuìsè	وڭزدەنۇ
吞食	tūnshí	قلعۇ
吞噬	tūnshì	جۇتۇ
吞噬细胞	tūnshì xìbāo	جۇتقىش كلەتكا
豚草属	túncǎoshǔ	جۇسان جاپىراق تۇسى
豚鼠	túnshǔ	شوشقا تىشقان، تەڭىز شوشقاسى
臀角	túnjiǎo	قۇيرىق بۇرىش
臀脉	túnmài	قۇيرىق تامىر
臀褶	túnzhě	قۇيرىق قاتپار
臀足	túnzú	بوكسە اياق
托叶	tuōyè	بوپە جاپىراق، جاپىراق سەرىگى
托叶鞘	tuōyèqiào	بوپە جاپىراق قىناپشاسى
拖拉机牵引(割草机)	tuōlājī qiānyǐn（gēcǎojī）	تىركەمەلى ٴشوپ ماشينا
脱肠草	tuōchángcǎo	جارىق ٴدارى، جۇمساق سابىن ٴشوپ
脱出(脱垂)	tuōchū（tuōchuí）	ٴتۇسۇ، شەعۇ
脱氮	tuōdàn	ازوتسىزدانۇ
脱氮菌	tuōdànjūn	ازوتتسىزداندىرعىش باكتەرياللار
脱肥	tuōféi	قۇنارسىزدانۇ
脱氟磷肥	tuōfú línféi	فتورسىز فوسفورلى تىڭايتقىش
脱喙荠属	tuōhuìjìshǔ	قالدىراق تۇسى
脱粒	tuōlì	قىرمان سوعۇ، ٴدانىن اقتاۇ
脱皮	tuōpí	قابىق تۆلەۇ
脱皮腺	tuōpíxiàn	قابىق تۆلەتكىش بەز
脱色	tuōsè	ٴتۇسى قايتۇ، اق تاڭلاقتانۇ
脱水	tuōshuǐ	سۇسىزدانۇ
脱盐	tuōyán	تۇزسىزداندىرۇ
脱氧核糖核酸	tuōyǎng hétáng hésuān	وتتەكسىزدەندىرىلگەن ريبو نيۇكۆلين قىشقىلى
驼	tuó	تۆيە، تۆيەلەر
驼绒藜	tuórónglí	تەرىسكەن
椭圆叶天芥菜	tuǒyuányè tiānjiècài	سوپاقشا سۇيەل جازار

椭圆叶野滨藜	tuǒyuányè yěbīnlí	سوپاق جاپراقتى كوكپەك
唾道	tuòdào	سلەكەي بەز جولى
唾腺	tuòxiàn	سلەكەي بەز
唾液	tuòyè	سلەكەي
唾液腺	tuòyèxiàn	سلەكەي بەزى

挖洞	wā dòng	ٸن قازۇ
挖掘	wājué	قازۇ
挖土	wā tǔ	توپراق قازۇ
洼瓣花	wābànhuā	لويديا
瓦莲属	wǎliánshǔ	جەر تارعاق تۇسى، ٸتۇبىر تەك تۇسى
瓦松	wǎsōng	قاسقىر جەم، تاۇ سارىمساق
歪头菜	wāitóucài	ٸبىر جۇباي بۇرشاق
外壁	wàibì	سىرتقى قابات (توزاڭ بۇيىرلەرى مەن سفورمانىڭ سىرتقى قاباتى) كورىنسى
外表	wàibiǎo	سىرتقى كورىنس
外表皮	wàibiǎopí	سىرتقى بەتكى قابىقشا
外侧	wàicè	سىرتقى ٸبۇيىر، سىرت جاعى
外层	wàicéng	سىرتقى قابات
外颚叶	wài'èyè	سىرتقى تاڭداي
外骨骼	wàigǔgé	سىرتقى سۇيەك
外果皮	wàiguǒpí	جەمىستىڭ قىرتىسى
外激素	wàijīsù	سىرتقى گورمون
外寄生（体外寄生）	wàijìshēng（tǐwài jìshēng）	دەنە سىرتىندا تىرشىلىك ەتۇ
外界环境	wàijiè huánjìng	سىرتقى ورتا
外界因素	wàijiè yīnsù	سىرتقى فاكتورلار
外轮对瓣花	wàilún duìbànhuā	اتالعىي شەڭبەرلەنىڭ ەكى قاتار ورنالاسقان گۇل
外轮双萼花	wàilún shuāng'èhuā	شەڭبەرلەرىنە ەكى قاتار ورنالاسقان اتالقتى گۇل
外膜	wàimó	سىرتقى قابىق
外胚层	wàipēicéng	ۇرىقتىڭ سىرتقى قاباتى، ۇرىق قابىعىنىڭ سىرتقى قاباتى
外胚乳	wàipēirǔ	تۇقىم ٸبۇرى وزەگىنەن ٸوسىپ جەتىلەتىن تكان
外皮生	wàipíshēng	ەكزودەرما

外皮叶	wàipíyè	ھپىپبلاسى
外韧维管束	wàirèn wéiguǎnshù	كوللاتەرال تۆتكتەر شوعى
外生菌根	wàishēng jūngēn	ھكتوتروق ميكورىزاسى
外生殖器	wàishēngzhíqì	سىرتقى جىنىس مۇشەسى
外缘	wàiyuán	سىرتقى جيەك
外长物	wàizhǎngwù	سىرتقى وسپە
弯花黄芪	wānhuā huángqí	يمەك تاسپا
弯曲桦	wānqūhuà	يمەك قايىڭ
弯生胚珠	wānshēng pēizhū	يىلگەن تۇقىم ٴبۇرى
豌豆	wāndòu	ۇرمە بۇرشاق
豌豆潜叶蝇	wāndòu qiányèyíng	جامباس بۇرشاق جاپىراق شىبىنى
豌豆象	wāndòuxiàng	اس بۇرشاق ٴبىز تۇمسەعى، بۇرشاق قوڭىزى
丸花蜂	wánhuāfēng	تۇكتى ارا، ۇڭگۇر ارا
完全花	wánquánhuā	تولىق گۇل
完全连锁	wánquán liánsuǒ	تولىق تىزبەكتەلۋ
完全日粮（全价日粮）	wánquán rìliáng（quánjià rìliáng）	تولىق قۇندى راتسيوت
完全显性	wánquán xiǎnxìng	اشقتىعى تولىق، باسىمدىلىعى تولىق
完整期	wánzhěngqī	تولىق پىسقان كەز
完整叶	wánzhěngyè	ٴبۇتىن جاپىراق
晚播	wǎnbō	جاي سەبۋ، كەش سەبۋ
晚材	wǎncái	كەشكىپە سۇرەك
晚苗	wǎnmiáo	كەنجە مايسا
晚秋	wǎnqiū	سوڭعى كۇز
晚熟	wǎnshú	جاي پىسۋ
晚熟苹果	wǎnshú píngguǒ	كۇزدىك الما
晚熟性	wǎnshúxìng	جاي پىسقىشتىك، كەش پىسپ ـ جەتىلەتىن
万年蒿	wànniánhāo	قارا جۇسان
万寿果	wànshòuguǒ	جەبە، ايبا
万寿菊（臭芙蓉）	wànshòujú（chòufúróng）	بارقىت ٴشۇپ
腕足	wànzú	ٴيىن اياقتىلار
王不留行	wángbùliúxíng	قارامىق، مىرزامىڭباس
王莲	wánglián	اسەم تۇڭگىيىق
网蜻科	wǎngchūnkē	تور ٴتارىزدى قوڭىز
网脉大黄	wǎngmài dàihuáng	ٴتۇرلى راۋاعاش
网尾线虫	wǎngwěi xiànchóng	جۇمىر قۇرت
网胃	wǎngwèi	جۇمىرشاق قارىن

网纹导管	wǎngwén dǎoguǎn	‹تورلى توتەك
网状脉叶	wǎngzhuàngmàiyè	تور جۆيكەلى جاپراق
网状组织	wǎngzhuàng zǔzhī	تور ‹تارىزدى تەكان
往往	wǎngwǎng	ۇنەمى
蒾草	wǎngcǎo	سۇ ‹بىدايىق
旺盛	wàngshèng	قاۋرت
危害	wēihài	زيانى
危害特征	wēihài tèzhēng	زياندى ەرەكشەلىگى
威胁	wēixié	ۇرەي، قاتەر ‹توندىرۇ
微白花黄芩	wēibáihuā huángqín	اقشلار تومەعا ‹شوپ
微孢子虫	wēibāozǐchóng	ۇساق قۇرت
微黑柳	wēihēiliǔ	قوڭىر تال
微碱性	wēijiǎnxìng	بولماشى سەلتلىك قاسيەتتە
微粒	wēilì	ميكرو تۇيىرشەك
微粒体	wēilìtǐ	ميكروسومالار
微量喷雾剂	wēiliàng pēnwùjì	ميكرو مولشەردە بۇركۇ
微量元素	wēiliàng yuánsù	ميكرو ەلەمەنتتەر
微生物	wēishēngwù	ميكرو ورگانيزم
微生物灭鼠剂	wēishēngwù mièshǔjì	ميكرو ورگانيزم ارقلى تىشقان جويۇ
微团粒	wēituánlì	بولماشى توپتاسقان تۇيىرشەك
微温潮湿	wēiwēn cháoshī	جىلىمق بلعال
微温干旱	wēiwēn gānhàn	جىلىمق ـ قۇرعاق
微温极干	wēiwēn jígān	جىلىمق قاقاس ‹شول
微温湿润	wēiwēn shīrùn	جىلىمق دىمقىل
微温微旱	wēiwēn wēihàn	جىلىمق قاعىر
微效基因	wēixiào jīyīn	بولىمسز اسەرلى گەن
薇	wēi	ەگستەك سيىر جوڭىشقاسى
为宜	wéi yí	لايىقتى
为主	wéi zhǔ	نەگىز ەتۇ
围湖造田	wéihú zàotián	كۆلدى قۇرشاپ اتىز جاساۇ
围栏	wéilán	اشىق قورا، قاشا، قورىق، شارباق
围栏草场	wéilán cǎochǎng	قورشالعان جايىلىم
围食膜	wéishímó	ىشكى قوس پەردەسى
围心窦	wéixīndòu	ارقا اۇماعى
围眼片	wéiyǎnpiàn	كوز اۇماعى

围蛹	wéiyǒng	بتەۋ قاۋاشاق
围脏窦	wéizàngdòu	جۆرەك قورشاۋى
维持放牧	wéichí fàngmù	اۆجالدىق جايىپ باعۇ
维持净能	wéichí jìngnéng	ازىقتىقتىڭ اۆجالدىق تازا قۋاتى
维持日粮	wéichí rìliáng	اۆجالدىق راتسيون
维管鞘	wéiguǎnqiào	تۆتكتى شوق قىنابى
维管束	wéiguǎnshù	تۆتكتى شوق، جۇيكە
维管束原	wéiguǎnshùyuán	پركامبي، باستاپقى كامبي
维管植物	wéiguǎn zhíwù	بالاشقتايتىن وسىمدكتەر
维管组织	wéiguǎn zǔzhī	وتكىزگىش تكاندار شوعى
维生素（维他命）	wéishēngsù（wéitāmìng）	لايىقتى
维生素 D 缺乏症	wéishēngsù D quēfázhèng	ۆيتامين D نىڭ جەتسپەۋى
维生素干草	wéishēngsù gāncǎo	ۆيتاميندى پىشەن
伪泥胡菜	wěiníhúcài	ٴتاجىلى تۆيمە باسى
伪装	wěizhuāng	ۆقساتۇ
伪足	wěizú	جالعان اياقتىلار
苇梯牧草	wěitīmùcǎo	مىسق قۇيرىق
苇状看麦娘	wěizhuàng kānmàiniáng	ٴكۇسەلى تۇلكى قۇيرىق
苇状羊茅	wěizhuàng yángmáo	نار بەتەگە
尾端器官	wěiduān qìguān	جوعارى ورگاندار
尾端细胞	wěiduān xìbāo	تومەنگى كلەتكا
尾须	wěixū	قۇيرىق بولەگى
纬度	wěidù	ەندىك
委陵菜	wěilíngcài	قاز تابان
委陵菜蔷薇	wěilíngcài qiángwēi	قاز تابان راۋشان
萎蔫	wěiniān	سولۇ
萎缩	wěisuō	سولۇ، سەمۇ
卫矛	wèimáo	قىزىل تىكەن
未经开垦	wèi jīng kāikěn	اشىلماعان تىڭ جەر
未轮回亲本	wèilúnhuí qīnběn	بۇۋداندامتىرۇدا قايتالانبايتىن اتا تەك
位置	wèizhì	ورنى
味觉	wèijué	ٴدامى، ٴدامس سەزۇ
味觉器	wèijuéqì	ٴدام جۇيەسى
胃	wèi	اسقازان
胃壁	wèibì	قارىن ٴبۇيىرى

胃肠道	wèichángdào	شەك ـ قارىن جولى
胃毒	wèidú	اسقازان ۇى
胃毒剂	wèidújì	اسقازان ۇلاتقىش
胃口	wèikǒu	تابەتى، ازىقتىققا زاۋقى
胃盲囊	wèimángnáng	اسقازان قالتاسى
胃内容物	wèinèiróngwù	اسقازانداعى زاتتار
胃酸	wèisuān	اسقازان قىشقىلى
胃脏	wèizàng	اسقازان، قارىن
猬藜	wèilí	يتسيگەك
蔚蓝色列当	wèilánsè lièdāng	كوكشىل سۇۇعەلا
温床	wēnchuáng	كوشەتقانا
温带森林	wēndài sēnlín	قوعۇر جاي بەلدەۇ ورمانى
温度带	wēndùdài	تەمپەراتۇرا زوتاسى، تەمپەراتۇرا بەلدەۇى
温度计	wēndùjì	تەرمومەتر
温暖	wēnnuǎn	جىلى
温期阶段（春化阶段）	wēnqī jiēduàn（chūnhuà jiēduàn）	جىلى مەزگىلدى ساتسى
温室	wēnshì	پارنيك
温室育苗	wēnshì yùmiáo	پارنيكتە مايسا ۇوسىرۇ
温室植物	wēnshì zhíwù	پارنيك وسىمدىكتەرى
温水浸种	wēnshuǐ jìnzhǒng	تۇقىمدى جىلى سۇعا شىلاۋ
温箱	wēnxiāng	جىلۇ ساقتاعىش
温性草甸	wēnxìng cǎodiàn	قوعۇر جاي بەلدەۇلى جايلىمداسقان ۇشولدى جايلىم
温性草原	wēnxìng cǎoyuán	قوعۇر جاي بەلدەۇى جايلىم
温性荒漠草地	wēnxìng huāngmò cǎodì	قوعۇر جاي بەلدەۇلى شالعىندى جايلىم
纹鼠	wénshǔ	جولاقتى تىشقان
蚊子草	wénzicǎo	تۇكتى ۇشيتارى، سۇبىرىك ۇشوپ
紊乱	wěnluàn	قالاي ماقانداسۇ
稳产	wěnchǎn	تۇراقتى ۇونىم
稳定	wěndìng	تۇراقتى
问荆	wènjīng	ۇ قىرعىقبۇۇن
莴苣（莴笋）	wōjù（wōsǔn）	اس سۇتتتگەن
窝巢	wōcháo	ويناق
蜗牛	wōniú	ۇلۇ
卧府藜	wòfǔlí	جاتالاعان البوتا
乌把雷草	wūbǎléicǎo	بايا
乌豆（野大豆）	wūdòu（yědàdòu）	قارا سويا

乌饭树	wūfànshù	ٴيت بۇلدىرگەن
乌黑苔草	wūhēi táicǎo	قارا قياق ولەڭ
乌喙豆	wūhuìdòu	تاسپا بۇرشاق
乌鸡	wūjī	بۇلدىرىق، قارا باۇىر بۇلدىرىق
乌荆子	wūjīngzǐ	تىكەندى قارا ورىك
乌荆子李	wūjīngzǐlǐ	الشا ورىك
乌桕	wūjiù	بالاۇىز شەرماۇىق
乌榄	wūlǎn	قارا زايتۇن
乌菱	wūlíng	قارا شەلىم
乌麦	wūmài	قارا سۇلى
乌梅	wūméi	اينۇللا (قارا ورىك)
乌木	wūmù	قارا اعاشتار
乌头	wūtóu	ۇ قورعاسىن، ٴبارپى
乌头茬	wūtóují	تاس جەمىس، سەبرىا تاس جەمىسى
乌头碱	wūtóujiǎn	

اكوتيتين (ۇقورعاسىننىڭ جاپىراق تۇيىنەك جانە تۇقىمدا بولاتىن ۇلى زات)

污染	wūrǎn	لاستاۇ
污水	wūshuǐ	لاس سۇ
污水腐生物	wūshuǐ fǔshēngwù	لات سۇدا تىرشىلىك ەتەتىن ورگانيزم
屋尔鹅观草	wūgǎ éguāncǎo	ەركەك كۇمەلگەي
无瓣翠雀	wúbàn cuìquè	كۇلتەسىز سۇمەلەك
无瓣的	wúbàn de	جەلەكسىز كۇلتە جاپىراقتى
无瓣花	wúbànhuā	جەلەكسىز گۇل، كۇلتەسىز گۇل
无瓣花植物	wúbànhuā zhíwù	جەلەكسىز وسىمدىكتەر
无孢子生殖	wúbāozǐ shēngzhí	سپوراسىز كوبەيۇ
无被花	wúbèihuā	

جالاڭاش گۇل (تۇستاعانىشامەن كۇلتە جوق اتالىق پەن انالىق عانا بولاتىن گۇل

无变态	wúbiàntài	كۇي وزگەرتپەۇ
无柄叶	wúbǐngyè	تامىر جاپىراعى ساعاقسىز
无柄叶滨藜	wúbǐngyè bīnlí	ساعاقسىز كوكپەك
无叉松	wúchāsōng	بال قاراعاي
无翅目	wúchìmù	قاناتسىزدار وترياتى
无翅沙蓬	wúchì shāpéng	نايزا قارا، مايزا قارا
无翅蚜	wúchìyá	قاناتسىز شەركەي
无触角类	wúchùjiǎolèi	مۇرتشاسىزدار
无刺鹤虱	wúcì hèshī	تىكەنسىز كارىقىز

无毒	wúdú	ئۇتسىز، زالالسىز
无毒性	wú dúxìng	ئۇتسىز
无隔菌丝	wúgé jūnsī	پەردەسىز باكتەريا جىپشەسى
无根茎水草	wúgēnjīng shuǐcǎo	ئشول ھەركەك، جول ھەركەك
无根梅花藻	wúgēn méihuāzǎo	تامىرسىز سۇ سارعالداق
无害鼠种	wúhài shǔzhǒng	زيانسىز تىشقان ئتۇرى
无合子配	wúhézǐpèi	تۇقىمنىڭ ئۇرىقسىز جەتىلۇئى
无核小葡萄	wúhé xiǎopútao	كىشمىش، اق كىشمىش، مەيىز
无花葱	wúhuācōng	قياق جۇا
无花果树	wúhuāguǒshù	ئنجىر، شاراپ جيدەسى، ئانجۇر
无机肥料	wújī féiliào	بەيورگانيكالىق تىڭايتقىش
无机物质	wújī wùzhì	بەيورگانيكالىق زاتتار
无机盐类	wújīyánlèi	بەيورگانيكالىق تۇزدار
无机质	wújīzhì	بەيورگانيكالىق زات
无脊椎动物	wújǐzhuī dòngwù	ومىرتقاسىز حايۋاناتتار
无茎植物	wújīng zhíwù	ساباقسىز وسىمدىكتەر
无菌	wújūn	باكتەرياسىز
无芒稗	wúmángbài	قىلتانسىز قوناق
无芒雀麦	wúmáng quèmài	قىلتىرقسىز اربا باسى
无芒隐子草	wúmáng yǐnzǐcǎo	قىلتىرقسىز بۇقپا ئشوپ
无毛叶	wúmáoyè	تۇكسىز جاپىراق
无名蔷薇	wúmíng qiángwēi	كۇماندى راۇشان
无胚乳种子	wúpēirǔ zhǒngzi	ئۇرىسىز تۇقىم
无配子发育	wúpèizǐ fāyù	قىنسىز ئوسپ ـ ئۇربۇ
无融合结子	wúrónghé jiēzǐ	ئۇرىقتانباي پايدا بولعان تۇقىم
无伤草	wúshāngcǎo	سىپە باسى، جەر ئشوپ
无丝分裂	wúsī fēnliè	جىپشەسىز ئبولۇ
无体腔	wú tǐqiāng	دەنە قۇۋسى
无头无足型	wútóuwúzúxíng	باسسىز ـ اياقسىز ئتيپى
无腿两栖纲	wútuǐ liǎngqīgāng	اياقسىز قوس مەكەندىلەر
无网长管蚜	wúwǎng chángguǎnyá	تامىرسىز ئۇربۇ
无尾目	wúwěimù	قۇيرىقسىز قوس مەكەندىلەر
无限花序	wúxiàn huāxù	بەلگىسىز گۇل شوعى
无限维管束	wúxiàn wéiguǎnshù	اشىق تۇتكىتەر شوعى
无效水	wúxiàoshuǐ	ئونىمسىز سۇ
无性孢子	wúxìng bāozǐ	جىنسسىز كۇبەيۇ سپوراسى

无性繁殖	wúxìng fánzhí	جىنىسسىز ۇۇربۇ
无性交配	wúxìng jiāopèi	جىنىسسىز قوسىلۇ
无性接近法	wúxìng jiējìnfǎ	ۆەگەتاتيۋتىك جاقىنداستىرۇ ٴادىسى
无性生殖	wúxìng shēngzhí	جىنىسسىز ٴوسىپ ـ ٴونۇ
无性生殖孢子	wúxìng shēngzhí bāozǐ	جىنىسسىز كوبەيۇ سپورالارى
无性世代	wúxìng shìdài	جىنىسسىز ۇرپاق
无性系	wúxìngxì	كلون، قورەكتى جۇيە
无性隐花	wúxìng yǐnhuā	جىنىسسىز گۇلدەر
无性杂交	wúxìng zájiāo	جىنىسسىز بۇداندداستىرۇ، قورەكتىك بۇداندداستىرۇ
无性杂种	wúxìng zázhǒng	جىنىسسىز بۇدان توقىم
无臭	wúxiù	ٴيىسسىز
无叶大戟	wúyè dàjǐ	سيدام سۇتتىتگەن
无叶豆	wúyèdòu	قولان قۇيىرىق
无叶毒藜	wúyè dúlí	يتسيگەك
无叶球花	wúyè qiúhuā	جاپىراقسىز دوپپاگۇل
无叶沙拐枣	wúyè shāguǎizǎo	قىزىل جوزگىن، جاپىراقسىز جوزگىن
无叶梭梭	wúyè suōsuō	قارا سەكسەۆىل
无叶性	wúyèxìng	جاپىراقسىزدىق
无叶植物	wúyè zhíwù	جاپىراقسىز وسىمدىك
无意识地选择	wúyìshí de xuǎnzé	ماقساتسىز سۇرىپتاۇ
芜菁	wújīng	شالقان
芜菁甘蓝	wújīng gānlán	شالقان كاپۇستا
梧桐	wútóng	شىنار
蜈蚣	wúgōng	تۇلعا بولەگى
鼯鼠	wúshǔ	قۇرالاي تىشقان
鼯鼠科	wúshǔkē	ۇشار تيىن تۇقىمداستار
五瓣的	wǔbàn de	بەس گۇلتە جاپىراق، بەس جەلەكتى
五出花萼	wǔchū huā'è	بەس سالالى گۇل تۇستاعانشاسى
五点式	wǔdiǎnshì	بەس نۇكتە فورمالى
五萼景天	wǔ'è jǐngtiān	بەس تۇستاعانشالى بوز كەلەم
五福花	wǔfúhuā	ادكوكسا
五加	wǔjiā	ۇجيا اعاشى
五角马先蒿	wǔjiǎo mǎxiānhāo	بەس بۇرىشتى قاندىگۇل
五灵脂	wǔlíngzhī	قۇرالاي
五体雄蕊	wǔtǐ xióngruǐ	بەس اعايەندى اتالىق
五味子	wǔwèizǐ	ليمونتيك

五叶草	wǔyècǎo	مڭتامىر
五叶地锦	wǔyè dìjǐn	بەس جاپىراقتى قىزىل ٷجۇزىم
五叶期	wǔyèqī	بەس جاپىراقتى مەزگىل
五月金龟子	wǔyuè jīnguīzǐ	زاۋزا قوڭىزدار
五爪金龙	wǔzhǎo jīnlóng	مڭباس شەرماۋىق، باۋىر شەرماۋىق
五趾跳鼠	wǔzhǐ tiàoshǔ	بەس ساۋساقتى قوس اياق
五趾心颅跳鼠	wǔzhǐ xīnlú tiàoshǔ	بەس ساۋساقتى تىشقان
舞鹤草	wǔhècǎo	ماي ساۋمالدىق، قويان جەم
兀鹫	wǔjiù	قۇماي، اقباس قۇماي
勿忘草	wùwàngcǎo	بوتا كوز، كادىمگى بوتاكوز
乌拉草	wùlacǎo	تۇرسىلداق ٷشوپ
物候	wùhòu	اۋارايىنا ۆيلەسكەش
物候期	wùhòuqī	اۋارايىنا ۆيلەسۇ مەزگىلى
物镜	wùjìng	ميكروسكوپتىك ۆپتيكالىق بولەگى
物理防治法	wùlǐ fángzhìfǎ	فيزولوگيالىق جولمەن الدىن الۋ ٷادىسى
物理干旱	wùlǐ gānhàn	فيزيكالىق قۇرعاقتىق
物理生态学	wùlǐ shēngtàixué	فيزيكالىق ەكولوگيالىق علمى
物力	wùlì	زاتتىق كۇش
物质	wùzhì	زات
物质循环	wùzhì xúnhuán	زاتتار اينالىسى
物质转化	wùzhì zhuǎnhuà	

زاتتاردىڭ وزگەرۋى (زاتتاردىڭ وزگەرۋىننىڭ ٷبىر- بىرىنە اينالۇى)

物种起源	wùzhǒng qǐyuán	تۇزدىڭ پايدا بولۇى، تۇزدىڭ شقققان جەرى
误差	wùchā	پارىق ايىرما
雾滨藜	wùbīnlí	جايساڭ كوكپەك

夕阳植物	xīyáng zhíwù	جارىق سۇيگىش وسىمدىكتەر
西北天门冬	Xīběi tiānméndōng	پەرسيا قاسقىر جەمى
西北针茅	Xīběi zhēnmáo	التاي سەلەۋ
西扁穗草	xībiǎnsuìcǎo	جىڭشكە سۇلدىر
西伯利亚冰草	Xībólìyà bīngcǎo	سبەريا ٷبيدايىعى
西伯利亚桧	xībólìyàguì	سبەريا ارشاسى (ٷدارى ارشا)

西伯利亚旱獭	Xībólìyà hàntǎ	سەبىريا سۋسرى
西伯利亚蝗	xībólìyàhuáng	سەبىريا شەگىرتكەسى
西伯利亚接骨木	Xībólìyà jiēgǔmù	سەبىريا نرعايى
西伯利亚冷杉	Xībólìyà lěngshān	سەبىريا سامىرسىنى، ماي قاراعاي
西伯利亚三毛草	Xībólìyà sānmáocǎo	سەبىريا ٴۇش قىلتانى
西伯利亚五针松	Xībólìyà wǔzhēnsōng	سامىرسىن قاراعاي، سەبىريا قاراعايى
西风谷	xīfēnggǔ	قىزىلشا كۆلتاجسى
西瓜	xīguā	قارىبز
西河柳	xīhéliǔ	بۇتاقتى جىڭگىل
西红柿	xīhóngshì	پامىيدور
西葫芦	xīhúlu	قاباقشا اسقاباق، وجاۋ قاباق، كادىش
西水杨梅	xīshuǐyángméi	وزەن سۋ بۇرعەنى
西岩蝇子草	xīyán yíngzicǎo	جارتاس سۆلدىر ٴشوپ
西洋丁香	Xīyáng dīngxiāng	كادىمگى سىرەن
西洋李	xīyánglǐ	الشا ورىك
西洋茜草	Xīyáng qiàncǎo	بوياۋلى ويران ٴشوپ، جەر باسى
西洋山莴菜	Xīyáng shānyúcài	قاسىق ٴشوپ
西洋石竹	Xīyáng shízhú	اسەمشە قالامپىر
西藏虫实	Xīzàng chóngshí	تىيبەت بالىق كوزى
西藏列当	Xīzàng lièdāng	تىيبەت سۆڭگەلاسى
吸虫纲	xīchónggāng	سورعىش قۇرتتار
吸肥性	xīféixìng	تىڭايتقىشتى سىمىرگىشتىگى
吸管法	xīguǎnfǎ	پروبيريكاعا سورعىزۋ ٴادىسى
吸浆虫	xījiāngchóng	شىرىن سورعىش قۇرتتار
吸器	xīqì	سورعىش گاۋلستورىيا
吸取	xīqǔ	ٴسىمىرۋ، سورۋ
吸热	xīrè	جىلۋ ٴسىمىرۋ
吸热细菌	xīrè xìjūn	تەمومۋفيل باكتەرىيا
吸湿性	xīshīxìng	دىمدانعىشتىعى
吸湿性能	xīshī xìngnéng	دىم تارتعىشتىعى
吸收	xīshōu	ٴسىمىرۋ، قابىلداۋ، ٴسىڭىرۋ، سورۋ
吸收管	xīshōuguǎn	سورۋ تامىرلارى
吸收率	xīshōulù	ٴسىمىرۋ مولشەرى
吸收系数	xīshōu xìshù	ٴسىمىرۋ كوفيتسەنتى
吸收性	xīshōuxìng	سىڭىرگىشتىك
吸收杂交	xīshōu zájiāo	سىڭىرە بۇداندانستىرۋ، وزگەرتە بۇداندانستىرۋ

吸收组织	xīshōu zǔzhī	سورۇشى تىكان
吸收作用	xīshōu zuòyòng	سورۇ، ٴسمىرۇ، ٴسمىرۇ رولى
吸水纸	xīshuǐzhǐ	سۇ سمىرگش قاعاز
吸着水	xīzhuóshuǐ	گىيگروسكوپيالىق ٴلعال (توپىراقق اۇادان الماساتىن ٴلعال)
硒	xī	سەلەن
硒中毒	xīzhòngdú	سەلەننەن ۇلانۇ
稀薄	xībó	سۇيىق، شالاك، سيرەك
稀碘酊	xīdiǎndīng	سۇيىق يود تۇنباسى
稀碱	xījiǎn	سۇيىق ٴسلتى
稀少	xīshǎo	سيرەك، از
稀释	xīshì	سۇيىلتۇ
稀疏植被	xīshū zhíbèi	سيرەك وسكەن وسىمدىك جامىلعىسى
稀有种	xīyǒuzhǒng	از كەزبگەتىن
稀植作物	xīzhí zuòwù	سيرەك ەگىلەتىن داقىل
溪木贼	xīmùzéi	قىلبۇرىن
锡金松田鼠	Xījīn sōngtiánshǔ	سيككەم تىشقان
锡杖花	xīzhànghuā	كادىمگى شىرشا ٴشوپ
蜥蜴	xīyì	كەسەرتكى
膝	xī	تىزە
膝状	xīzhuàng	تىزە ٴتارىزدى
螅形目	xīxíngmù	شەك تامىرلار، گيدىرايادا
蟋蟀	xīshuài	قارا شەگىرتكە
蟋蟀草	xīshuàicǎo	ٴهلەۇسىن ٴشوپ
蟋蟀科	xīshuàikē	قارا شەگىرتكە تۇقمىداسى
习惯花	xíguànhuā	داعدىلى، ۋيرەنشكتى
习性	xíxìng	تۇرپاتى، سىرتقى كەلبەت
洗胃	xǐwèi	اسقازان شايقاۇ
洗盐	xǐyán	تۇزدى شايقاۇ
喜冬草	xǐdōngcǎo	قىشقىل ٴشوپ
喜光植物	xǐguāng zhíwù	جارىق سۇيگش وسىمدكتەر
喜旱莲子草	xǐhàn liánzǐcǎo	وزەكسىز سۇ تامىر
喜旱牧草	xǐhàn mùcǎo	شولدىك شوپتەر
喜旱植物	xǐhàn zhíwù	شولدىك وسىمدكتەر
喜钾作物	xǐjiǎ zuòwù	كاليدى ۇناتاتىن داقىلدار
喜碱植物	xǐjiǎn zhíwù	سورتاكدىق وسىمدكتەر
喜冷牧草	xǐlěng mùcǎo	سۇققا ٴۇير ٴشوپ

喜马拉雅旱獭	Xǐmǎlāyǎ hàntǎ	گەمالىيا سۋىرى
喜沙草	xǐshācǎo	قۇم ٴشوپ
喜山葶苈	xǐshān tínglì	تاۋ داراباسى
喜湿植物	xǐshī zhíwù	ىلعال سۇيگىش وسىمدىكتەر
喜食牧草	xǐshí mùcǎo	مالعا جاعمدى ٴشوپ
喜温植物	xǐwēn zhíwù	جىلۋ سۇيگىش وسىمدىكتەر
喜阳植物	xǐyáng zhíwù	كۆلەڭگە وسىمدىگى، كۆلەڭكە سۇيگىش وسىمدىكتەر
系	xì	جۇيە، سىستەما
系间杂交	xìjiān zájiāo	لينىيالار ارا بۇداندىستىرۋ
系脉	xìmài	تارماق تامىرى
系牧	xìmù	ارقانداپ باعۋ، ماتاپ باعۋ
系数	xìshù	كوفيتسەنت
系统选育	xìtǒng xuǎnyù	جۇيەلى سۇرىپتاپ ٴوسىرۋ
系主	xìzhǔ	نەگىزگى اتاسى
系祖	xìzǔ	ارعى اتاسى، اتاسى
细瓣石竹	xìbàn shízhú	سوپاق كۆلتەلى قالامپىر
细胞	xìbāo	كلەتكا
细胞壁	xìbāobì	كلەتكا قابىعى
细胞壁分层	xìbāobì fēncéng	كلەتكا قابىعىنىڭ قاتپارى
细胞成分	xìbāo chéngfèn	كلەتكا قۇرامى
细胞的伸长期	xìbāo de shēnchángqī	كلەتكانىڭ سوزىلۋ كەزەڭى
细胞的吸收力	xìbāo de xīshōulì	كلەتكانىڭ سورۋ كۇشى
细胞发生	xìbāo fāshēng	كلەتكانىڭ پايدا بولۋى
细胞分裂	xìbāo fēnliè	كلەتكانىڭ ٴبولىنۋى
细胞分裂素	xìbāo fēnlièsù	سيتوكيتسين
细胞核	xìbāohé	كلەتكا يادروسى
细胞间质	xìbāo jiānzhì	كلەتكا ارالىق زاتى
细胞间隙	xìbāo jiànxì	كلەتكا ارالىق ساڭلاۋى
细胞角质化作用	xìbāo jiǎozhìhuà zuòyòng	كلەتكانىڭ كۇتيكۇلانۋلۋى
细胞结构	xìbāo jiégòu	كلەتكانىڭ قۇرىلىسى
细胞口	xìbāokǒu	كلەتكا اۇزى
细胞矿质化作用	xìbāo kuàngzhìhuà zuòyòng	كلەتكانىڭ مينەرالدانۋى
细胞膜	xìbāomó	كلەتكا پەردەسى
细胞木化作用	xìbāo mùhuà zuòyòng	كلەتكانىڭ سۇرەكتەنۋى
细胞内液	xìbāonèiyè	كلەتكانىڭ ىشكى سۇيىقتىعى
细胞内质网	xìbāo nèizhìwǎng	كلەتكا ەندوپلازماسى

细胞胚基	xìbāo pēijī	سيتوپلاستەما
细胞培养	xìbāo péiyǎng	كلەتكا ۇوسرۇ
细胞器	xìbāoqì	كلەتكا مۇشەسى
细胞溶解	xìbāo róngjiě	كلەتكانىڭ ەرۇى
细胞融合	xìbāo rónghé	كلەتكانىڭ قوسىلۇى
细胞色素	xìbāo sèsù	سيتوحروما
细胞栓质化	xìbāo shuānzhìhuà	كلەتكانىڭ تۇزدانۇى
细胞物质	xìbāo wùzhì	كلەتكالىق ەلەمەنتتەر
细胞性外突	xìbāoxìng wàitū	كلەتكا فورمالى سىرتىنا ۇسۇ
细胞学	xìbāoxué	ەسيتولوگيا
细胞氧化	xìbāo yǎnghuà	كلەتكالىق توتىقتانۇ
细胞杂交	xìbāo zájiāo	كلەتكانىڭ قوسىلۇى (جۇپتاسۇى)
细胞增生	xìbāo zēngshēng	كلەتكانىڭ كوبەيۇى
细胞脂	xìbāozhī	سيتوليپين
细胞质	xìbāozhì	سيتوپلازما، كلەتكا پلازماسى
细胞质膜	xìbāozhìmó	كلەتكا پلازماسنىڭ قابعى
细胞质遗传	xìbāozhì yíchuán	سيتوپلازمالىق تۇقىم قۇالاۇ
细胞周期	xìbāo zhōuqī	كلەتكا سيكلى
细胞组织	xìbāo zǔzhī	كلەتكا تكاندارى
细柄芋	xìbǐngyù	ساداق كودە، جىڭشكە ساباقتى بوزداق
细齿草木樨	xìchǐ cǎomùxī	تۇيە جوڭىشقا
细粉粒	xìfěnlì	ەرەكشە مايدا تۇيىرشەك
细蜂科	xìfēngkē	جىڭشكە ارا تۇقىمداستارى
细卷鸦葱	xìjuǎn yācōng	ەتاتتى تامىر
细菌	xìjūn	باكتەريا
细菌蛋白	xìjūn dànbái	باكتەريا بەلوگى
细菌肥料	xìjūn féiliào	باكتەريالى تىڭايتقىش
细菌根	xìjūngēn	باكتەريا يوريزا (باكتەريا مەن تامىردىڭ بىرگە ۇومىر ەسۇرۇى)
细菌接种	xìjūn jiēzhòng	باكتەريانى ەگۇ
细菌门	xìjūnmén	باكتەريا ەتيپى
细菌培养物	xìjūn péiyǎngwù	باكتەريا وسمدكتەر
细菌性凋萎病	xìjūnxìng diāowěibìng	باكتەريا ۆيروس
细脉	xìmài	ەالسىز تامىر
细毛	xìmáo	ەالسىز ەجۇن
细黏粒	xìniánlì	مايدا كەرىش تۇيىرشەك
细球菌	xìqiújūn	ۇساق شارشا ميكروپ

细弱罂粟	xìruò yīngsù	جڭشكه كوكنار
细砂粒	xìshālì	مايدا قۇمدى تۈيىرشەك
细穗柽柳	xìsuì chēngliǔ	تور قاتال
细穗柳	xìsuìliǔ	ماقپال تال
细辛	xìxīn	تاي تۇياق، قۇمسق شوپ
细胸金针虫	xìxiōng jīnzhēnchóng	جڭشكه ۋك قۇرتى
细叶阿魏	xìyè āwèi	جڭشكه جاپىراقتى ساسىر
细叶柳	xìyèliǔ	ۋساق جاپىراقتى تال
细叶芹	xìyèqín	باتتاۇپق
细叶乌头	xìyè wūtóu	التاي ۋ قورعاسىنى
细叶勿忘草	xìyè wùwàngcǎo	دالا بوتاكوزى
细叶羊胡子草	xìyè yánghúzicǎo	جڭشكه جاپىراقتى تەكە ساقال
细叶野豌豆	xìyè yěwāndòu	مونشاق بۇرشاق
细叶早熟禾	xìyè zǎoshúhé	جڭشكه جاپىراقتى قوڭىرباس
细叶沼柳	xìyè zhǎoliǔ	شەلەك
细叶针茅	xìyè zhēnmáo	بەتەگە، بوزداق
细趾黄鼠	xìzhǐ huángshǔ	شىبار سار شۇناق
细子麻黄	xìzǐ máhuáng	دانەكتى قىلشا
虾	xiā	قسقش
瞎花鼠	xiāhuāshǔ	كور تىشقان
狭翅雏蝗	xiáchì chúhuáng	قاناتى تار قاسپاق شەگىرتكە
狭翅龙胆	xiáchì lóngdǎn	قاۇرسىندى كوكگۈل
狭果虫实	xiáguǒ chóngshí	جالپاق جەمىستى بال قاڭباق
狭果蒿草	xiáguǒ hāocǎo	جڭشكه جەمىستى دوڭعىز سەر تانات
狭果鹤虱子	xiáguǒ hèshīzǐ	جالاك كارىقىز
狭颅鼠兔	xiálú shǔtù	سوپاق باس تىشقان پىشەندەس قويان
狭颅田鼠	xiálú tiánshǔ	سوپاق باس اتىز تىشقان
狭栖性	xiáqīxìng	از يەمدەنۇ قاسيەت
狭腔芹	xiáqiāngqín	قۇس بالدىرعان
狭湿性	xiáshīxìng	از مەعالدىلىق قاسيەت
狭食性	xiáshíxìng	از ازىقتانۇ قاسيەتى
狭穗针茅	xiásuì zhēnmáo	تار ماساقتى سەلەۇ
狭温性	xiáwēnxìng	شاعىن كليماتتىق قاسيەت
狭盐性	xiáyánxìng	از سورتاڭدىق قاسيەت
狭叶锦鸡儿	xiáyè jǐnjī'er	تار جاپىراقتى قاراعان
狭窄	xiázhǎi	تارىلۇ، تار

霞草	xiácǎo	اق قاتخباق، رەبە قاتخباق
下层	xiàcéng	استختعى قاباتى
下垂药	xiàchuíyào	سرعا ئتارىزدى توزاتخدىق
下唇	xiàchún	استختعى ەرىن
下唇须	xiàchúnxū	استختعى ەرىن مؤرتشاسى
下等植物	xiàděng zhíwù	تومەنگى ساتىداعى وسمدىك
下颚	xià'è	استختعى ەرىن
下颚须	xià'èxū	استختعى ەرىن
下颌骨	xiàhégǔ	استختعى جاق سؤيەگى
下降	xiàjiàng	تومەندەۇ
下口式	xiàkǒushì	استختعى اؤىز فورماسى
下黏	xià nián	استى كەرىش
下胚轴	xiàpēizhóu	گيپوگوتيل، ۇرىق ئوسى
下气孔	xiàqìkǒng	تومەنگى ۇستىتىتسە
下渗	xiàshèn	استنا ئسىڭۇ
下位花	xiàwèihuā	جوعارى ئتؤيىندى گؤل
下位子房	xiàwèi zǐfáng	تومەنگى ئتؤيىن
下限	xiàxiàn	تومەنگى شەك
下须	xiàxū	استختعى مؤرتشا
下旬	xiàxún	سوڭتعى ون كؤن
下游	xiàyóu	تومەنگى اعس
夏孢子	xiàbāozǐ	جازدىق سپورا
夏膘	xiàbiāo	تؤينۇ، شەلدەنۇ
夏草冬虫（冬虫夏草）	xiàcǎo dōngchóng	قۇرت ئشوپ
夏侧金盏花	xiàcèjīnzhǎnhuā	التىنگؤل، اسەم جانارگؤل
夏枯草	xiàkūcǎo	تؤپىراقباس، قاراباس ئشوپ
夏栎	xiàlì	ەمەن
夏绿乔木	xiàlù qiáomù	جازعى كوك اعاشتار
夏牧场	xiàmùchǎng	جايلاۇ
夏牧作物	xiàmù zuòwù	جازدىق داقىلدار
夏秋牧场	xiàqiū mùchǎng	جايلاۇ، تؤزەتۇ
夏秋抓膘	xiàqiū zhuābiāo	شەلدەنۇ، تؤينۇ
夏收作物	xiàshōu zuòwù	جازدىق ەگس
夏至草属	xiàzhìcǎoshǔ	شاندىرا تؤستاس
仙根黄芪	xiāngēn huángqí	شاڭگىسىن تاسپا
仙鹤草	xiānhècǎo	تؤيمەشەك كاريقىز

仙女鞭	xiānnǚbiān	شىبىرتقى
仙女木	xiānnǚmù	كەكلىك ۇتى
仙女木属	xiānnǚmùshǔ	كەكلىك ۇتى تۇۋسى
仙人笔	xiānrénbǐ	كورىكتى گۈلجاينار
仙人掌	xiānrénzhǎng	كاكتۇس
仙人掌科	xiānrénzhǎngkē	كاكتۇس تۇقىمداسى
先端	xiānduān	ۇشى، باسى، ساباق جاعى
先锋牧草	xiānfēng mùcǎo	تىگۇنان شققان شوپتەر
先父影响	xiānfù yǐngxiǎng	اتا ـ تەگىنىڭ قاسيەتى ۇرپاعىنا ٴدارۇى
先天性	xiāntiānxìng	تۇمالىق، جاراتىلىستىق
纤毛滴虫	xiānmáo dīchóng	تۇكتى تامشى قۇرت
纤毛甘蔗	xiānmáo gānzhè	تۇكشەلى قانت قامىس
纤维	xiānwéi	تالشىق
纤维层	xiānwéicéng	تالشىقتى قابات
纤维根	xiānwéigēn	شاشاق تامىر
纤维鞘	xiānwéiqiào	تالشىقتى قىناپ
纤维素	xiānwéisù	سەليلوزا
纤维维管束	xiānwéi wéiguǎnshù	تالشىقتى تۇتكشەلەر شوعى
纤维植物	xiānwéi zhíwù	تالشىقتى وسىمدىكتەر
纤维组织	xiānwéi zǔzhī	تالشىقتى تىكان
纤维作物	xiānwéi zuòwù	تالشىقتى داقىلدار
酰胺	xiān'àn	امىدتەر
鲜卑花	xiānbēihuā	سىبىرتا
鲜草	xiāncǎo	جاس ٴشوپ
鲜草地	xiāncǎodì	سونى جەر
鲜草量	xiāncǎoliàng	جاس ٴشوپ ٴونىمدى
鲜姜补骨脂	xiānjiāng bǔgǔzhī	اق قۇراي
鲜奶	xiānnǎi	جاڭا ٴسۇت
鲜艳毛茛	xiānyàn máogèn	اسەم سارعالداق
显耳松田鼠	xiǎn'ěr sōngtiánshǔ	قالقان قۇلاق تىشقانى
显花植物	xiǎnhuā zhíwù	اشىق گۈلدى وسىمدىكتەر
显脉段	xiǎnmàiduàn	قىزىل قابىقتى جوكە اعاشى
显微结构	xiǎnwēi jiégòu	ميكرو قۇرىلىسى
显微镜	xiǎnwēijìng	ميكروسكوپ
显性	xiǎnxìng	كورنەكتى (كورنەكتى) بولۋ
显性不完全	xiǎnxìng bùwánquán	اشقتىعى تولىق ەمەس

显性的相对性	xiǎnxìng de xiāngduìxìng	كورنەكتىلىكتىڭ سالىستىرمالىعى
显性基因	xiǎnxìng jīyīn	كورنەكتى گەن، باسىم گەن
显性亲本	xiǎnxìng qīnběn	قاسىيەتى كورنەكتى اتا ـ انا
显性突变	xiǎnxìng tūbiàn	كەنەت اشقىتتق
显性效应	xiǎnxìng xiàoyìng	اشق اسەر، باسىم اسەر
显性性状	xiǎnxìng xìngzhuàng	كورنەكتى بەلگىسى
显性致死基因	xiǎnxìng zhìsǐ jīyīn	اشق لەتالدى گەن
显著性	xiǎnzhùxìng	كورنەكتىلىك
薛纲	xiǎngāng	جاپىراقتى مۇك
苋菜	xiàncài	گۇلتاجى، قىزىل قۇيرىق
现场调查	xiànchǎng diàochá	جۇمىس باسىندا تەكسەرۇ، ناق مايداندا تەكسەرۇ
现场取样	xiànchǎng qǔyàng	ناق مايداندا ۇلگى الۇ
现成的饲料	xiànchéng de sìliào	دايىن ازىقتىق قايىنارى
现代化畜牧业	xiàndàihuà xùmùyè	ۆسى زامانعى مالشارۆاشىلىق
现蕾期	xiànlěiqī	ٴتۇيىن تاستاۇ مەزگىلى
现象	xiànxiàng	قۇبىلىس
现象型（表现型）	xiànxiàngxíng（biǎoxiànxíng）	بەينەلىك ٴتيىپ
线虫	xiànchóng	قىل قۇرت
线粒体	xiànlìtǐ	ميتىرحوندىريا، ٴدان پىشىندى حوندىريوسسما
线麻	xiànmá	كەنەپ قالاقايى، كەندىر قالاقايى
线叶蒿	xiànyèhāo	كۇيگەن باعىن، جۇڭىشكە قارا سەرىك
线叶锦鸡儿	xiànyè jǐnjī'er	تاسپا جاپىراقتى قاراعان
线叶莲蓬	xiànyè liánpeng	تاسپا جاپىراقتى سورا
线叶柳	xiànyèliǔ	قۇبا تال
线叶嵩草	xiànyè sōngcǎo	جۇڭىشكە جاپىراقتى سەرىق
线状	xiànzhuàng	ٴجىپ فورمالى
线状蓼	xiànzhuàngliǎo	تۇكتى تاران
限量采食	xiànliàng cǎishí	نورمامەن جەگىزۇ، شەكتى ازىقتاندىرۇ
限量放牧	xiànliàng fàngmù	نورمالاپ باعۇ
限量饲料	xiànliàng sìliào	نورمال جەم ٴشوپ
限制	xiànzhì	شەكتەۇ
限制性氨基酸	xiànzhìxìng ānjīsuān	تەجەگىش امينو قىشقىلدارى
限制因素	xiànzhì yīnsù	تەجەۇشى فاكتور
腺	xiàn	بەز (جانۋاردا) سەكرات بولىپ شعاراتىن مۇشە (وسمدىكتە)
腺葱	xiàncōng	سالاسىز جۋا
腺萼蝇子草	xiàn'è yíngzicǎo	گۇلتەلى سىلدىر ٴشوپ

腺茎独行菜	xiànjīng dúxíngcài	ٴتاتتى زبعر
腺磷草	xiànlíncǎo	سۇيەل ۋت
腺毛肺草	xiànmáo fèicǎo	جۇمساق بالشتەر
腺毛委陵菜	xiànmáo wěilíngcài	تولىق قاز تابان
腺细胞	xiànxìbāo	بەزدى كلەتكا
乡土植物	xiāngtǔ zhíwù	جەرگىلىكتى ۆسمدىك
相对	xiāngduì	سالستىرمالى
相对差	xiāngduì chà	سالستىرمالى پارىق
相对生长	xiāngduì shēngzhǎng	سالستىرمالى ٴوسۋ
相对湿度	xiāngduì shīdù	سالستىرمالى ىلعالدىق
相对温度	xiāngduì wēndù	سالستىرمالى تەمپەراتۇرا
相对性状	xiāngduì xìngzhuàng	سالستىرمالى بەلگى
相对蒸腾	xiāngduì zhēngténg	سالستىرمالى تۇنسپىراتسيا
相反杂交	xiāngfǎn zájiāo	كەرى الماستىرىپ بۇداندىستىرۋ
相关	xiāngguān	ٴوزارا بايلانىس
相关性	xiāngguānxìng	ٴوزارا بايلانىس
相互	xiānghù	ٴوزارا
相互干扰	xiānghù gānrǎo	ٴوزارا كەدەرگى جاساۋ
相克作用	xiāngkè zuòyòng	وتاسپاۋ، قاراما ـ قارسىلىق رولى
相融	xiāngróng	ٴوزارا قابىسقان
相似器官	xiāngsì qìguān	ۇقساس مۇشەلەر
相同	xiāngtóng	ۇقساس
相引相	xiāngyǐnxiàng	ٴبىرىن ـ ٴبىرى تارتۋ
香艾	xiāng'ài	كۇرەڭگكەي جۇسان
香柏	xiāngbǎi	سارى ارشا، ارشا
香菜	xiāngcài	كوجەكوك، اسكوك
香草	xiāngcǎo	قوش ٴيستى ٴتىل قيار
香菖	xiāngchāng	قۇرتقا شاش
香椿	xiāngchūn	ٴيستى ۋيەڭكى، شۇلىك
香豆	xiāngdòu	اسەم بۇرشاق
香独活	xiāngdúhuó	ٴيستى قوي بالدىرعان
香附子	xiāngfùzǐ	ولەڭقياق، سالەم ٴشوپ
香根芹	xiānggēnqín	ۋسمورىزا
香菇	xiānggū	جۇپار ساڭىراۋ قۇلاق
香瓜	xiāngguā	قاۋۇن
香桧	xiāngguì	ٴيستى ارشا

香旱芹	xiānghànqín	اجسگون
香蒿	xiānghāo	كوك ەرمەن
香花草	xiānghuācǎo	ەمەرگۆل
香胶树	xiāngjiāoshù	بالزام اعاش
香芥属	xiāngjièshǔ	ەمەرگۆل تۈسى
香精油	xiāngjīngyóu	ەفيرمايى
香蕾	xiānglěi	رايحان جالبىز، تاۋ جالبىز
香柳	xiāngliǔ	بوز جيدە، جيدە
香蒲	xiāngpú	قوعا
香芹	xiāngqín	ئىستى سارى قالۉن
香芹菜	xiāngqíncài	اق جەلەك، اقشىل جەلەك
香青	xiāngqīng	انافيليس
香石竹	xiāngshízhú	جۇپار قالامپىر
香鼠	xiāngshǔ	سولونگوي، كۈزەن
香水草	xiāngshuǐcǎo	سۆيەل جازار
香水梨	xiāngshuǐlí	المۈرت، شىرىندى المۈرت
香睡莲	xiāngshuìlián	جۇپار تۈڭعيق
香丝草	xiāngsīcǎo	ئىستى مايدا جەلەك
香松	xiāngsōng	سامىرسىن قاراعاي
香唐松草	xiāngtángsōngcǎo	جۇپار مارال وت
香豌豆	xiāngwāndòu	قويان بۇرشاق، جۇپار بۇرشاق
香杨	xiāngyáng	جۇپار تەرەك
香叶万寿菊	xiāngyè wànshòujú	ئىستى بارقىت ئشوپ
镶嵌植物群落	xiāngqiàn zhíwù qúnluò	اشەكەيلى وسىمدىك قاۋىمى
详细调查	xiángxì diàochá	ەگجەي ـ تەگجەيلى تەكسەرۉ
响叶杨	xiǎngyèyáng	جىلاۋىق تەرەك
向地性	xiàngdìxìng	باعتتالعشتىق
向顶生长	xiàngdǐng shēngzhǎng	ۇشىنان ئوسۇ
向光性	xiàngguāngxìng	ساۋلەگە باعتتالعشتعى
向化性	xiànghuàxìng	حيميالىق زاتتارعا باعتتالعشتعى
向流性	xiàngliúxìng	سۇعا اعىسنا باعتتالعشتعى
向日葵	xiàngrìkuí	كۈن باعىسى
向日葵列当	xiàngrìkuí lièdāng	كۈنباعىس سۈڭعەلا
向上脱位	xiàngshàng tuōwèi	جوعارىعا قاراي شعۈ
向水性	xiàngshuǐxìng	ىلعالعا باعتتالعشتعى
向阳性	xiàngyángxìng	جارىققا باعتتالعشتعى

向氧性	xiàngyǎngxìng	وتتەگىنە باعتتالعىشتعى
相（期）	xiàng（qī）	قارا، كەزەك
象鼻虫	xiàngbíchóng	ٴبىز تۇمسىق
象虫科	xiàngchóngkē	ٴپىل تۇمسىقتى قوڭىز
象鼠	xiàngshǔ	سەكىرگىش كورتىشقان
橡胶	xiàngjiāo	كاۋچۇك
橡胶草	xiàngjiāocǎo	كوك ساعىز
橡胶树	xiàngjiāoshù	كاۋچۇك اعاشى
橡皮树	xiàngpíshù	فيكوس
橡实	xiàngshí	ەمەن جاڭعاق، شوشقا جاڭعاق
橡树	xiàngshù	ەمەن
消除	xiāochú	جويۇ
消毒	xiāodú	دەزينفەكسيالاۋ
消费者	xiāofèizhě	تۇتىنۇشى
消耗	xiāohào	سارىپ ەتۇ
消耗饲料	xiāohào sìliào	جۇمسالعان ازىقتىق
消化	xiāohuà	قورتۇ
消化道	xiāohuàdào	قورتۇ جولى
消化酶	xiāohuàméi	قورتۇ فەرمەنتى
消化腔	xiāohuàqiāng	قورتۇ قۋىسى
消化系统	xiāohuà xìtǒng	اس قورتۇ جۇيەسى
消化腺	xiāohuàxiàn	قورتپا بەز
消化养分	xiāohuà yǎngfèn	ٴسىڭىمدى قورەكتىك قۇرام
消灭害虫	xiāomiè hàichóng	زياندى جاندىكتەردى جويۇ
消灭鼠害	xiāomiè shǔhài	تىشقاندى جويۇ
消退	xiāotuì	قايتۇ
消长	xiāozhǎng	ازايىپ كوبەيۇ
硝化作用	xiāohuà zuòyòng	ازوتتانۇ رولى
硝酸铵	xiāosuān'ǎn	امموني سەليتراسى
硝酸根离子	xiāosuāngēn lízǐ	ازوت قىشقىل قالدىق يوني
硝酸盐	xiāosuānyán	ازوت قىشقىلى تۇزى
硝酸盐氮	xiāosuānyándàn	نيترات ازوتى
硝酸植物	xiāosuān zhíwù	نيترات وسىمدىك
硝态氮肥	xiāotài dànféi	نيترات كۇيىندەگى ازوتتى تىڭايتقىش
小白菜	xiǎobáicài	جازدىق ٴبايساي
小白梨	xiǎobáilí	اق جەكەن

小白蕊草	xiǎobáiruǐcǎo	جاتاعان كەندىرشە
小白鼠	xiǎobáishǔ	كىشكەنە اق تىشقان
小搬圈	xiǎobānjuàn	كۆشپەلى قورا
小苞片	xiǎobāopiàn	گۇل جاپىراقشاسى
小孢子	xiǎobāozǐ	ميكرو سپورا
小孢子叶	xiǎobāozǐyè	ميكرو سپورا جاپىراقشاسى
小滨藜	xiǎobīnlí	كىشى كوكبەك
小檗	xiǎobò	سارى اعاش، كوكبوياۋ
小铲	xiǎochǎn	قالاقشا
小车前	xiǎochēqián	كىشى باقا جاپىراق
小翅雏蝗	xiǎochì chúhuáng	قاناتى كىشكەنە قاسپاق شەگىرتكە
小刺儿菜	xiǎocì'ercài	كىشكەنە تۇك
小葱	xiǎocōng	ۇساق جۇا
小袋花	xiǎodàihuā	سەكپىل شولپان كەبىسى
小氮肥厂	xiǎodànféichǎng	كىشى ازوتتى تىڭايتقىش زاۋودتى
小地老虎	xiǎodìlǎohǔ	كىشى جەر جولبارسى
小地兔	xiǎodìtù	جەر قويان
小动物	xiǎodòngwù	كىشى حايۋانات
小豆	xiǎodòu	قزىل بۇرشاق
小蠹虫亚科	xiǎodùchóng yàkē	اعاش جەڭى، ءتىت جەڭى
小蠹蛾	xiǎodù'é	الما قۇرتى، الما قوڭزى
小对节刺	xiǎoduìjiécì	كىشى سارى تىكەن
小盾片	xiǎodùnpiàn	كىشكەنە قالقانشا
小二仙草	xiǎo'èrxiāncǎo	پەريزات ءشوپ، كالورحاكي
小蜂科	xiǎofēngkē	كىشكەنە ارا تۇقىمداسى
小甘菊蒿	xiǎogānjúhāo	جەلەك جۇسان
小高位芽植物（小乔木）	xiǎo gāowèiyá zhíwù（xiǎoqiáomù）	ورتاشا بيىكتىكتەگى اعاشتار （2 ــ 8 مەتر）
小根（胚根）	xiǎogēn（pēigēn）	تامىرشا
小根葱	xiǎogēncōng	قوي جۇا
小骨片	xiǎogǔpiàn	كىشكەنە سۇيەك جاپىراقشاسى
小冠花	xiǎoguānhuā	تاجگۇل، قويان بەدە
小灌木	xiǎoguànmù	بۇتاشىق （ 0.5 ــ مەتردەن تومەن）
小果蠹	xiǎoguǒdù	قابىق قوڭزى
小果亚麻荠	xiǎoguǒ yàmájì	كىشكەنە جەمىستى ارشى
小核	xiǎohé	كىشى يادرو
小核果	xiǎohéguǒ	سۇيەكشە

小黑三棱	xiǎohēisānléng	كىشى قارا ۋلەك
小红柳	xiǎohóngliǔ	ۋساق قىزىل تال
小花点地梅	xiǎohuā diǎndìméi	بۇقپا اق گۆل
小花棘豆	xiǎohuā jídòu	ۋ كەكىرە
小花柳叶菜	xiǎohuā liǔyècài	ۋساق گۆلدى كۆرەك ۆت
小花脓疮草	xiǎohuā nóngchuāngcǎo	شىرىك ۆت
小花碎米荠	xiǎohuā suìmǐjì	جالعان بايمانا
小花苔草	xiǎohuā táicǎo	ۋساق گۆلدى كۆرەڭشە
小花糖草	xiǎohuā tángcǎo	كىشكەنە اق باستى ٴشوپ
小画眉草	xiǎohuàméicǎo	كىش شيتارى
小黄菊	xiǎohuángjú	كەستە جۇسان
小黄鼠	xiǎohuángshǔ	كىشكەنە سارى شۇناق تىشقان
小茴茴蒜	xiǎohuíhuísuàn	جۇڭگو سارعالداعى
小茴香	xiǎohuíxiāng	ارپا بەديان
小芨芨草	xiǎojījīcǎo	تاپال ٴشي
小蓟	xiǎojì	تىكەن قۇراي، اق تىكەن
小家畜	xiǎojiāchù	ۋساق مال
小家鼠	xiǎojiāshǔ	قايتەسەر
小甲野菊	xiǎojiǎyějú	تۆيمە ٴجۇزىم
小坚果	xiǎojiānguǒ	جاڭعاقشا
小芥菜	xiǎojiècài	قىشى
小蓝雪花	xiǎolánxuěhuā	ٴتس ٴدارى
小林姬鼠	xiǎolínjīshǔ	ورمان كىشكەنە تىشقانى
小鳞茎	xiǎolínjīng	باداناشا
小麦	xiǎomài	ٴبيداي
小麦盾蟥	xiǎomài dùnchūn	زياندى باقاشىق
小麦秆锈病	xiǎomài gǎnxiùbìng	ٴبيداي ساباق تات دەرتى
小麦散黑穗病	xiǎomài sànhēisuìbìng	ٴبيدايدىك دودسىراعەش
小麦吸浆虫（小红虫）	xiǎomài xījiāngchóng（xiǎohóngchóng）	قارا كۆيەسى
小麦线虫	xiǎomài xiànchóng	استىق قاندالاسى
小麦蚜虫	xiǎomài yáchóng	ٴبيداي سىم قۇرتى
小麦叶锈菌	xiǎomài yèxiùjūn	استىق بەتەسى
小毛足鼠	xiǎomáozúshǔ	كىشكەنە تىشقان
小米	xiǎomǐ	ٴيتقوناق، يتاليا يتقوناعى
小米草	xiǎomǐcǎo	كوز ٴدارى
小米口袋	xiǎomǐkǒudai	تۆيە سۆيەك، سەڭگىر تاسپا

小苗	xiǎomiáo	كىشى مايسا
小苗少浇	xiǎomiáo shǎojiāo	كىشى مايسانى از سؤارؤ
小苜蓿	xiǎomùxu	قىرسىم وشاعان
小配子	xiǎopèizǐ	ميكرو گاماتا
小配子体	xiǎopèizǐtǐ	اتالىق وسكىن
小蓬	xiǎopéng	تاسبؤيرعسن، جاپاق
小气候	xiǎoqìhòu	ميكرو كليمات، شاعىن اؤماق كليماتى
小荨麻	xiǎoqiánmá	ءزارلى قالاقاي
小球形花序	xiǎo qiúxíng huāxù	شوعرماق
小区	xiǎoqū	كىشى اؤماق
小伞菌	xiǎosǎnjūn	ؤلى ساڭىراؤ قؤلاقتار
小鼠	xiǎoshǔ	كىشكەنە تىشقان
小酸模	xiǎosuānmó	جاتاعان قمىزدىق
小穗状花序	xiǎo suìzhuàng huāxù	ماساقشا، ماساقشا گؤل شوعىرى
小糖草	xiǎotángcǎo	اق سؤ وتى
小鼯鼠	xiǎowúshǔ	قؤرالاي
小五趾跳鼠	xiǎo wǔzhǐ tiàoshǔ	بەس ساؤساقتى كىشكەنە قوس اياق
小香蒲	xiǎoxiāngpú	اقشىل قوعا
小型叶	xiǎoxíngyè	ؤساق جاپىراقتىلىق
小型植物	xiǎoxíng zhíwù	ؤساق وسىمدىكتەر
小旋花	xiǎoxuánhuā	شرمىاؤق
小蕈甲科	xiǎoxùnjiǎkē	ساڭىراؤ قؤلاق قوڭىزى
小叶	xiǎoyè	جاپىراقشا
小叶茶	xiǎoyèchá	جاس شاي
小叶金露梅	xiǎoyè jīnlùméi	كىشكەنە جاپىراقتى ماي بؤتا
小叶林	xiǎoyèlín	ؤساق جاپىراقتى ورمان
小叶樟	xiǎoyèzhāng	قاندى اعاشى
小疣	xiǎoyóu	كىشكەنە داق
小于	xiǎo yú	كىشى
小獐毛	xiǎozhāngmáo	كىشى اجىرىق
小掌叶毛莨	xiǎozhǎngyè máogèn	الاقانشا سارعالداق
小枝	xiǎozhī	بؤتاقشا
效果	xiàoguǒ	ؤنەمدىلىگى
蝎尾菊	xiēwěijú	تاسپا بؤرمەك
蝎子	xiēzi	شايان
蝎子草	xiēzicǎo	كەنەپ قالاقاي، كەندىر قالاقاي

协调	xiétiáo	سايكەستىرۋ
邪蒿	xiéhāo	تەرنا ٴشوپ
斜长石	xiéchángshí	شالاڭعەرت بشپات
携粉足	xiéfěnzú	توزاڭ كوشرەندى اياق
缬草	xiécǎo	ٴتۇيىن ٴشوپ
泻根	xiègēn	اق سەرتتان، ٴيت ٴجۇزىم
蟹	xiè	سۇ شاپانى
心门瓣	xīnménbàn	جورەك قاقپاعى
心皮（果瓣）	xīnpí（guǒbàn）	جەمىس جاپىراعى
心皮柄	xīnpíbǐng	

كارفوپرو (شاتەرشا گۇل تۇقىمداستاردىڭ داننە بىلەسپ) وسەتىن دەنە

心室	xīnshì	ۇياشىق
心土层	xīntǔcéng	سەنترەلى توپىراق قابات
心叶驼绒藜	xīnyè tuórónglí	جورەك جاپىراقتى تەرسكەن
心脏	xīnzàng	جورەك
辛硫磷	xīnliúlín	ديتورفوس
锌	xīn	مىرىش
新北界	xīnběijiè	جاڭا سولتۇستىك الەم
新陈代谢	xīnchén dàixiè	زات الماسۋ
新翅类	xīnchìlèi	جاڭا قاناتتىلار
新疆赤芍	Xīnjiāng chìcháo	شينجياڭ قىزىل شۇعىنعى
新疆多榔菊	Xīnjiāng duōlángjú	شينجياڭ تەمەكى ٴشوبى
新疆鹅观草	Xīnjiāng éguāncǎo	شينجياڭ كۇملگەي
新疆桦	xīnjiānghuà	قىزىل قايىڭ
新疆假龙胆	Xīnjiāng jiǎlóngdǎn	تۇركىستان شەرمەنگۇل
新疆锦鸡儿	Xīnjiāng jǐnjī'er	بوز قاراعان
新疆拉拉藜	Xīnjiāng lālálí	شينجياڭ قىزىل بوياۋى
新疆丽豆	Xīnjiāng lìdòu	شينجياڭ ماي قاراعان
新疆麻花头	Xīnjiāng máhuātóu	شينجياڭ تۇيمە باسى
新疆木桶	Xīnjiāng mùtǒng	شينجياڭ اعاش شەرماۋعەى
新疆银穗草	Xīnjiāng yínsuìcǎo	تارامىس ٴشوپ
新麦草	xīnmàicǎo	ورس قياعى
新热带界	xīnrèdàijiè	جاڭا ىستىق بەلدەۋ الەمى
新生草	xīnshēngcǎo	قسىر ساباق
燉麻	xìnmá	كەندىر
兴安蓼	xīng'ānliǎo	ٴالپى تاران

兴安落叶松	Xīng'ān luòyèsōng	تارباق بال قاراعاي
星果泽泻	xīngguǒ zéxiè	جۆلدىز جەمىسى
星黄蝶	xīnghuángdié	شىمتەزەك سارى كوبەلەگى
星天牛	xīngtiānniú	جۇلدىزشا ساۇله
星星草	xīngxīngcǎo	نازىك گۆلدى اق مامىق
星状刺果藜	xīngzhuàng cìguǒlí	تارباق بوز يزەن
星状细胞	xīngzhuàng xìbāo	جۇلدىزشا كلەتكا
行为	xíngwéi	ارەكەت، قىمىل
行为生态学	xíngwéi shēngtàixué	قىمىلدىق ەكولوگيا علمى
形成	xíngchéng	قالىپتاسۇ
形成层	xíngchéngcéng	قالىپتاسۇشى قابات
形成组织	xíngchéng zǔzhī	قالىپتاسۇشى تكان
形态	xíngtài	كۆيى، مورفولوگياسى
形态学	xíngtàixué	مورفوگيا علمى
形态指标法	xíngtàizhǐbiāofǎ	جاعداي كورسەتكش ءادىسى
形体	xíngtǐ	ءپشىن تۆلعاسى
型（类型）	xíng（lèixíng）	ءتيپ، فورما
杏	xìng	ورىك، كادىمگى ورىك
杏干	xìnggān	ورىك قاعى
杏仁	xìngrén	ورىك ءدانى
杏属	xìngshǔ	ورىك تۇسى
杏状梨	xìngzhuànglí	ورىك المۇرت
性别比例	xìngbié bǐlì	جىنستىق سالستىرماسى
性别决定	xìngbié juédìng	جىنستك بەلگىلەنۇى
性成熟	xìngchéngshú	جىنستىق تولىسۇ
性器官	xìngqìguān	كوبەيۇ مۇشەسى
性染色体	xìngrǎnsètǐ	جىنستىق حرومۇسوما
性外激素	xìngwàijīsù	جىنستىق سىرتقى گەرمون
性未成熟期	xìngwèichéngshúqī	جىنستىق گەرمون مەزگىلى
性抑制激素	xìngyìzhìjīsù	جىنستىق گەرمون
性引诱腺	xìngyǐnyòuxiàn	جىنستىق شىرعا بەز
性质	xìngzhì	قاسيەتى
性周期	xìngzhōuqī	جىنستىق پەريوتى
性状	xìngzhuàng	فورماسى، قابلەت بەلگىسى
荇菜	xìngcài	باتپاقگۆل
荇菜属	xìngcàishǔ	باتپاقگۆل تۇسى

凶恶昆虫	xiōng'è kūnchóng	جىرتقش ناسەكومدار
胸	xiōng	كەؤدە كوكرەك
胸部	xiōngbù	كوكرەك ٴبولىم
胸腹	xiōngfù	كەؤدە، قۇرساق
胸足	xiōngzú	كوكرەك اياق
雄	xióng	اتالىق، ەركەك
雄虫	xióngchóng	اتالىق قۇرت
雄雌同株异花	xióng cí tóngzhū yìhuà	اتالىق ـ انالعسىٴ بىر تۇپتەگى ٵكى باسقا گۇل
雄雌异株花	xióngcíyìzhūhuā	اتالىق ـ انالعى ٵكى باسقا گۇل
雄蛾	xióng'é	اتالىق كوبەلەك
雄蜂	xióngfēng	اتالىق ارا، ەركەك ارا
雄核	xiónghé	اتالىق يادىرو
雄花	xiónghuā	اتالىق گۇل
雄配子	xióngpèizǐ	اتالىق گامەتا
雄球花	xióngqiúhuā	اتالىق ٴبۇر
雄蕊	xióngruǐ	اتالىق
雄蕊柄	xióngruǐbǐng	اندروفور
雄体	xióngtǐ	اتالىق دەنە
雄蚊	xióngwén	اتالىق ماسا
雄性	xióngxìng	اتالىق قاسيەت
雄性生殖系统	xióngxìng shēngzhí xìtǒng	اتالىق كوبەيۇ سيستەماسى
雄性细胞	xióngxìng xìbāo	اتالىق كلەتكا
熊果	xióngguǒ	ايۇ قاراقات، قاراقات
熊红门兰	xiónghóngménlán	كوكەك جاسى
休耕地	xiūgēngdì	تىنىقتىرىلعان جەر
休眠	xiūmián	تولاس، ۇزاق ۇيقى
休眠包囊	xiūmián bāonáng	تىنىشتىق سپۇراسى
休眠期	xiūmiánqī	تولاستى مەزگىل
休眠芽	xiūmiányá	بۇيىققان بۇرشەك
休眠状态	xiūmián zhuàngtài	بۇيىققان كۇيى
休闲	xiūxián	تىنىقتىرۇ
休闲草场	xiūxián cǎochǎng	جايىلىمدى تىنىقتىرۇ
修复性	xiūfùxìng	قايتا جەتىلگىشتىك
修剪	xiūjiǎn	بۇتاۇ، شىرپۇ، وتاۇ
修筑	xiūzhù	جۇندەۇ
秀丽马先蒿	xiùlì mǎxiānhāo	اسەم قانديگۇل

绣球花	xiùqiúhuā	شاڭگش
绣线菊	xiùxiànjú	توبسلعى
锈孢子	xiùbāozǐ	تات سپوراسى
锈病	xiùbìng	تات اۇرۇئى
嗅	xiù	ئيس
嗅觉	xiùjué	ئيستى سەزۇ
嗅觉器	xiùjuéqì	ئيستى سەزۇ مۇشەسى
嗅球	xiùqiú	ئيس بادانۇسى
须苞石竹	xūbāo shízhú	بوربۇس قۇلۇمپىر، ارۇم جوڭشقۇ
须草	xūcǎo	سەلدىرىك، تۇرۇلعەن
须根	xūgēn	شاشۇق تۇمىر
须根系	xūgēnxì	شاشۇق تۇمىر جۇيەسى
须芒草	xūmángcǎo	بوز شاعەل
须毛雀儿舌头	xūmáo què'er shétou	تۇكتى تورعۇي ئتىل
须状莎草	xūzhuàng suōcǎo	شاشۇقتى سۇلەم ئشوپ
须子	xūzi	شاشۇق
虚脉	xūmài	بوس سوعۇتىن تۇمىر
需光发芽种子	xūguāng fāyá zhǒngzi	جۇرىقتۇ بۇرشكتەنەتىن تۇقمدۇر
畜产品	xùchǎnpǐn	مۇل شارۇۇشلىق ئونمى
畜牧业	xùmùyè	مۇل شارۇۇشلىعى
畜牧业机械化	xùmùyè jīxièhuà	مۇل شارۇۇشلىعىن مەحانيكۇلۇندىرۇ
畜牧业基地	xùmùyè jīdì	مۇل شارۇۇشلىق بازۇسى
畜牧业经济结构	xùmùyè jīngjì jiégòu	مۇل شارۇۇشلىعىنىڭ ەكونوميكۇلىق قۇرىلمى
畜牧业生产	xùmùyè shēngchǎn	مۇل شارۇۇشلىق ئوندىرسى
畜牧业生产周期	xùmùyè shēngchǎn zhōuqī	مۇل شارۇۇشلىقتىڭ ئوندىرس اينالمى
畜牧业饲料基地	xùmùyè sìliào jīdì	مۇل شارۇۇشلىق جەم-ئشوپ بازۇسى
絮菊属	xùjúshǔ	قۇز قۇرت تۇستۇسى
蓄水	xùshuǐ	سۇ ساقتاۇ
萱草	xuāncǎo	سارۇنا، التىنعۇل
玄老鼠	xuánlǎoshǔ	قۇرا ەگەۇ قۇيرىق
玄参	xuánshēn	سۇبىن كوك
玄武岩	xuánwǔyán	بۇيرا تۇس
悬浮	xuánfú	قۇلقۇ
悬钩子	xuángōuzǐ	تاڭقۇراي
悬钩子蝴蝶	xuángōuzǐ húdié	تاڭقۇراي قۇمتى
悬铃木	xuánlíngmù	تەمەكى تىرىس

旋覆花	xuánfùhuā	اندىز
旋覆花属	xuánfùhuāshǔ	اندىز تۇؤسى
旋花	xuánhuā	شرماۋىق
旋花科	xuánhuākē	شرماۋىق تۇؤقمداس
旋生叶序	xuánshēng yèxù	جاپىراقتىڭ بۇراندا ورنالاسۇى
选配	xuǎnpèi	سرىكتەپ قوسۇ
选用	xuǎnyòng	تالداپ ىستەتۇ
选育	xuǎnyù	تالداپ ٴوسىرۇ
选择	xuǎnzé	سۇرىپتاۇ، سۇرىپتالۇ
选择取样	xuǎnzé qǔyàng	تاڭداپ ۇلگى الۇ
选择渗透性	xuǎnzé shèntòuxìng	تالعامدى وتكىزگىشتىك
选择受精	xuǎnzé shòujīng	تالعامدى ۇرىقتانۇ
选择性	xuǎnzéxìng	تالعامدىلىق
选种	xuǎnzhǒng	تۇقىم تالداۇ
穴播	xuébō	ۇياشقتاپ ەگۇ
穴居	xuéjū	قازىپ مەكەندەۇ
穴施	xuéshī	ۇيالاپ بەرۇ
穴兔	xuétù	ٴىن قويان
雪报春	xuěbàochūn	قارلىق بايشەشەك
雪带	xuědài	قار زوتاسى، قارلى القاپ
雪地结草	xuědì jiécǎo	قارشىل ٴتۇيىن ٴشوپ
雪豆	xuědòu	اسەم بۇرشاق
雪腐镰孢	xuěfǔ liánbāo	قاردا شرتكەش وراق ٴتارىزدى سپورا
雪果属	xuěguǒshǔ	قار جەمىسى تۇؤستاسى
雪鸡	xuějī	ۇلار
雪莲	xuělián	قارعالداق، قوجا ٴشوپ
雪岭地肤	xuělǐng dìfū	شرەتىك يزەتى
雪岭云杉	xuělǐng yúnshān	شرشا قاراعاي، تيانشان شرشاسى
雪青	xuěqīng	كەر شولان، تاسجارعان
雪球	xuěqiú	اقشىل قارا جەمس
雪绒毛蓼	xuěróngmáoliǎo	قارلىق تۇكتى تاران
雪上追肥	xuěshàng zhuīféi	قار ۇستىنەن ۇستەمە تىڭايتقىش بەرۇ
雪松	xuěsōng	سامىرسىن قاراعاي
雪松林	xuěsōnglín	سامىرسىن
雪兔	xuětù	اق قويان

雪维菜	xuěwéicài	قارشىل كوپەر
雪委陵菜	xuěwěilíngcài	قار قاز قاباتى
雪叶莲	xuěyèlián	اسەم گۆلجاينار
血窦	xuèdòu	قان قۇسى
血红蛋白	xuèhóngdànbái	گەموگلوبيين
血红酸模	xuèhóng suānmó	قىزىل قىمىزدىق
血见悉	xuèjiànxī	اسەم ەمەن ٴشوپ
血浆	xuèjiāng	قان پلازماسى
血淋巴	xuèlínbā	قان لينپاس
血腔	xuèqiāng	قۇس قان
血球	xuèqiú	قان كلەتكاسى
血吸虫	xuèxīchóng	قان سورعىش قۇرتتار
血细胞	xuèxìbāo	قان كلەتكاسى، قان تۇيىرشەگى
血型	xuèxíng	قان ٴتيپى
血液	xuèyè	قان
熏蒸	xūnzhēng	ىستاۇ
熏蒸剂	xūnzhēngjì	ىستاعىش
熏蒸灭鼠	xūnzhēng mièshǔ	تىشقاندى ٴسىسالىپ قۇرتۇ
薰衣草	xūnyīcǎo	لاۋاندۇلا
询问	xúnwèn	سۇراۇ سالۇ، سۇراۇ
枸子	xúnzi	ٴرعاي
循环	xúnhuán	اينالۇ
循环系统	xúnhuán xìtǒng	اينالۇ جۇيەسى
循环选择	xúnhuán xuǎnzé	قايتالاي سۇرىپتاۇ
迅速	xùnsù	تەز
驯化	xùnhuà	بەيىمدەندىرۇ، جەرسىندىرۇ
驯化栽培	xùnhuà zāipéi	ەگۆگە كوندىكتىرۇ
蕈	xùn	ساڭىراۇ قۇلاق، كەرەك قۇلاق

| 压板 | yābǎn | مىجلعان تاقتايشا |
| 压茬放牧 | yāchá fàngmù | ٴشوپتى قالدىرماي جەگىزىپ جايۇ |

压捆	yākǔn	بايلاۋ
压力	yālì	قىسىم
压缩	yāsuō	كىشىرەيۋ
压条	yātiáo	قالامشا كومۇ، سۇلاما بۇتاق
鸦葱	yācōng	تاۋساعىز، قويان توبىق
鸦片	yāpiàn	اپيىن
鸦食花	yāshíhuā	داعۇر سەڭگىرلەگى
鸦跖花	yāzhíhuā	كوكشەگىر، مۇزداق كوكشەگىر
鸭	yā	ۇيرەك
鸭梨	yālí	المۇرت
鸭茅	yāmáo	تارعاق ٴشوپ
鸭茅属	yāmáoshǔ	تارعاق ٴشوپ تۇستاسى
鸭嘴孔颖草	yāzuǐ kǒngyǐngcǎo	ايسۇلۇ
牙	yá	ٴتىس
牙疙瘩	yágēda	ٴيىت بۇلدىرگەن
芽	yá	بۇرشىك
芽孢子	yábāozǐ	بۇرشىك سپوراسى
芽接	yájiē	بۇرشىكتى تەلۇ
芽鳞	yálín	بۇرشىك قابىرشەعى
芽鞘	yáqiào	وركەن قىنابى
芽球	yáqiú	ۇرت بۇرشىگى، جاس بۇرشىك
芽生菌类	yáshēngjūnlèi	اشتقى ساڭىراۋ قۇلاقتارى
芽生无性生殖	yáshēng wúxìng shēngzhí	بۇرشىكتەنۇ ارقلى جنىسسز كۇبەيۇ
芽生殖	yáshēngzhí	بۇرشىك ارقلى كوبەيۇ
芽眼	yáyǎn	بۇرشىك كوزى
芽眼嫁接法	yáyǎn jiàjiēfǎ	بۇرشىكتى ۇلاستىرۇ، بۇرشىكتى تەلۇ
芽殖	yázhí	بۇرشىكتەنۇ
蚜	yá	بتە، وسىمدىك بتەسى
蚜虫	yáchóng	شىركەي
蚜茧蜂	yájiǎnfēng	شىركەي اۇلاعىش ارا
蚜科	yákē	شىركەي تۇستاسى
蚜霉菌	yáméijūn	شىركەي كوگەرتكىش باكتەرياسى
崖柏	yábǎi	سجۇان ارشاسى
崖豆	yádòu	ەكپە بۇرشاق، اسبۇرشاق
崖柳	yáliǔ	قۇزار تال
崖桑	yásāng	مۇڭعۇل تۇتى

雅致委陵菜	yǎzhì wěilíngcài	جاتاغان قارتابان
亚胺硫磷	yà'ànliúlín	يميدان، فوسەت
亚成体阶段	yàchéngtǐ jiēduàn	جيلۇ ساتىسى
亚带	yàdài	زورنا
亚飞廉属	yàfēiliánshǔ	ھەستگەن تۇۋسى
亚风尾松（亚苏铁类）	yàfēngwěisōng（yàsūtiělèi）	بەتتەندىقتەر
亚纲	yàgāng	كلاس تارماعى
亚高山草甸草场	yàgāoshān cǎodiàn cǎochǎng	جايلەم، تاۋلى شالىندىق
亚耕层	yàgēngcéng	پۇرازدا قاباتى
亚界	yàjiè	دۇنيەلەس، سالا، ٴتيپ، قوسالقى
亚菊	yàjú	اجانيا
亚科	yàkē	تۇقىمداس تارماعى
亚类草原	yàlèi cǎoyuán	ەكىنشى دارەجەلى جايلەم
亚硫酸钠	yàliúsuānnà	كۇكىرتتى قشقىل ناتري
亚硫酸盐	yàliúsuānyán	كۇكىرت قشقىل تۇزداري
亚麻	yàmá	زىعىر، كادىمگى زىعىر
亚麻荠	yàmájì	زىعىر اراشى، ارش
亚麻科	yàmákē	زىعىر تۇقىمداس
亚麻蓼	yàmáliǎo	كەندىر تاران، زىعىر تاران
亚麻蜀葵	yàmá shǔkuí	كەندىر جالبىز تەكەنى
亚麻跳甲	yàmá tiàojiǎ	زىعىر بۇرگەسى
亚门	yàmén	ٴتيپ، تارماعى
亚目	yàmù	وتريات تارماعى
亚前缘脉	yàqiányuánmài	قوسالقى الدىڭعى تامىرى
亚群	yàqún	توپ تارماعى
亚热带林带	yàrèdài líndài	سۇبتقاۋ بەلدەۇلىك ورمانى
亚热带植物	yàrèdài zhíwù	سۇبتقاۋ بەلدەۇلىك وسىمدىگى
亚热干旱	yàrè gānhàn	قوۋتجىرجاي قۇرعاق
亚热极旱	yàrè jíhàn	قوۋتجىرجاي ـ قاقاس ٴشوپ
亚热湿润	yàrè shīrùn	قوۋتجىرجاي ـ دىمقىل
亚热微干	yàrè wēigān	قوۋتجىرجاي ـ قاعىرلاۋ
亚热微润	yàrè wēirùn	قوۋتجىرجاي ـ دىمقىلداۋ
亚属	yàshǔ	تۇس تارماعى
亚硝酸	yàxiāosuān	ازوتتى قشقىل
亚硝酸盐中毒	yàxiāosuānyán zhòngdú	ازوتتى قشقىل تۇزدان ۋلانۋ
亚型	yàxíng	ٴتيپ تارماعى

亚优势植物	yàyōushì zhíwù	وسمتالداۋ وسمدىك
亚油酸	yàyóusuān	لينول قشقلى
亚种	yàzhǒng	ٴتؤر تارماعى
亚洲飞蝗	Yàzhōu fēihuáng	ازيا ۇشپا شەگىرتكەسى
亚洲苹果	Yàzhōu píngguǒ	تاس الما
亚洲勿忘草	Yàzhōu wùwàngcǎo	ازيا بوتا كوزى
亚洲野燕麦	Yàzhōu yěyànmài	ازيا سؤلباسى
咽	yān	جۇتقىنشاق
咽喉下神经节	yānhóuxià shénjīngjié	جۇتقىنشاق استى نەرۆ تامىرلارى
烟草	yāncǎo	تەمەكى
烟草属	yāncǎoshǔ	تەمەكى تؤسى
烟草细菌性纹斑病	yāncǎo xìjūnxìng wénbānbìng	تەمەكى الا باجاعى
烟草夜娥	yāncǎo yè'é	تەمەكى كوبەلەگى
烟豆	yāndòu	تەمەكى بؤرشاعى
烟剂灭鼠	yānjì mièshǔ	ستاپ تىشقان جويؤ
烟蓟马	yānjìmǎ	تەمەكى تىريس
烟碱	yānjiǎn	نيكوتين
烟色紫堇	yānsè zǐjǐn	كوك ايدار ٴشوپ
烟酸	yānsuān	نيكوتين قشقلى
胭脂花	yānzhihuā	اقشامگۇل
淹水	yānshuǐ	سؤ باسؤ
淹水草甸	yānshuǐ cǎodiàn	سلعالدى شالعاندىق
延胡索	yánhúsuǒ	تىرنا گۇل
芫荽	yánsui	سلعالدى شالعاندىق
严重退化草场	yánzhòng tuìhuà cǎochǎng	اۇسر دارەجەدە شەگىنگەن جايىلىم
严重中毒	yánzhòng zhòngdú	سالماقتى تؤردە ؤلانؤ
岩白菜属	yánbáicàishǔ	بادان تؤىستاسى
岩风铃草属	yánfēnglíngcǎoshǔ	جارتاس قوڭىراۋ گۇل
岩高兰	yángāolán	شيكشا، سؤ بؤلدىرگەن
岩黄芪	yánhuángqí	اقشاتاي
岩浆岩	yánjiāngyán	بالقمالى جىنىستار
岩蓼	yánliǎo	جارتاس تارانى
岩龙胆	yánlóngdǎn	تارجيعان كوك گۇل
岩石	yánshí	تاۋ جىنىسى
岩松鼠	yánsōngshǔ	شاعىل تيينى
岩悬钩子	yánxuángōuzǐ	تاس بؤلدىرگەنى، جارتاس قوڭىراۋى

炎热潮湿	yánrè cháoshī	ستىق ـ يلعال
炎热干旱	yánrè gānhàn	ستىق ـ قۇرعاق
炎热极干	yánrè jígān	ستىق ـ قاقاسى، ٴشول
炎热湿润	yánrè shīrùn	ستىق ـ دىمقىل
炎热微干	yánrè wēigān	ستىق ـ قاعىر
炎热微润	yánrè wēirùn	ستىق ـ دىمقىلداۋ
沿海	yánhǎi	تەڭىز جاعالاۋى
沿阶草	yánjiēcǎo	جالعان ولەڭ ٴشوپ
盐豆木	yándòumù	جامان قاسقىر جەم
盐豆木属	yándòumùshǔ	شەڭگەل تۇستاس
盐分	yánfèn	تۇز قۇرامى
盐肤木	yánfūmù	سىركە اعاشى
盐化	yánhuà	تۇزدانۋ
盐基	yánjī	تۇز نەگىزدەرى
盐碱	yánjiǎn	تۇزدى سورتاڭ
盐角草	yánjiǎocǎo	سورتاڭ ٴشوپ
盐节木	yánjiémù	سارسازان
盐芥属	yánjièshǔ	سۇر جۇمسرشاق تۇستاسى
盐美人	yánměirén	قۇرىيانجىن
盐木	yánmù	سەكسەۋىل، ارقا جاپىراق
盐千屈菜属	yánqiānqūcàishǔ	سورتاڭ ٴشوپ تۇستاسى
盐生草	yánshēngcǎo	بۇيرا سوراڭ
盐生草属	yánshēngcǎoshǔ	بۇيرا سورتاڭ تۇستاسى
盐生黄芪	yánshēng huángqí	سورتاسپا
盐生假木贼	yánshēng jiǎmùzéi	سوراڭ بۇيىرعىن تۇستاسى
盐生木属	yánshēngmùshǔ	سۇر تاسپا
盐生植物	yánshēng zhíwù	قاراباراق تۇستاسى
盐穗木属	yánsuìmùshǔ	قارا باراق تۇستاسى
盐土	yántǔ	سۇر توپىراق
盐土草甸草场	yántǔ cǎodiàn cǎochǎng	سۇر توپىراقتى شالعىندىق
盐土牧草	yántǔ mùcǎo	سورتاڭدىق شوپتەر
盐土植物	yántǔ zhíwù	سورتاڭ جەر وسىمدىگى
盐爪爪	yánzhuǎzhua	قارعا تۇياق، تۇيە سوراڭ، سۇر قاڭباق
盐爪爪属	yánzhuǎzhuashǔ	قارعا تۇياق تۇستاسى
盐渍化	yánzìhuà	سۇر باسۇ، سورلانۋ
颜色	yánsè	رەڭى

眼蝶科	yǎndiékē	كوز داقتى
眼眶	yǎnkuàng	كوز شاناعى
眼下沟	yǎnxiàgōu	كوز استى وزەگى
眼子菜科	yǎnzicàikē	شالاك توقىمداسى
偃麦草	yǎnmàicǎo	ساز ٴبيدايىق
演变	yǎnbiàn	وزگەرۇ
演化论	yǎnhuàlùn	ٴۇيۇوتسيا، بىرتىندەپ دامۇدىك نازارياسى
演替	yǎntì	الماسۇ
演替期	yǎntìqī	الماسۇ كەزەڭى
鼹鼠	yǎnshǔ	كور تىشقان
鼹形田鼠	yǎnxíng tiánshǔ	سوقىرتىشقان
厌气生物	yànqì shēngwù	وتتەكسىز تىرشىلىك ٴەتەتىن ورگانيزم
厌气型	yànqìxíng	وتتەكسىز تىرشىلىك ٴتيپى
厌气性生活	yànqìxìng shēnghuó	وتتەكسىز تىرشىلىك
验墒	yànshāng	ٴ‍لعالدىلىقتى تەكسەرۇ
雁来红	yànláihóng	گۇلتاجى، قىزىلقۇيرىق، ٴەكپە سۇلى
焰毛茛	yànmáogèn	كۇيدىرگى سارعالاداق
燕麦	yànmài	سۇلى، قارا سۇلى
燕麦草	yànmàicǎo	بويشاك ٴبيدايىق
燕麦草属	yànmàicǎoshǔ	بويشاك ٴبيدايىق تۇستاسى
燕麦冠锈菌	yànmài guānxiùjūn	سۇلىنىڭ كورونكالى تات دەرتى
燕麦散黑穗菌	yànmài sànhēisuìjūn	قارا سۇلى جابسقاق دەرتى
燕麦叶枯病菌	yànmài yèkūbìngjūn	سۇلىنىڭ توزاك قارا كۇيەسى
燕子花	yànzihuā	كورىكتى قۇرت قاشاسى
羊草	yángcǎo	قاسى مالداق
羊齿草	yángchǐcǎo	قويان ٴشوپ، قاسقىر جەم
羊毒黄茛	yángdú huánggèn	ۇ تاسپا
羊毒乌头	yángdú wūtóu	ٴبارپى، ۇ قورعاسىن
羊肚菌	yángdǔjūn	جالبىرشاقتى ساڭىراۇ قۇلاق
羊耳菌	yáng'ěrjūn	اسىم اندىز
羊耳蒜属	yáng'ěrsuànshǔ	ليپاريسى تۇستاس
羊胡子草	yánghúzicǎo	ۇلپىلدەك، تەكە ساقال
羊犄角	yángjījiao	ۇزىن ٴسۇمبىل بۇرشاق
羊角芹属	yángjiǎoqínshǔ	ۇزىن ٴسۇمبىل بۇرشاق تۇستاسى
羊茅	yángmáo	قوي بەتەگە
羊食阿魏	yángshí āwèi	قوي ساسىر

羊蹄草	yángtícǎo	وكُــز ٴتـل
阳离子	yánglízǐ	وك يوندار
阳生植物	yángshēng zhíwù	جارىقشىل وسمدكتەر
阳向光性（正向光性）	yángxiàngguāngxìng（zhèngxiàngguāngxìng）	جارىقققا بەيىمدەلۇ
阳性	yángxìng	بولىمدى
阳叶	yángyè	سەرتقى جاپىراق
杨柳科	yángliǔkē	تال تۇقىمداس
杨梅	yángméi	بالاۋىز شەرماۋىق
杨树	yángshù	تەرەك
杨桃	yángtáo	قوي جاڭعاق
杨叶桦	yángyèhuà	تەرەك جاپىراقتى قايىڭ
洋艾	yáng'ài	اشتى جۇسان
洋白菜	yángbáicài	كاپوستا
洋薄荷	yángbòhe	كەرمەك جالبىز، اشتى جالبىز
洋葱	yángcōng	پىياز
洋地黄	yángdìhuáng	ويماقگۇل
洋甘草	yánggāncǎo	جالامىيا
洋甘菊花	yánggānjúhuā	قازتابان گۇل
洋狗尾草属	yánggǒuwěicǎoshǔ	جەڭگىل باس تۇستاسى
洋槐	yánghuái	اق قاراعان
洋茴芹	yánghuíqín	بالبىراۋىن
洋姜（菊芋）	yángjiāng（júyù）	جەر المۇرتى
洋金花	yángjīnhuā	ساسىق مەڭدەۋانا
洋莨菪	yángliángpáng	ٴيت جيدەك
洋梨	yánglí	المۇرت
洋李	yánglǐ	الشا، قارا ورىك
洋麻	yángmá	كەندىر، كەنەپ
洋莓	yángméi	قوي بۇلدىرگەن
洋苹果	yángpíngguǒ	ورمان الماسى
洋蓍草	yángshīcǎo	اق شەشەك، اقباس جۇسان، مىڭمىك جاپىراق
洋石竹	yángshízhú	جارعاقگۇل
洋柿子	yángshìzi	پامىدور
洋苏木	yángsūmù	تاس اعاش، قاتتى اعاش
洋苏叶	yángsūyè	شاشىرانقى جاپىراق
洋荽	yángsuī	اق جەلەك
洋延胡索	yángyánhúsuǒ	جامان كوك

洋芋（马铃薯、土豆）	yángyù（mǎlíngshǔ、tǔdòu）	كارتوپ، بارەنگى
仰卧秆蔗草	yǎngwògǎn biāocǎo	شاشاقتى ولەك ٴشوپ
养蚕	yǎng cán	جىبەك قۇرتى
养蚕业	yǎngcányè	جىبەك قۇرتى شارۋاشىلىعى
养虫笼	yǎngchónglóng	قۇرت اسىراۋ قاپاقاسى
养畜	yǎng chù	مال باعۋ
养畜业	yǎngchùyè	مال شارۋاشىلىعى
养地	yǎngdì	جەردى اسىراۋ
养分	yǎngfèn	قورەك، قورەكتىك زات
养分代谢热能	yǎngfèn dàixiè rènéng	قورەكتىك قۇرامنىڭ الماسۋىنان تۋلعان جىلۋ
养分进食的水平	yǎngfèn jìnshí de shuǐpíng	قورەكتىك زاتتىك جەلىنگەن شاماسى
养分需要量	yǎngfèn xūyàoliàng	قورەكتىك قاجەتتى مولشەر
养分元素	yǎngfèn yuánsù	قورەكتىك ەلەمەنتتەر
养蜂场	yǎngfēngchǎng	ارا فەرماسى، ۋمارتا
养活	yǎnghuo	باعۋ
养鸡灭蝗	yǎngjī mièhuáng	تاۋىق باعىپ، شەگىرتكە جويۋ
养料	yǎngliào	قورەكتىك زات، جەم
养禽	yǎng qín	قۇس باعۋ
养育	yǎngyù	باعىپ ـ قاعۋ، اسىراۋ
养殖业	yǎngzhíyè	باعىم شارۋاشىلىعى، باعىمشىلىق
氧的活化作用	yǎng de huóhuà zuòyòng	وتتەگىنىڭ اكتيۆتەنۋ رولى
氧化	yǎnghuà	توتىعۋ
氧化发酵	yǎnghuà fājiào	توتىعىپ اشۋ
氧化钙	yǎnghuàgài	كالتسي توتىعى، سوندىرىلمەگەن اك
氧化剂	yǎnghuàjì	توتىقتىرعىش
氧化酶	yǎnghuàméi	توتىقتىرعىش فەرمەنت
氧气	yǎngqì	وتتەگى
痒螨	yǎngmǎn	قىشىما قوتىر كەنەسى
样本	yàngběn	ٴۇلگىسى
样本平均数	yàngběn píngjūnshù	ٴۇلگىسىنىڭ ورتاق سانى
样地	yàngdì	ٴۇلگى جەر
样方	yàngfāng	وسىمدىك وسكەن جەردەن ٴۇلگى
样品	yàngpǐn	ٴۇلگى
样品等分法	yàngpǐn děngfēnfǎ	ٴۇلگىنى تەڭ ٴبولۋ ٴادىسى
腰鞭毛虫	yāobiānmáochóng	ساۋىتتىلار
腰部	yāobù	بەل اۇماعى

摇蚊	yáowén	ماسا
遥测技术	yáocè jìshù	السـتان تەكسـەرۆ تەحنیكاسـی
咬啮	yǎoniè	كەمسـرۆ
药	yào	توزاٯدىق، اتالىق گۆل توزاٯی
药草	yàocǎo	٬دارى ٬شوپ
药方	yàofāng	رەسەپ
药隔	yàogé	

جالعاۆشی (توزاٯدىقتىك سوپاق ٬ەكی بولگىن بایلانسـترىپ تۆراتـن ارالـق)

药花楸	yàohuāqiū	بەرەكە اعاش
药剂	yàojì	دارىلىك زات
药金盏花	yàojīnzhǎnhuā	دارىلىك قىرمىزى
药量	yàoliàng	٬دارى مولشـەرى، دوزاسـى
药琉璃苣	yàoliúliqǔ	دارىلىك قارا تامـر
药绿柴	yàolǜchái	٬یىت شومـرت
药毛连菜	yàomáoliáncài	دارىلىك سارى كەكـرە
药棉	yàomián	دارىلىك ماقتا
药室内壁	yàoshì nèibì	توزاٯدىقتىك ٬شكی قاباتـی
药室外壁	yàoshì wàibì	توزاٯدىقتىك سـەرتقی قاباتـی
药蜀葵	yàoshǔkuí	دارىلىك جالبىز
药鼠李	yàoshǔlǐ	دارىلىك قارا جەمـسـی
药炭鼠李	yàotànshǔlǐ	مۆرىندىق قارا جەمـسـی
药物	yàowù	٬دارى، دارىلىك زات
药物的毒性反应	yàowù de dúxìng fǎnyìng	٬دارىنىك ٬ۇلانۇ اسـەرى
药物的对抗反应	yàowù de duìkàng fǎnyìng	٬دارىنىك قارسـلاسـۇ اسـەرى
药物的副作用	yàowù de fùzuòyòng	٬دارىنىك قوسىمشا اسـەرى
药物的吸收作用	yàowù de xīshōu zuòyòng	٬دارىنىك سـىڭـرىلگەندىگى
药物的选择作用	yàowù de xuǎnzé zuòyòng	٬دارىنىك تالعاۇ اسـەرى
药物中毒	yàowù zhòngdú	دارىدەن ٬ۇلانۇ
药效	yàoxiào	٬دارى قۇاتی، ٬دارىنىك ٬ۇنىمی
药性	yàoxìng	٬دارى قاسیـەتی
药用层孔菌（阿里红）		
	yàoyòng céngkǒngjūn（ālǐhóng）	قۇ، دارىلىك قۇ
药用大蒜芥	yàoyòng dàsuànjiè	دارىلىك سارباس
药用水八角	yàoyòng shuǐbājiǎo	دارىلىك بۇزار ـ تۆزەر
药用植物	yàoyòng zhíwù	دارىلىك وسـمدىكتەر
药浴	yàoyù	داربگە توعىنۇ، ٬ۋاننالاۇ

药浴池	yàoyùchí	ۆانىا بۇلاۋى
要点	yàodiǎn	ماڭىزدى ءتۇيىن
耶悉茗	yēxīmíng	دارىلىك اقجۇپار
椰菜	yēcài	كاپوستا
椰枣	yēzǎo	قۇرما پالماس
椰子	yēzi	قۇرما پالماسى
椰子属	yēzishǔ	كوكوس پالماسى تۇسى
椰子树	yēzishù	كوكوس اعاشى
野艾	yě'ài	جابايى ەرمەن، بويشاڭ ەرمەن
野百合	yěbǎihé	جابايى ءلالا گۇل (سارانا)
野葱	yěcōng	جۇا، تاۇ سارىمساق، سارىمساق
野大豆	yědàdòu	جابايى دادۇر، جابايى اتباس بۇرشاق
野大麦	yědàmài	تاق ـ تاق تاۇ ارپا
野果	yěguǒ	جابايى جيدەك
野黑麦	yěhēimài	جابايى قارا ارپا
野胡麻	yěhúmá	تەكە ساقال
野火球	yěhuǒqiú	بەس جاپسراقتى بەدە
野菊	yějú	جاپىيتان شاقشا باسى
野卷耳	yějuǎn'ěr	دالا ءمۇيىز ءشوبى
野决明	yějuémíng	ازام قۇمسق، قۇمسق
野落秧（野豌豆）	yěluòyāng（yěwāndòu）	تىشقان بۇرشاق، سيىر جۇڭىشقا
野麻	yěmá	لوپنۇر كەندىرى، جابايى كەندىر
野麦草（披碱草）	yěmàicǎo（pījiǎncǎo）	سورتاڭ ءبيدايىق
野麦属	yěmàishǔ	قياق تۇسى
野毛耳	yěmáo'ěr	كوپ ساباقتى سيىر جۇڭىشقا
野苜蓿	yěmùxu	ساراباس جۇڭىشقا
野南芥	yěnánjiè	بۇدىر اق شەشەك
野牛草属	yěniúcǎoshǔ	بۇيرون ءشوپ تۇستاسى
野葡萄	yěpútao	جابايى ءجۇزىم، توشالا
野蔷薇	yěqiángwēi	ءيت مۇرىن
野窃衣	yěqièyī	دالا كوبىكشەسى
野山楂	yěshānzhā	دولانا، قىزىل دولانا
野生大麦	yěshēng dàmài	جابايى ارپا
野生绿肥	yěshēng lùféi	جابايى جاسىل تىڭايتقىش
野生萝卜	yěshēng luóbo	جابايى شومىر
野生樱桃	yěshēng yīngtao	دالا شيەسى

野生植物	yěshēng zhíwù	جاباپى وسىمدىك
野生状态	yěshēng zhuàngtài	جاباپى قالپى، جاباپى كۆيى
野黍属	yěshǔshǔ	تۆكتەس ٴشوپ تۇستاسى
野苏子	yěsūzǐ	ٴىرى گۈلدى قاندىگۈل
野豌豆属	yěwāndòushǔ	سيىر جوڭىشقا تۇستاسى
野燕麦	yěyànmài	قارا سۇلى
野营	yěyíng	سەلەۋ باس
叶斑病	yèbānbìng	جاپىراق دەرتى
叶柄	yèbǐng	ساعاق، جاپىراق ساعاعى
叶插	yèchā	جاپىراق قالامشاسى
叶蝉	yèchán	جاپىراق بەزىلدەگى
叶蝉科	yèchánkē	جاپىراق بەزىلدەگى تۇقىمداسى
叶刺	yècì	تىكەن جاپىراق
叶的变态	yè de biàntài	جاپىراقتىڭ وزگەرۇيى
叶耳	yè'ěr	جاپىراق قۇلاقشاسى
叶蜂	yèfēng	جاپىراق اراسى
叶蜂科	yèfēngkē	جاپىراق اراسى تۇقىمداسى
叶附生植物	yèfùshēng zhíwù	جاپىراق ۇستىندە تىرشىلىك ەتەتىن وسىمدىك
叶痕	yèhén	جاپىراق ورنى
叶基	yèjī	جاپىراق ٴتۇبىرى
叶迹	yèjì	جاپىراق ٴىزى
叶甲科	yèjiǎkē	جاپىراق قوڭىز تۇقىمداسى
叶甲类	yèjiǎlèi	جاپىراق قوڭىز
叶尖	yèjiān	جاپىراق ۇشى
叶绿素	yèlǜsù	حلورۇپيىل
叶绿素分解	yèlǜsù fēnjiě	حلورۇپيىلدىڭ ىدىراۋى
叶脉	yèmài	جاپىراق جۇيكەسى
叶脉序	yèmàixù	جاپىراقتىڭ جۇيكەلەنۇى
叶毛	yèmáo	جاپىراق تۇكشەسى
叶片	yèpiàn	جاپىراق الاقانشاسى
叶鞘	yèqiào	جاپىراق قىنابى
叶肉	yèròu	جاپىراق ەتى
叶色	yèsè	جاپىراق رەڭى
叶舌（舌片）	yèshé（shépiàn）	جاپىراق تىلشەسى
叶系	yèxì	جاپىراق سيستەماسى
叶序	yèxù	جاپىراقتىڭ ورنالاسۇ ٴتارتىبى

叶芽	yèyá	جاپىراق بۇرشكى
叶腋	yèyè	جاپىراق قولتىعى
叶缘	yèyuán	جاپىراق جيەگى
页岩	yèyán	بالشق جنىس
夜出性昆虫	yèchūxìng kūnchóng	تۇندە ارەكەتتەنەتىن ناسەكوم
夜蛾科	yè'ékē	ٴتۇن كوبەلەك تۇقىمداسى
液体	yètǐ	سۇيىق دەنە
一举两得之事	yījǔ liǎngdé zhī shì	ٴبىر وقپەن ەكى قوياندى اتۇ
一类	yīlèi	ٴبىر ٴتۇرلى
一年生	yīniánshēng	ٴبىر جىلدىق وسەتىن
一系列	yīxìliè	ٴبىر قدىرۇ
一枝蒿	yīzhīhāo	كيەلى ەرمەن
伊利石	yīlìshí	ەلليت تاس
依据	yījù	نەگىزى
移动规律	yídòng guīlù	قوزعالىس زاڭدىلىعى
移栽	yízāi	كوشىرىپ ەگۇ
遗体	yítǐ	قالدىق
乙酰甲胺磷	yǐxiānjiǎ'ànlín	اسپيىل اميندى فوسفور
以磷增氮	yǐ lín zēng dàn	فوسفور ارقىلى ازوتتى ارتتىرۇ
蚁蛉科	yǐlíngkē	قۇمىرسقا تۇقىمداسى
刈割	yìgē	ورۇ
异燕麦	yìyànmài	ازبا سۇلى
抑制	yìzhì	تەجەۇ
易燃易爆	yìrán yìbào	وتقاي وتالىپ، وتقاي پارتلايدى
易溶	yìróng	وتقاي ەرىدى
疫霉根腐病	yìméi gēnfǔbìng	جۇعىمدالعىش دەرت
益母草	yìmǔcǎo	ساسىق ٴشوپ
益鸟	yìniǎo	پايدالى قۇس
意大利蝗	yìdàlìhuáng	يتاليا شەگىرتكەسى
熠萤属	yìyíngshǔ	دالعاي جۇمىرشاق تۇسسى
翼骨	yìgǔ	توپشى سۇيەك
因地制宜	yīndì zhìyí	جەرلىك جاعدايعا قاراي ٴىس كورۇ
因素	yīnsù	فاكتور
因子	yīnzǐ	فاكتور
阴道口	yīndàokǒu	انالىق كوبەيۇ اۇزى
银白高山鼠	yínbái gāoshānshǔ	اقشىل تاۇ تىشقانى

引洪放淤	yǐnhóng fàngyū	تاسقىندى باستاپ، شايىندىنى قويا بەرۋ
引洪漫沙	yǐnhóng mànshā	تاسقىندى باستاپ قۇم جاتقىزۋ
引力	yǐnlì	تارتلىس كۇش
引水上山	yǐnshuǐ shàngshān	سۋدى باستاپ تاۋعا شعارۋ
引诱剂	yǐnyòujì	ەلەكتىرگىش
隐花草	yǐnhuācǎo	قاز وتتى
缨翅目	yīngchìmù	قاۋىرسىن قاناتتىلار
鹰嘴豆	yīngzuǐdòu	قوي بۇرشاق
营养	yíngyǎng	ازىقتىق
营养阶层	yíngyǎng jiēcéng	حورەكتەنۋ ساتىسى
营养生态位	yíngyǎng shēngtàiwèi	حورەكتەنۋ ەكولوگيالىق ورنى
蝇类	yínglèi	شىبىن ٴتۇرى
影响	yǐngxiǎng	ىقپال
瘿蚊科	yǐngwénkē	تۇينەك ماسا تۇقىمداسى
应用价值	yìngyòng jiàzhí	پايدالانۋ قۇنى
硬	yìng	قاتتى
硬化	yìnghuà	قاتايۋ
硬口盖	yìngkǒugài	قاتتى قاقپاقشا
硬枝碱蓬	yìngzhī jiǎnpéng	قاتتى ساباقتى سورا
永久	yǒngjiǔ	ماڭگىلىك
蛹化	yǒnghuà	قۇۋاشاقتاۋ
用地	yòngdì	جەردى ٴستەتۋ
优势种	yōushìzhǒng	باسىم ٴتۇر، ۇستەم ٴتۇر
优质	yōuzhì	ساپالى
幽门瓣	yōuménbàn	قارىن جاپىراقشاسى
油菜	yóucài	قىشى
油柴柳	yóucháiliǔ	ماي تال
油乳剂	yóurǔjì	ماي ٴسۇت بەرىكپە دوزاسى
油渣	yóuzhā	ماي قالدىعى
疣苞滨藜	yóubāo bīnlí	جامان قۇلاق، قوتىر كوكبەك
疣枝桦	yóuzhīhuà	سۇيەلدى قايىڭ، قوتىر قايىڭ
游动孢子	yóudòng bāozǐ	قوزعالعىش سپورا
游离	yóulí	ەرىگىش يون
游泳足	yóuyǒngzú	مالتايتىن اياق
有翅蚜	yǒuchìyá	قاناتتى شىركەي
有隔菌丝	yǒugé jūnsī	پەردەلى باكتوريا جىپشەسى

有害	yǒuhài	زياندى
有机磷	yǒujīlín	ورگانيكالىق فوسفور
有机物质	yǒujī wùzhì	ورگانيكالىق زاتتار
有利于	yǒulì yú	ٴتيىمدى
有限	yǒuxiàn	شەكتى
有效	yǒuxiào	ٴونىمدى
有效积温法则	yǒuxiào jīwēn fǎzé	ٴونىمدى تەمپەراتۇرا ٴادىسى
有效水	yǒuxiàoshuǐ	ٴونىمدى سۇ
有性孢子	yǒuxìng bāozǐ	جىنىستىق سپورا
有性繁殖	yǒuxìng fánzhí	جىنىستىق جولمەن كوبەيۇ
有益	yǒuyì	پايدالى
有爪纲	yǒuzhuǎgāng	تىرناقتىلار كلاسى
幼虫	yòuchóng	بالاپانداپ كوبەيۇ
幼虫腹足	yòuchóng fùzú	بالاپان قۇرت قۇرساق اياعى
幼虫类型	yòuchóng lèixíng	بالاپان قۇرت ٴتۇرى
幼苗	yòumiáo	بالاۋسا مايسا
幼鼠	yòushǔ	بالا تىشقان
幼鼠阶段	yòushǔ jiēduàn	بالا تىشقان ساتسى
幼体生殖	yòutǐ shēngzhí	بالاپانداپ كوبەيۇ
诱饵	yòu'ěr	شىرعالاۋ
诱集法	yòujífǎ	شىرعالاپ جيناۋ ٴادىسى
釉质	yòuzhì	تىس كورىسى
羽化	yǔhuà	قاناتتانۇ
羽毛三芒草	yǔmáo sānmángcǎo	قاۋىرسىن كەمپىر شاش
羽尾跳鼠	yǔwěi tiàoshǔ	شاشاق قۇيرىقتى قوس اياق
羽状	yǔzhuàng	قاۋىرسىن ٴتارىزدى
雨后	yǔhòu	جاڭبىردان كەيىن
雨季	yǔjì	جاڭبىرلى ماۋسىم
玉米	yùmǐ	جۇگەرى
玉米螟	yùmǐmíng	بورمي كوبەلەگى
玉米圆斑病菌	yùmǐ yuánbānbìngjūn	بورمي داق دەرتى
郁金香	yùjīnxiāng	قىزعالداق
预测预报	yùcè yùbào	الدىن ـ الا تەكسەرىپ مالىمەت بەرۋ
元素	yuánsù	ەلەمەنت
芜菁（芜青）	yuánjīng（yuánqīng）	الا كوك
芜菁科（芜青科）	yuánjīngkē（yuánqīngkē）	الا كوك تۇقىمداسى

原地	yuándì	بۆرىنعى ورنى
原核	yuánhé	العاشقى يادرو
原理	yuánlǐ	قاعيداسى
原料	yuánliào	شيكىزات
原生动物	yuánshēng dòngwù	العاشقى حايۇاناتتار
原始	yuánshǐ	العاشقى
原有	yuányǒu	بۆرىنعى
原则	yuánzé	پرينسيپ
原足型	yuánzúxíng	اۆەلگى اياق ٴتيپى
圆木棍	yuánmùgùn	دومالاق اعاش توقپاق
圆条形	yuántiáoxíng	جۇمسر
圆叶桦	yuányèhuà	دوڭگەلەك جاپىراقتى قايىڭ
圆叶盐爪爪	yuányè yánzhuǎzhua	دوڭگەلەك جاپىراقتى سوراڭ
越冬	yuèdōng	قستان ٴوتۆ
云杉	yúnshān	شرشا
芸扁豆	yúnbiǎndòu	ورمه بۆرشاق
芸香	yúnxiāng	اس كوك، جۇپار ٴشوپ
孕蕾期	yùnlěiqī	بۆرلەۇ
孕穗期	yùnsuìqī	بۇاز مەزگىلى
运动神经元	yùndòng shénjīngyuán	ارەكەت نەرۆى
运输	yùnshū	تاسمال

杂草	zácǎo	ارام ٴشوپ
杂食性	záshíxìng	ارالاسپا حورەكتى
杂质	zázhì	كىرمه زات
灾变性因素	zāibiànxìng yīnsù	كەنەت وزگەرگەن فاكتور
栽培	zāipéi	ٴوسىرۇ
再次侵染	zàicì qīnrǎn	العاش رەت جۇعىمدالۇ
再牧	zàimù	قايتا جايۇ
再生草产量	zàishēngcǎo chǎnliàng	قايتا جەتىلگەن ٴشوپ ٴونىمى
再生草地	zàishēng cǎodì	قايتا الشىنداعان جايلىم
再生草放牧	zàishēngcǎo fàngmù	الشنعا مال جايۇ

再生草植被	zàishēngcǎo zhíbèi	الشن ٴشوپ جايىلمى
再生力	zàishēnglì	قايتالاي ٴوسۋ قۋاتى
再生速度	zàishēng sùdù	الشنداۋ قارقىنى، قايتا جەتىلۋ قارقىنى
再种	zàizhòng	قايتا ەگۋ
暂时	zànshí	ۋاقىتتىق
藏报春	zàngbàochūn	شيزاك قوزىگۈلى، كادىمگى بايشەشەك
藏仓鼠	zàngcāngshǔ	تيبەت قامبا تىشقانى
藏红花	zànghónghuā	شيزاك بايشەشەگى، شيزاك زاپرانى
藏黄芪	zànghuángqí	تيبەت تاسپا
藏茴香	zànghuíxiāng	شيزاك بەدياتى
藏青果	zàngqīngguǒ	ارالا
藏鼠兔	zàngshǔtù	تيبەت قوياتى
藏亚菊	zàngyàjú	شيزاك اجانياسى
藏紫棘豆	zàngzǐjídòu	شيزاك كەكرەسى
糟渣饲料	zāozhā sìliào	قۋرابا ازىقتىقتار، كۈنجارا
凿状	záozhuàng	قاشاۋ ٴتارىزدى
早播作物	zǎobō zuòwù	ەرتە سەبىلەتىن داقىلدار
早材	zǎocái	باستاپقى سۈرەك
早出晚归	zǎochū wǎnguī	مالدى ەرتە ورگىزىپ، كەش قايتارۋ
早春	zǎochūn	ەرتە كوكتەم، كوكتەم باسى
早春放牧	zǎochūn fàngmù	ەرتە كوكتەمدە مال جايۋ
早春排水	zǎochūn páishuǐ	ەرتە كوكتەمدە سۋ بەستىرۋ
早花猪毛菜	zǎohuā zhūmáocài	ەرتە گۈل اشاتىن سۈراك
早落	zǎoluò	ەرتە ٴتۇسۋ
早期成熟	zǎoqī chéngshú	ەرتە پىسپ جەتىلۋ، تەز جەتىلۋ
早熟	zǎoshú	ەرتە پىسۋ
早熟禾	zǎoshúhé	قوڭىر باس
早熟禾属	zǎoshúhéshǔ	قوڭىر باس تۇسى
早熟品种	zǎoshú pǐnzhǒng	ەرتە پىساتىن سورتتار
早熟性	zǎoshúxìng	ەرتە پىسقىشتىق
早衰	zǎoshuāi	ەرتە قارتايۋ
枣	zǎo	شىلان، كادىمگى شىلان
枣属	zǎoshǔ	شىلان تۇسى
蚤草	zǎocǎo	بۆرگە ٴشوپ
蚤草属	zǎocǎoshǔ	بۆرگە ٴشوپ تۇسى
蚤目	zǎomù	بۆرگەلەر

蚤缀	zǎozhuì	قوم ەبەلەك، قۇمداق ٴشوپ
藻	zǎo	بالدىرلار
藻类	zǎolèi	بالدىر تۇرلەرى
藻类植物	zǎolèi zhíwù	بالدىر وسىمدىكتەر
藻状菌纲	zǎozhuàngjūngāng	تومەنگى ساتىداعى ساڭىراۇ قۇلاقتار كلاسى
皂化	zàohuà	سابىندانۇ
皂剂	zàojì	سابىندار
皂荚	zàojiá	سابىن اعاشى
皂柳	zàoliǔ	سابىن تال
皂素	zàosù	ساپوتين (ۇلى گليۇگوزيد)
造粉体	zàofěntǐ	اميلوپالاستار
造林	zàolín	ورمان ٴوسىرۇ
泽地木贼	zédì mùzéi	باتپاق قىرىق بۇن، قىرىق بۇن
泽繁缕	zéfánlǚ	سازۇ تاسپاسى
泽兰属	zélánshǔ	يتكەندەر تۇسى
泽漆	zéqī	كۇنشىل سۇتتىگەن
泽芹	zéqín	سۇ جەلكەلەك، كادىمگى سۇ جەلكەلەك
泽荽	zésuī	ٴيت جۇسان
泽泻	zéxiè	جۇرەك جاپىراق
泽泻科	zéxièkē	جۇرەك جاپىراق تۇقىمداسى
增产	zēngchǎn	ٴونىمدى ارتتىرۇ
增加	zēngjiā	ارتۇ
增进期	zēngjìnqī	ٴوسۇ كەزەڭى، كوبەيۇ كەزەڭى
增生	zēngshēng	شەكتەن تىس ٴوسۇ
增施	zēngshī	ۇستەمەلەپ بەرۇ
增温	zēngwēn	تەمپەراتۇرانى ارتتىرۇ
增值	zēngzhí	ۇلعايۇ، كوبەيۇ
增重	zēngzhòng	سالماق قوسۇ
扎根	zhāgēn	تامىر تارتۇ
札草	zhácǎo	بۇيرا شلاڭ
铡草机	zhácǎojī	ٴشوپ تۇراۇ ماشيناسى
茬草	zhǎcǎo	ٴشوپ تۇراۇ
栅栏组织	zhàlan zǔzhī	باعانا تكان
蚱蜢	zhàměng	كوك قاسقا شەگىرتكە
宅旁杂草	zháipáng zácǎo	قوقىس وسىمدىگى
窄行密播	zhǎiháng mìbō	تار قاتارعا جيى سەبۇ

窄行条播	zhǎiháng tiáobō	تار قاتاردى بويلاپ ەگۇ، قۇرلاپ ەگۇ
窄莓系（早熟禾）	zhǎiméixì（zǎoshúhé）	جىڭىشكە قوڭىراۋ باس
窄叶补血草	zhǎiyè bǔxuècǎo	تاسپا جاپىراقتى كەرمەك
窄叶疗肺草	zhǎiyè liáofèicǎo	ايىل جاپىراقتى بالشتىر
窄颖赖草	zhǎiyǐng làicǎo	جىڭىشكە قياق
毡毛状物	zhānmáozhuàngwù	ٔتۇبىت ٔتارىزدى زات
展叶霞草	zhǎnyè xiácǎo	كۆرەك جاپىراقتى اق قاڭباق
展枝假木贼	zhǎnzhī jiǎmùzéi	قىرلىما بۇيىرعەن
张力	zhānglì	كەرىلۋ كۇشى
獐耳细辛	zhāng'ěr xìxīn	باۋىر ٔشوپ
獐耳细辛属	zhāng'ěr xìxīnshǔ	باۋىر ٔشوپ تۇسى
獐牙菜	zhāngyácài	تۇيە قارىن، اجىرىق تۇيە قارىن
獐牙菜属	zhāngyácàishǔ	تۇيە قارىن تۇسى
樟	zhāng	كامفارا
樟臭草	zhāngchòucǎo	ساسىق قارا ماتاۋ
樟脑	zhāngnǎo	كامفارا اعاشى
樟脑草	zhāngnǎocǎo	كوك جالبىز، مىسق كوك جالبىز
樟脑味艾菊	zhāngnǎowèi àijú	كامفارا ٔداندى تۇيمە شەتەن
樟味藜	zhāngwèilí	كادىمگى قارا ماتاۋ
樟味藜属	zhāngwèilíshǔ	قاراماتاۋ تۇسى
樟子松	zhāngzǐsōng	كادىمگى قاراعاي
蟑螂	zhāngláng	تاراقان
蟑螂花	zhānglánghuā	تاس جۇاسى
掌弓	zhǎnggōng	الاقان دوعاسى
掌参	zhǎngshēn	كوكەك ٔشوپ
掌叶败酱	zhǎngyè bàijiàng	الاقانشا جاپىراقتى قالۇن
掌叶大黄	zhǎngyè dàhuáng	الاقانشا جاپىراقتى راۋاعاش
掌状复叶	zhǎngzhuàng fùyè	كۆردەلى ساۋساق جاپىراق
掌状脉序	zhǎngzhuàng màixù	سالالى جۇيكەلەنۇ
掌状脉叶	zhǎngzhuàngmàiyè	ساۋساق جۇيكەلى جاپىراق
掌状全裂叶	zhǎngzhuàng quánlièyè	ساۋساق ٔجىكتى جاپىراق
掌状深裂叶	zhǎngzhuàng shēnlièyè	ۇيرەك تاباندى جاپىراق
胀果甘草	zhàngguǒ gāncǎo	جەمىستى قىزىل ميا
胀缩性	zhàngsuōxìng	ۇلعايىپ كىشىرەيگىشتىگى
障碍	zhàng'ài	كەدەرگى
招引益鸟治蝗	zhāoyǐn yìniǎo zhìhuáng	پايدالى قۇس

沼桦	zhǎohuà	ساز قايىڭى
沼柳叶菜	zhǎoliǔyècài	ساز كۆرەك وتى
沼气	zhǎoqì	شالشق گاز
沼生苔草	zhǎoshēng táicǎo	سازدى قياق، ولەڭ
沼生植物	zhǎoshēng zhíwù	ساز وسمدىگى
沼委陵菜	zhǎowěilíngcài	ماجىرا، باتپاق ماجىراسى
沼泽	zhǎozé	ساز، باتپاق
沼泽草本群落	zhǎozé cǎoběn qúnluò	سازدىق شوپتەسىندەر توبى
沼泽草地	zhǎozé cǎodì	سازدى جايىلىم
沼泽草地类型	zhǎozé cǎodì lèixíng	سازدى جايىلىم ٴتيىپى
沼泽菖蒲	zhǎozé chāngpú	شالشق اندىزى
沼泽化草地	zhǎozéhuà cǎodì	سازداسقان جايىلىم
沼泽田鼠	zhǎozé tiánshǔ	ساز تىشقان
蜇眼	zhēyǎn	ۇزاق ۇيىقىدان ويانۇ
折尺	zhéchǐ	شكالالى سىزعىش
折叠	zhédié	بۇكتەۇ
折甜菜	zhétiáncài	قاتپارلى مىا ٴدان
蔗茅属	zhèmáoshǔ	ٴەركەك قامىس تۇسسى
蔗糖	zhètáng	قامىس قانتى، ساحاروزا
蔗糖酶	zhètángméi	ساحاروزا، فەرمەنت
针	zhēn	ينە
针对	zhēnduì	قاراتا
针果芹	zhēnguǒqín	شولپات تاراق
针果芹属	zhēnguǒqínshǔ	شولپات تاراق تۇسسى
针蔺属	zhēnlìnshǔ	كەلتە باس تۇس
针毛鼠	zhēnmáoshǔ	تىكەندى تىشقان
针茅	zhēnmáo	ساداق بوز، تەرسا
针茅群落	zhēnmáo qúnluò	سەلەۇلى جەر
针尾部	zhēnwěibù	شانشارلار
针形叶	zhēnxíngyè	ينە جاپىراق
针芽	zhēnyá	يزيديا، ۇزىلمە ۆركەن
针叶	zhēnyè	قىلتان جاپىراق
针叶林	zhēnyèlín	قىلتان جاپىراقتى ورمان
针叶石竹	zhēnyè shízhú	قاندaugۇر جاپىراقتى قالامپىر
针状蓼	zhēnzhuàngliǎo	قشقىل تاران، سۇ قارا قۇمى
侦查	zhēnchá	بارلاۇ

珍惜	zhēnxī	قاستەرلەۋ
珍蘺草	zhēnyìcǎo	اسەم وسپا باسى
珍珠菜	zhēnzhūcài	تالقۇراي
珍珠花	zhēnzhūhuā	مەرۋەت گۈل، ٴنجۇ گۈل
珍珠菊	zhēnzhūjú	مارجان شاشاقباس
珍珠栗	zhēnzhūlì	مونشاقتى تالشىق
珍珠绣球	zhēnzhū xiùqiú	ماي توبىلعى
真蛋白质	zhēndànbáizhì	بەلوك، ناعىز بەلوك
真果	zhēnguǒ	تازا جەمىس
真核体	zhēnhétǐ	ناعىز يادرولى ورگانيزم (ەۋ تاريوت)
真蕨纲	zhēnjuégāng	تۆقىم قىرىق قۇلاعى
真菌	zhēnjūn	ساڭىراۋ قۇلاق، كەرەك قۇلاق
真菌繁殖体	zhēnjūn fánzhítǐ	ساڭىراۋ قۇلاق
真皮	zhēnpí	تەرى تەڭىزى
真皮层	zhēnpícéng	نەگىزگى تەرى قاباتى
真体腔	zhēntǐqiāng	ناعىز دەنە قۇسى
真胃	zhēnwèi	ٴولتابار
真消化率	zhēnxiāohuàlǜ	ناعىز قورتىلۇ شاماسى
真叶	zhēnyè	ناعىز جاپىراق
真中柱	zhēnzhōngzhù	هۆ ستەلا، ناعىز ستەلا
砧草	zhēncǎo	سۆڭق قىزىل بوياۋ
砧木	zhēnmù	تەلۆشى وسىمدىك
榛	zhēn	ورمان جاڭعاعى
榛属	zhēnshǔ	ورمان جاڭعاعى تۇسى
枕骨	zhěngǔ	قاراقۇس، شۆيدە سۇيەك
枕骨髁	zhěngǔkē	قاراقۇس ايدارى
镇压	zhènyā	تاپتاۋ
争夺	zhēngduó	تالاسۇ
蒸发	zhēngfā	پارلانۇ
蒸发量	zhēngfāliàng	پارلانۇ مولشەرى
蒸馏器	zhēngliúqì	سۇ تازارتاتىن اسپاپ
蒸馏水	zhēngliúshuǐ	تازارتىلعان سۇ، بۇ سۇى
蒸馏水瓶	zhēngliúshuǐpíng	تازارتىلعان سۇ كولباسى
蒸汽杀虫	zhēngqì shāchóng	بۇلاپ قۇرت ٴولتىرۇ
蒸腾	zhēngténg	بۇلاندىرۇ
蒸腾的昼夜道	zhēngténg de zhòuyèdào	بۇلاندىرۇدىڭ تاۋلىكتىك ٴجۇرىسى

蒸腾强度	zhēngténg qiángdù	بۇلاندىرۇ تەزدىگى (شاپشاڭدىۋى)
蒸腾系数	zhēngténg xìshù	بۇلاندىرۇ كوفيتسەنتى
蒸腾汁	zhēngténgzhī	تىرانسپىروگراپ
蒸煮饲料	zhēngzhǔ sìliào	قايناتىپ بىقتىرعان ازىقتىقتار
整地	zhěngdì	جەر تەگىستەۇ
整齐花	zhěngqíhuā	دۇرىس گۇل
整齐花冠	zhěngqí huāguān	دۇرىس گۇلتە
整穗	zhěngsuì	ماساعىن رەتتەۇ
整体	zhěngtǐ	تۇتاس دەنە
整枝	zhěngzhī	سىيرەتۇ، بالاقتاۇ
正反交	zhèngfǎnjiāo	كەرى الماستىرىپ بۇداندانستىرۇ
正负	zhèngfù	وڭ ـ تەرسى
正交	zhèngjiāo	تۇرا بۇداندانستىرۇ
正趋性	zhèngqūxìng	وڭ باعتى
正确度	zhèngquèdù	دالدىگى
症状	zhèngzhuàng	اۇرۇ بەينەسى
支根（侧根）	zhīgēn（cègēn）	ٴبۇيىر تامىر
支柱根	zhīzhùgēn	تىرەۇ تامىر، سۇيەمەل تامىر
芝麻	zhīma	كۇنجىت
芝麻菜	zhīmacài	يىندەۇ، ەرۇكا
芝麻油饼	zhīmayóubǐng	كۇنجىت كۇنجاراسى
枝	zhī	بۇتاق
枝插	zhīchā	ساباق قالامشاسى
枝干	zhīgàn	بۇتاق دىڭى
枝迹	zhījì	بۇتاقتانۇ بەلگىسى
枝接	zhījiē	بۇتاقتى تەلۇ
枝膨大	zhīpéngdà	بۇتاق سنۇ
枝穗大黄	zhīsuìdàhuáng	ساباقسىز راۋاعاش
枝条	zhītiáo	قالامشالاۇ، ەگۇ، وتىرعىزۇ
枝条枝木蓼	zhītiáo zhīmùliǎo	شبىرتكى قويان سۇيەك
枝叶饲料	zhīyè sìliào	جاپىراق ازىقتىقتارى، اعاش جاپىراقتارى
知风草	zhīfēngcǎo	اسەم شيتارى
知觉	zhījué	تۇيسىك
知母	zhīmǔ	جەم ٴشوبى
知羞草（含羞草）	zhīxiūcǎo（hánxiūcǎo）	بۇمپا ٴشوپ، ۇياڭ ٴشوپ
肢	zhī	سىراق

栀子属	zhīzishǔ	كەردەتسيا تۇسسى
脂蛋白	zhīdànbái	ماي بەلوگى
脂肪	zhīfáng	ماي
脂肪存积	zhīfáng cúnjī	مايلانۇ، ماي الۇ
脂肪代谢	zhīfáng dàixiè	مايدىك زات الماستىرۇى
脂肪的功能	zhīfáng de gōngnéng	مايدىك قىزمەتى
脂肪分解	zhīfáng fēnjiě	مايدىك ىدىراۇى
脂肪酶	zhīfángméi	ماي فەرمەنتى
脂肪水解	zhīfáng shuǐjiě	ماي گيدروليزى
脂肪酸	zhīfángsuān	ماي قىشقىلى
脂肪体	zhīfángtǐ	ماي دەنە
脂肪油	zhīfángyóu	فيكسەدىرماي، ۇشپايتىن مايلار
脂肪皂化	zhīfáng zàohuà	مايدىك سابىندانۇى
脂肪种子	zhīfáng zhǒngzi	مايلى تۇقىم
脂肪组织	zhīfáng zǔzhī	ماي تكاندارى
脂腈层	zhījīngcéng	ماي قاباتى
脂类	zhīlèi	ماي تۇرلەرى
脂类化合物	zhīlèi huàhéwù	ماي تارىزدى زاتتار
脂麻	zhīmá	كۇنجىت
脂麻科	zhīmákē	كۇنجىت تۇقىمداسى
脂酶	zhīméi	ماي فەرمەنتى
脂醛	zhīquán	ماي الدەگيدى
脂溶性维生素	zhīróngxìng wéishēngsù	مايدا ەريتىن ۆيتامين
脂用型	zhīyòngxíng	ماي بەرەتىن تيپ
蜘蛛	zhīzhū	ورمەكشى
直肠	zhícháng	تك ىشەك
直翅目	zhíchìmù	تك قانات وترياتى
直果黄芪	zhíguǒ huángqí	تۇزۇ جەمىستى تاسپا
直剪子	zhíjiǎnzi	تۇزۇ قايشى
直接	zhíjiē	تكەلەي
直接肥料	zhíjiē féiliào	تكەلەي بەرىلەتىن تىڭايتقىش
直接分裂	zhíjiē fēnliè	كلەتكانىك تكەلەي بولىنۇى
直接遗传	zhíjiē yíchuán	تكەلەي تۇقىم قۇالاۇ
直径	zhíjìng	ديامەترى
直块根	zhíkuàigēn	جەمس تامىرلارى
直立黄芪	zhílì huángqí	تك تاسپا

直立茎	zhílìjīng	جوعارى وسەتىن ساباق
直立藜	zhílìlí	تەڭگە الابوتا، قىلتىعان الابوتا
直立膜萼花	zhílì mó'èhuā	ٴتۇزۇ جارعان گۇل
直立婆婆纳	zhílì póponà	ٴهگستىك بودەنە ٴشوپ
直列线	zhílièxiàn	جىپشەلەر
直生胚珠	zhíshēng pēizhū	ٴتۇزۇ تۇقىم ٴبۇر
直生器官	zhíshēng qìguān	تىك وسكەن مۇشەلەر
直系	zhíxì	تىكە لەنيا
植被	zhíbèi	جامىلعى وسىمدىكتەر
植被带	zhíbèidài	جامىلعى وسىمدىك بەلدەۇى
植被调查	zhíbèi diàochá	جامىلعى وسىمدىكتەردى تەكسەرۇ
植被识别	zhíbèi shíbié	وسىمدىك جامىلعىسىن پارىقتاۇ
植被亚型	zhíbèi yàxíng	وسىمدىك ٴتيپ تارماعى
植入	zhírù	كومۇ، ەگۇ، بەكتۇ
植入区	zhírùqū	كومۇ رايونى، بەكتۇ رايونى
植食动物	zhíshí dòngwù	وسىمدىك قورەكتى جانۇارلار
植食性	zhíshíxìng	وسىمدىك حورەكتى
植树造林	zhíshù zàolín	اعاش ەگسىپ ورمان وتىرعىزۇ
植物	zhíwù	وسىمدىك
植物保护	zhíwù bǎohù	وسىمدىك قورعاۇ
植物病害	zhíwù bìnghài	وسىمدىك اۋرۇى
植物病害流行	zhíwù bìnghài liúxíng	وسىمدىك دەرت ــ دەربەزىنىڭ تارالۇى
植物病理学	zhíwù bìnglǐxué	وسىمدىك پاتالوگياسى
植物病原真菌	zhíwù bìngyuán zhēnjūn	وسىمدىك دەرت قاينارى
植物测量	zhíwù cèliáng	وسىمدىكتى ولشەۇ
植物丛生	zhíwù cóngshēng	ٴشوپ باسۇ
植物的垂直限度	zhíwù de chuízhí xiàndù	وسىمدىكتىڭ ۆرتيكال شەگى
植物的冻害	zhíwù de dònghài	وسىمدىكتىڭ ٴۇسۇى
植物的繁殖	zhíwù de fánzhí	وسىمدىكتىڭ كوبەيۇى
植物的呼吸	zhíwù de hūxī	وسىمدىكتىڭ تىنىس الۇى
植物的免疫作用	zhíwù de miǎnyì zuòyòng	وسىمدىكتىڭ يمۇنيتەتى
植物的生活力	zhíwù de shēnghuólì	وسىمدىكتىڭ تىرشىلىك قابىلەتى
植物的衰老	zhíwù de shuāilǎo	وسىمدىكتىڭ قارتايۇى
植物的移植	zhíwù de yízhí	وسىمدىكتى كوشىرىپ وتىرعىزۇ
植物多度等级	zhíwù duōdù děngjí	وسىمدىكتىڭ كوپتىك دارەجەسى
植物发育	zhíwù fāyù	وسىمدىكتىڭ ٴوسىپ جەتىلۇى

植物发育阶段	zhíwù fāyù jiēduàn	وسمدكتڭ دامۇ ساتىسى
植物分类检索表	zhíwù fēnlèi jiǎnsuǒbiǎo	وسمدكتەردى تۈرگە ايىرۇ كەستەسى
植物分类学	zhíwù fēnlèixué	وسمدكتەردى تۈرگە ايىرۇ عىلمى
植物根	zhíwùgēn	وسمدك تامىرى
植物果实	zhíwù guǒshí	وسمدك جەمىسى
植物合成奶	zhíwù héchéngnǎi	وسمدكتەن جاسالعان ٴسۇت
植物花	zhíwùhuā	وسمدك گۇلى
植物化石	zhíwù huàshí	قازبا وسمدكتەر
植物寄生物	zhíwù jìshēngwù	وسمدك پارازيتى
植物架	zhíwùjià	وسمدك قاڭقاسى
植物检疫	zhíwù jiǎnyì	وسمدك كارەنتينى
植物碱	zhíwùjiǎn	وسمدك ٴسىلتى
植物鉴定	zhíwù jiàndìng	وسمدكتى انىقتاۋ
植物界	zhíwùjiè	وسمدك دۇنيەسى
植物茎	zhíwùjīng	وسمدك ساباعى
植物类群	zhíwù lèiqún	وسمدك توبى
植物毛	zhíwùmáo	وسمدك تۇكشەلەرى
植物喷药	zhíwù pēnyào	وسمدككە ٴدارى شاشۇ
植物谱	zhíwùpǔ	وسمدك سپەكترى
植物群落	zhíwù qúnluò	وسمدك توبى
植物群落迁移	zhíwù qúnluò qiānyí	وسمدك قاۋىمىنىڭ كوشۇى
植物色素	zhíwù sèsù	وسمدك پيگمەنتى
植物生活史	zhíwù shēnghuóshǐ	وسمدكتىڭ تىرشىلىك قابىلەتى
植物生理学	zhíwù shēnglǐxué	وسمدك فيزولوگياسى
植物生态系统	zhíwù shēngtài xìtǒng	وسمدك ەكولوگياسى
植物生物化学	zhíwù shēngwù huàxué	وسمدك بيو ـ حيمياسى
植物生长激素	zhíwù shēngzhǎng jīsù	وسمدك گورمونى
植物属	zhíwùshǔ	وسمدك تۇۋىستاسى
植物相对盖度	zhíwù xiāngduì gàidù	وسمدكتىڭ سالىستىرما قالىڭدىعى
植物型	zhíwùxíng	وسمدك ٴتيپى
植物性	zhíwùxìng	وسمدك سيپاتى
植物性饲料	zhíwùxìng sìliào	وسمدك تەكتى ازىقتىقتار
植物休眠	zhíwù xiūmián	وسمدك ۇيقىسى، تولاس
植物休眠期	zhíwù xiūmiánqī	وسمدكتەر تولاستاۋ مەزگىلى
植物学	zhíwùxué	بوتانيكا
植物叶	zhíwùyè	وسمدك جاپىراعى

植物油	zhíwùyóu	وسمدك مايى
植物元素成分	zhíwù yuánsù chéngfèn	وسمدكتك ەلەمەنتنك قۇرامى
植物园	zhíwùyuán	بوتانيكالىق باق
植物栽培学	zhíwù zāipéixué	وسمدك شارۇاشلعى
植物中的多度	zhíwù zhōng de duōdù	وسمدك ٴتۇرىنىڭ كوپتىگى
植物种	zhíwùzhǒng	وسمدكتك ٴتۇرى
植物种的频度	zhíwùzhǒng de píndù	وسمدك ٴتۇرىنك جيىلگى
植株	zhízhū	وسمدك ٴتۇبى
跖行式	zhíxíngshì	جورعالاعش فورما
止血马唐	zhǐxuè mǎtáng	قان تيعش قۇم تارى
止血须芒草	zhǐxuè xūmángcǎo	قان تيعش بۇرشاعى
纸莎草	zhǐsuōcǎo	پاپيىروس
指	zhǐ	ساۋساق
指标	zhǐbiāo	كورسەتكش
指示植物群落	zhǐshì zhíwù qúnluò	كورسەتكش وسمدكتەر قاۇمى
指向植物	zhǐxiàng zhíwù	باعتتالعش وسمدكتەر
枳机草	zhǐjīcǎo	شي، اق ٴشي
枳椇	zhǐjǔ	كونجت
趾	zhǐ	باشباي
趾底	zhǐdǐ	استى باشباي
趾钩	zhǐgōu	تۇياق ىلگىش
趾裂毛茛	zhǐliè máogèn	ايىر تارعاق سارعالدق
酯	zhǐ	ەستەر
酯磷脂类	zhǐlínzhīlèi	ەستەر فوسفاتيدار
酯酶	zhǐméi	ماي فەرمەنتى
制备	zhìbèi	داريالاۋ
制颗粒剂	zhì kēlìjì	تۇيىرشەك ازىقتار ماشيناسى
制颗粒饲料	zhì kēlì sìliào	تۇيىرشەك ازىقتق
制青贮	zhì qīngzhù	سۇرلەم جاساۋ، سۇرلەم باسۇ
制约	zhìyuē	تەجەۋ
制造	zhìzào	جاساۋ
治理	zhìlǐ	تەزگىندەۋ
治疗剂	zhìliáojì	داۋالاعش
治疝草	zhìshàncǎo	جارىق ٴدارى
治疝草属	zhìshàncǎoshǔ	جارىق ٴدارى تۇسى
质壁分离	zhì bì fēnlí	پروتوپلازمانىڭ كلەتكادان اجىراۋى

质地	zhìdì	ساپاسى
质电荷	zhìdiànhè	تەرس ەلەكترويد
质量	zhìliàng	ساپاسى
质量性状	zhìliàng xìngzhuàng	ساپالىق قاسيەت بەلگىسى
质膜	zhìmó	جۇقا قابىق، پلازما جارعاعى
质配	zhìpèi	پلاستوگاميا
质体	zhìtǐ	دەنەشىك، دەنەشە
质足亚门	zhìzú yàmén	پلاستيدتەر
致死基因	zhìsǐ jīyīn	لەتالدى گەن ، ولتەرەتىن گەن
致死量	zhìsǐliàng	ورتا مولشەرى
中败酱	zhōngbàijiàng	ورتا قالؤەت
中部授粉	zhōngbù shòufěn	ورتاسىنان توزاڭدانۇ
中肠	zhōngcháng	ورتا ىشەك
中等	zhōngděng	ورتا دارجەلى
中等肥力	zhōngděng féilì	ورتاشا قؤارلىق
中粉粒	zhōngfěnlì	ورتا مايدا تۇيىرشەك
中耕	zhōnggēng	ورتا ەگىس
中耕作物	zhōnggēng zuòwù	وتامالى داقىلدار
中果皮	zhōngguǒpí	ەت ۇلپا، جەمىس قاباتى
中和植物	zhōnghé zhíwù	بەيتاراپ وسىمدىك
中黑盲蝽	zhōnghēi mángchūn	ساسىق قوڭىز
中华白头翁	Zhōnghuá báitóuwēng	قوڭىراؤ جەل ايدارى
中华鼢鼠	Zhōnghuá fénshǔ	جۇڭحۇا كور تىشقانى
中间层	zhōngjiāncéng	ارالىق قابات
中间胶层	zhōngjiān jiāocéng	مەزوگەلەي (قويمالجىڭ ٴتارىزدى) قابات
中间类型	zhōngjiān lèixíng	اؤىسپالى فورما، ارالىق فورما
中间密度地带	zhōngjiān mìdù dìdài	ورتا ٴوڭىر (بەلدەۋى)
中间生长	zhōngjiān shēngzhǎng	ارالىق ٴوسۇ
中间体	zhōngjiāntǐ	ارالىق دەنە
中间型	zhōngjiānxíng	ارالىق ٴتيپ
中间叶	zhōngjiānyè	ارالىق جاپىراق
中麻黄	zhōngmáhuáng	قىزىل تامىر قىلشا
中脉	zhōngmài	ورتا تامىر
中南滨藜	zhōngnán bīnlí	قاڭباق كوكبەك
中脑	zhōngnǎo	ورتا مي
中黏土	zhōngniántǔ	ورتا كەرىش توپىراق

中胚层	zhōngpēicéng	ۇرىقتىڭ ورتاڭعى قاباتى
中期	zhōngqī	ورتا ٴداۋىر (مەتافوزا)
中期测报	zhōngqī cèbào	ورتا مەرزىمدى بولجاۋ
中壤土	zhōngrǎngtǔ	ورتاشا قۇمايت توپىراق
中沙砾	zhōngshālì	ورتا قۇمدى تۇيىرشەك
中生植物	zhōngshēng zhíwù	ارالىق وسىمدىكتەر
中枢神经系统	zhōngshū shénjīng xìtǒng	ورتا نەرۋ جۇيەلەرى
中输卵管	zhōngshūluǎnguǎn	ورتالىق ۇرىق تۇتىگى
中体	zhōngtǐ	ورتا تۇلعا
中位	zhōngwèi	ورتا ٴبولىمى
中心	zhōngxīn	سەنتىر
中心法则	zhōngxīn fǎzé	سەنتىرلىك زاڭى
中心核	zhōngxīnhé	سەنتىرلىك يادرو
中心粒	zhōngxīnlì	سەنتىريول
中心鞘	zhōngxīnqiào	سەنتىروپلازما
中心球	zhōngxīnqiú	سەنتىروسوما
中心质	zhōngxīnzhì	سەنتىروسسوما
中心质体	zhōngxīnzhìtǐ	سەنتىروپلازما
中型	zhōngxíng	ورتا تىپتەگى
中型车前	zhōngxíng chēqián	ورتاشا باقا جاپىراق
中性	zhōngxìng	بەيتاراپ
中性土壤	zhōngxìng tǔrǎng	بەيتاراپ توپىراق
中胸	zhōngxiōng	ورتانشى كەۇدە
中旬	zhōngxún	ورتاڭعى ون كۇن
中亚细柄茅	Zhōngyà xìbǐngmáo	ازيا ساداق كودەسى
中游	zhōngyóu	ورتا اعس
中泽芹	zhōngzéqín	ورتا سۇ جەلكەگى
中质	zhōngzhì	سەتەروپلاستيد
中轴胎座	zhōngzhóu tāizuò	ورتالىق تۇقىم ٴبۇرىنىڭ نەگىزگى كەندىگى
中轴胎座式	zhōngzhóu tāizuòshì	تۇقىم ٴبۇرىنىڭ ٴتۇيىن ورتالىعىنا ورنالاسۇي
中柱	zhōngzhù	مەزوپلازما، ارالىق پلازما، ورتاڭعى دىڭگەك
中柱鞘	zhōngzhùqiào	ورتالىق سيليندىر قىنابى
中柱原	zhōngzhùyuán	ارالىق سيليندىر
终变期	zhōngbiànqī	سوڭعى وزگەرۇ مەزگىلى
终牧时间	zhōngmù shíjiān	مالدىڭ جايىلماننان شەگىنگەن ۋاقتى
终宿主	zhōngsùzhǔ	تۇيكىلكتى قوجا

钟花蓼	zhōnghuāliǎo	قوڭىراۋ گۆلى تاران
钟花亚麻	zhōnghuā yàmá	قوڭىراۋ گۆلدى زەعەر
钟形雪轮	zhōngxíng xuělún	قوڭىراۋ ءتارىزدى سلدىر ءشوپ
钟状花冠	zhōngzhuàng huāguān	قوڭىراۋ كۇلته
蚤斯科	zhōngsīkē	كوك شەگىرتكە تۇقىمداسى
肿胀小麦	zhǒngzhàng xiǎomài	كومبە ءبيداي، توقال ءبيداي
种	zhǒng	ءتۇرلى، قيلى، الۇان ءتۇر، ءتۇر، تۇرپات
种背	zhǒngbèi	تۇقىم جىگى
种的名称	zhǒng de míngchēng	ءتۇر اتى
种的形成	zhǒng de xíngchéng	ءتۇردىڭ قالىپتاسۇى
种肥	zhǒngféi	تۇقىمدىق تىڭعايتقىش
种阜	zhǒngfù	تۇقىم سەرسگى
种阜草	zhǒngfùcǎo	بۇيىرا گۆلى ايدارشا
种荚	zhǒngjiá	تۇقىم سەرعاسى
种间	zhǒngjiān	تۇرلەر اراسىندا
种间关系	zhǒngjiān guānxi	تۇر اارلىق بايلانس
种间信息素	zhǒngjiān xìnxīsù	ءتۇر اراسىنداعى گورمون
种间杂交	zhǒngjiān zájiāo	ءتۇر اارلىق بۇداندانستىرۇ
种间杂种	zhǒngjiān zázhǒng	ءتۇر اارلىق بۇدان
种孔	zhǒngkǒng	تۇقىم ساڭلاۋى
种类	zhǒnglèi	تۇرلەرى
种内	zhǒngnèi	تۇرلەرى ىششندە
种内杂交	zhǒngnèi zájiāo	تۇرلەر ارا بۇداندانستىرۇ
种皮	zhǒngpí	تۇقىم قابىعى
种脐	zhǒngqí	تۇقىم كىندىگى
种群	zhǒngqún	تۇرلەرى
种群密度	zhǒngqún mìdù	ءتۇر تىعىزدىعى
种群生态学	zhǒngqún shēngtàixué	ءتۇر ەكولوگياسى
种质	zhǒngzhì	مەزوپلازما
种子	zhǒngzi	تۇقىم
种子处理	zhǒngzi chǔlǐ	تۇقىمدى دارىلەۇ، تۇقىمدى ءبىر جايلى ەتۇ
种子纯净度	zhǒngzi chúnjìngdù	تۇقىمنىڭ تازالىعى
种子催芽	zhǒngzi cuīyá	تۇقىمنىڭ كوكتەۇىن جەدەلدەتۇ
种子发芽	zhǒngzi fāyá	تۇقىمنىڭ كوكتەۇى، بۇرشاك جارۇى
种子发芽率	zhǒngzi fāyálǜ	تۇقىمنىڭ كوكتەۇ مولشەرى
种子发芽势	zhǒngzi fāyáshì	تۇقىمنىڭ كوكتەۇ قۇاتى

种子后熟	zhǒngzi hòushú	تۇقمنىڭ پىسىپ ـ جەتىلۋى
种子活力测定	zhǒngzi huólì cèdìng	تۇقمنىڭ تىرشلگىن تەكسەرۋ
种子检验	zhǒngzi jiǎnyàn	تۇقم تازالعن تەكسەرۋ
种子鉴定	zhǒngzi jiàndìng	تۇقم ساپاسن تەكسەرىپ تۇراقتاندىرۋ
种子壳	zhǒngziké	قاۋز
种子萌发	zhǒngzi méngfā	تۇقمنىڭ ۇنۋى
种子膨胀	zhǒngzi péngzhàng	تۇقمنىڭ بورتۋى
种子千粒重	zhǒngzi qiānlìzhòng	مىڭ تۇيىر داننىڭ اۋرلعى
种子入库	zhǒngzi rùkù	تۇقمدى قامباعا كىرگزۋ
种子生产	zhǒngzi shēngchǎn	تۇقم ۇندىرسى
种子生产业	zhǒngzi shēngchǎnyè	تۇقم ۇندىرس شارۋاشلعى
种子世代	zhǒngzi shìdài	تۇقمدى ۇرپاق
种子寿命	zhǒngzi shòumìng	تۇقمنىڭ ومىرشەڭدگى
种子水分测定	zhǒngzi shuǐfèn cèdìng	تۇقمنىڭ سۇ قۇرامن تەكسەرۋ
种子消毒	zhǒngzi xiāodú	تۇقمدى دەزەنفەكسيالاۋ
种子形态	zhǒngzi xíngtài	تۇقمنىڭ فورماسى
种子休眠	zhǒngzi xiūmián	تۇقمنىڭ بۇيعۋى
种子硬实度	zhǒngzi yìngshídù	تۇقمنىڭ قاتتىلق دارەجەسى
种子用价	zhǒngzi yòngjià	تۇقمنىڭ قۇنى، تۇقمنىڭ پايدالانۋ قۇنى
种子直感	zhǒngzi zhígǎn	كسەنيا
种子植物	zhǒngzi zhíwù	تۇقمدى وسمدكتەر
种子贮藏	zhǒngzi zhùcáng	تۇقم ساقتاۋ
种草	zhòngcǎo	شوپ ەگۋ
种草养畜	zhòngcǎo yǎngchù	شوپ ەگىپ مال باعۋ
种地	zhòngdì	ەگن ەگۋ، ەگن سالۋ
种瓜业	zhòngguāyè	قاۋن ـ قاربز شارۋاشلعى
种植	zhòngzhí	ەگۋ
种植牧草	zhòngzhí mùcǎo	ەكپە شوپ
种植业	zhòngzhíyè	وسمدك ەگۋ شارۋاشلعى
重点施肥	zhòngdiǎn shīféi	تىڭايتقشتى تۇيىندى بەرۋ
重金属	zhòngjīnshǔ	اۋر مەتال
重金属盐类	zhòngjīnshǔyánlèi	اۋر مەتال تۇزدارى
重力	zhònglì	اۋرلىق كۇش
重量	zhòngliàng	اۋرلىق
重量单位	zhòngliàng dānwèi	سالماق بىرلگى
重牧	zhòngmù	جايىلىمدى تاقىرلاپ جەگزۋ، اۋر دارەجەدە مال جايۋ

重黏土	zhòngniántǔ	اؤىر كەرىش توپىراق
重壤土	zhòngrǎngtǔ	اؤىر قۇمايت توپىراق
重土	zhòngtǔ	باريت، باريت توقتىق
舟果荠	zhōuguǒjì	تاؤ شەريا، توك جەمىسى تاؤ شەريا
舟形乌头	zhōuxíng wūtóu	ناعىز ؤ قورعاسىن
周边形成层	zhōubiān xíngchéngcéng	وزەك پەن قابىقتىڭ اراسىنا ورنالاسقان قابىق
周皮	zhōupí	سىرتقى قابىق (اعاش بۇتالارىنىڭ)
周期	zhōuqī	سيكىل، پەريود، دؤركىن
周期性	zhōuqīxìng	پەريودتتىق
周岁	zhōusuì	ٴبىر جاسار
周岁犊牛	zhōusuì dúniú	تايىنشا
周岁公羊	zhōusuì gōngyáng	سەك قوشقار
周岁驹	zhōusuìjū	تاي
周岁母山羊	zhōusuì mǔshānyáng	شبىش
周岁母羊	zhōusuì mǔyáng	تۇساق
周岁驼	zhōusuìtuó	تايلاق
周岁阉羊	zhōusuì yānyáng	ٴسەك
周围	zhōuwéi	ماڭايى
周位花	zhōuwèihuā	قاتار ٴتؤيىندى گۇل
周细胞	zhōuxìbāo	سىرتقى قابىق كلەتكاسى
周缘神经系统	zhōuyuán shénjīng xìtǒng	جيەكتىك نەرؤ جۇيەلەرى
轴	zhóu	بىلىك، دىك
轴浆	zhóujiāng	اكسوپلازما
轴节	zhóujié	ٴوس بۇنى
轴藜	zhóulí	كوكەنەك، اكسيت
轴状突	zhóuzhuàngtū	ٴوس تارىزدى
肘脉	zhǒumài	شىنتاق تامىرى
肘状	zhǒuzhuàng	شىنتاق ٴتارىزدى
帚雀麦	zhǒuquèmài	شاشقى ارپا باسى
帚状马先蒿	zhǒuzhuàng mǎxiānhāo	سبىرتكى ٴتارىزدى قاندىگۇل
昼出性昆虫	zhòuchūxìng kūnchóng	كۇندىز ارەكەتتەنەتىن ناسوكوم
昼夜	zhòuyè	تاؤلىك
昼夜节律	zhòuyè jiélù	تاؤلىك ريتىمى
皱翠雀	zhòucuìquè	قاتپارلى سؤمەلەك
皱缩	zhòusuō	جيىرىلؤ
皱纹柳	zhòuwénliǔ	قوتىر تال، تور جاپىراقتى تال

皱叶酸模	zhòuyè suānmó	بۇيرا قەمزدىق
皱褶	zhòuzhě	قاتپار
朱腿痂蝗	zhūtuǐ jiāhuáng	پىرىلداۋق قارا شەگەرتكە
珠被	zhūbèi	تۇقم ئبۇر قەرتىسى، تۇقم ئبۇر جاملىغسى
珠柄	zhūbǐng	تۇقم ئبۇر ساعاىی
珠草洋葱	zhūcǎo yángcōng	پياز
珠孔	zhūkǒng	تۇزاك ھەسگى، تۇزاك جولى
珠孔受精	zhūkǒng shòujīng	تۇزاك جولى ارقلى ۇرىقتاندىرۇ
珠蓍	zhūshī	مونشاقتى مەك جاپراق
珠心	zhūxīn	وزەك
珠芽	zhūyá	پيازى شقتارى
珠芽蓼	zhūyáliǎo	كەرتاران
株型	zhūxíng	ئتۇپ ئتىيپى
猪鼻花属	zhūbíhuāshǔ	سلدىرماق تۇس
猪菜花	zhūcàihuā	قاندىق
猪葱	zhūcōng	كۇماندى جورا
猪儿菜	zhū'ercài	شوشقا جەم
猪笼草	zhūlóngcǎo	قاپاز ئشوپ، تەپەن تاسى
猪毛菜	zhūmáocài	قاۋغباق سوراك، كۇيرەۋك
猪毛菜蒿	zhūmáocàihāo	سوراك جۇسان
猪鼠	zhūshǔ	تاقتا ئتس، ھەگۇ قۇيرىق
猪殃殃属	zhūyāngyangshǔ	قزىل بوياۋ تۇستاسى
蛛形纲	zhūxínggāng	ورمەكشى پىششىندەستەر كلاسى
楮（青风树）	zhū（qīngfēngshù）	شەمەر ەمەن
竹节草	zhújiécǎo	بۇناقتى كوكشەگىر
竹鼠	zhúshǔ	بامبوك قوس اياعى
竹叶菊	zhúyèjú	تەمىر تەك، مامىق استىرا
竹叶松	zhúyèsōng	كوك شەرشا، جاسىل شەرشا
竹叶眼子菜	zhúyè yǎnzicài	مالايا شىگى
竹芋属	zhúyùshǔ	ماراتتا تۇسى
主干	zhǔgàn	سيدام ئدىك، شتامبى
主根	zhǔgēn	نەگىزگى تامىر
主茎	zhǔjīng	نەگىزگى ساباق
主体	zhǔtǐ	نەگىزگى دەنە
主要基因	zhǔyào jīyīn	باستى گەن
主要牧道	zhǔyào mùdào	نەگىزگى كوش جولى

主枝	zhǔzhī	نەگىزگى بۇتاق
苎麻	zhùmá	اق كەندىر، قالاقاي كەندىر
苎麻夜蛾	zhùmá yè'é	اق كەندىر، جىندى كوبەلەگى
助细胞	zhùxìbāo	كومەكشى كلەتكا
贮备地	zhùbèidì	زاپاس ورتا
贮藏	zhùcáng	ساقتاۋ
贮藏淀粉	zhùcáng diànfěn	كراحمال قورى
贮藏食物	zhùcáng shíwù	قوراداعى زاتتار
贮藏细胞	zhùcáng xìbāo	قور جيناۋ كلەتكاسى
贮藏脂肪	zhùcáng zhīfáng	ماي قورى
贮草	zhùcǎo	شوپ جيناۋ
贮存蛋白	zhùcún dànbái	بەلوك قورى
贮存饲料	zhùcún sìliào	ازىقتىق قورىن جيناۋ
贮精管	zhùjīngguǎn	ۇرىق ساقتاۋ تۇتىكشەسى
贮粮	zhùliáng	استىق ساقتاۋ
注意事项	zhùyì shìxiàng	نازار اۇداراتىن ىستەر
柱头	zhùtóu	اينالىق اۇز
柱头薄壁组织	zhùtóu báobì zǔzhī	باعانا پارونيما
柱状	zhùzhuàng	تاياقشا تارىزدى
蛀茎	zhùjīng	ساباقتى ۇڭگۇ
蛀木水虱	zhùmù shuǐshī	اعاش جەگى
蛀食	zhùshí	ۇڭگىپ جەۋ
抓膘	zhuābiāo	سەمىرۇ، تويىنۇ، شەلدەنۇ
爪	zhuǎ	تۇياق
爪垫	zhuǎdiàn	تۇياق تەپكىسى
爪间突	zhuǎjiāntū	تۇياق اراليعى
专场	zhuānchǎng	كوشى قون، قونىس جاڭالاۋ
专化	zhuānhuà	ماماندانۇى، بەيمدەلۇى
专门	zhuānmén	ارناۇلى
专性腐生菌	zhuānxìng fǔshēngjūn	نازعىز ساپروپىت، باكتەريالارعا اينالۇ
专性滞育	zhuānxìng zhìyù	قوسىمشا توقىراۋ
专业户	zhuānyèhù	كاسىپتىك سەمىا
专业化轮作	zhuānyèhuà lúnzuò	ارناۇلى اۇسپالى ەگىس
专业化牧场	zhuānyèhuà mùchǎng	ماماندىرىلعان مال فەرماسى
专用品种	zhuānyòng pǐnzhǒng	ارناۇلى تۇقىم، ارناۇلى سورت
转场工作	zhuǎnchǎng gōngzuò	كوشى قون جۇمىسى

转场期间	zhuǎnchǎng qījiān	كوشى ـ قون مەزگىلى
转化	zhuǎnhuà	ايناللىس
转化酶	zhuǎnhuàméi	ينوەرتازا
转节	zhuǎnjié	اينالۇ
转录	zhuǎnlù	اينالدىرىپ ەستەلكىكە الۇ
转入	zhuǎnrù	كوشۇ، مال كوشىرۇ
转移	zhuǎnyí	مەتاپلازىا، اۇسۇ
转移酶	zhuǎnyíméi	اۇستىرۇشى پەرمەنت
装包机	zhuāngbāojī	ءشوپ بايلاۇشى ماشىنا
壮丽贝母	zhuànglì bèimǔ	اسەم سەكپىل گۇل
壮苗	zhuàngmiáo	تولىمدى مايسا، اقاۇسىز مايسا
状况	zhuàngkuàng	جاعداي
状态	zhuàngtài	كۇي
追肥	zhuīféi	ۇستەمە تىڭايتىنقىش
锥果葶苈	zhuīguǒ tínglì	سوپا جەمىس كروپكا
锥花丝石竹	zhuīhuā sīshízhú	شاشاقباس
锥子草	zhuīzicǎo	سەلەۇ
准噶尔无叶豆	Zhǔngá'ěr wúyèdòu	جوڭعار كۇلان قوردا
准噶尔鹰嘴豆	Zhǔngá'ěr yīngzuǐdòu	جوڭعار نوقات
准噶尔枣	zhǔngá'ěrzǎo	جوڭعار تارانى
着床区	zhuóchuángqū	كومۇ، ەگۇ، بەكىتۇ، ورنىقتىرۇ
着丝点	zhuósīdiǎn	جىپشەلەنۇ نۇكتەسى
姿势吊蓝	zīshì diàolán	سەكپىل شولپات كەبىس
资金	zījīn	قارجى
资料	zīliào	ماتەرىيال
资源	zīyuán	بايلىق
子代	zǐdài	جاس ۇرپاق، ۇرپاق
子二代	zǐ'èrdài	ەكىنشى ۇرپاق بۇدان تۇقىم
子房	zǐfáng	ءتۇيىن، جاتىن
子房柄	zǐfángbǐng	جاتىن ساعاعى
子房室	zǐfángshì	قالتالى سپورا، جاتىن ۇياسى
子房脱落	zǐfáng tuōluò	ءتۇيىننىڭ ءتۇسۇى
子宫斑	zǐgōngbān	جاتىر داعى
子囊孢子	zǐnáng bāozǐ	قالتالى سپورا
子囊球	zǐnángqiú	جابىق جەمىستى مۇشە
子实层	zǐshícéng	گيمەني قاباتى

子体	zǐtǐ	جاس ۋرپاق، ۋرپاق
子午莲	zǐwǔlián	تۇڭعيق، سۇلاما تۇڭعيق
子午沙鼠	zǐwǔ shāshǔ	مەرديان تىشقان
子细胞	zǐxìbāo	جاس كلەتكالار
子叶	zǐyè	تۇقىم جارناعى
子叶痕	zǐyèhén	تۇقىم جارناعىنىڭ تىرتعى
子一代	zǐyīdài	ءبىرىنشى ۋرپاق
子座	zǐzuò	سپورا قوندىرعىسى
姊妹染色体	zǐmèi rǎnsètǐ	اپەكە ـ ءسىڭلى حروموسوما
籽粒	zǐlì	ءدانى
籽棉	zǐmián	ءشيت (ءدان) ماقتا
籽象类	zǐxiànglèi	تۇقىم ءپىل تۇمسىق
梓树属	zǐshùshǔ	كامپيت اعاش تۇسى
紫草	zǐcǎo	تورعاي ءشوپ، تورعاي سوراك، ەڭلك ءشوپ
紫草科	zǐcǎokē	شتىر تۇقىمداستار
紫翅猪毛菜	zǐchì zhūmáocài	كۇلگىن سوراك
紫丹	zǐdān	ساسىق كەكىرە
紫丁香	zǐdīngxiāng	كۇلگىن سيرەڭ، قالامپىر
紫花地丁	zǐhuā dìdīng	ءيستى قوعاجاي، كۇلگىن شەگىر گۇل
紫花苜蓿	zǐhuā mùxu	ەكپە بەدە، ەكپە جوڭىشقا
紫花豌豆	zǐhuā wāndòu	كۇلگىن گۇلدى اس بۇرشاق
紫花针茅	zǐhuā zhēnmáo	كۇلگىن سەلەۋ
紫堇属	zǐjǐnshǔ	ايدار ءشوپ تۇس
紫柳	zǐliǔ	سارى تال
紫龙胆	zǐlóngdǎn	كوك گۇل، كۇلگىن شەرمەن گۇل
紫罗兰属	zǐluólánshǔ	اسپا گۇل تۇس
紫茉莉	zǐmòlì	اقشام گۇل، گۇل جۇپار
紫木黄芪	zǐmùhuángqí	كۇلگىن گۇلدى تاسپا ءشوپ
紫萍	zǐpíng	تامىر ءشوپ، قالقما ءشوپ
紫千屈菜	zǐqiānqūcài	زىعىر جاپىراق تەر گۇل
紫三芒草	zǐsānmángcǎo	كۇلگىن سەلەۋ بۇياۋ
紫杉	zǐshān	قىزىل شىلىك
紫穗槐	zǐsuìhuái	كۇلگىن شەشەكتى ەسەك ميا
紫穗茅草	zǐsuì máocǎo	سۇلاما قوڭىر باس
紫藤	zǐténg	تۇكتى شىرماۋىق
紫外线	zǐwàixiàn	ەمپىر كۇلگىن ساۋلەسى

紫外线显微镜	zǐwàixiàn xiǎnwēijìng	ۋلترا كۆلگەن ميكروسكوپ
紫菀	zǐwǎn	استرا، تاتار استراسى، قاشقارگۆل
紫菀木	zǐwǎnmù	تاۋ كۆنباعالارى
紫菀属	zǐwǎnshǔ	استرا تۇستاس
紫薇	zǐwēi	سەرەن
紫纹苜蓿	zǐwén mùxu	ارالاپ جوڭشقاسى
紫羊茅	zǐyángmáo	قىزىل بەتەگە
紫药新麦草	zǐyào xīnmàicǎo	كۆلگەن قياق
紫云英	zǐyúnyīng	اقشاتاۋ، سەڭگىرلەك
紫云英潜叶蝇	zǐyúnyīng qiányèyíng	سەڭگىرلەككە جاسىرىن سالاتىن شىبىن
紫竹	zǐzhú	قارا بامبوك، قاراتارقامىس
自动打捆机	zìdòng dǎkǔnjī	اۆتوماتتى ءشوپ بايلاۋ ماشيناسى
自花不育性	zìhuābùyùxìng	ءوزى ۇرپاقتىلىق
自花传粉	zìhuā chuánfěn	وزىنەن ـ ءوزى وزاڭداۋ
自花传粉植物	zìhuā chuánfěn zhíwù	ءوزىن ـ ءوزى توزاڭداۋشى وسىمدىكتەر
自花受精	zìhuā shòujīng	ءوزىن ـ ءوزى ۇرىقتاندىرۇ
自交	zìjiāo	وزدىگىنەن شاعىلسۇ، ءوز ـ وزىنەن شاعىلسۇ، ءوز ـ وزىنەن ۇرىقتانۇ
自交不孕植物	zìjiāo bùyùn zhíwù	ءوزى ۇرىقسىز وسىمدىك
自留草场	zìliú cǎochǎng	مەنشىك جايىلىم
自然保护区	zìrán bǎohùqū	تابيعي قورىق رايونى
自然传粉	zìrán chuánfěn	تابيعي توزاڭدانۋ
自然分布	zìrán fēnbù	تابيعي تارالۋ
自然界	zìránjiè	تابيعات دۇنيەسى
自然生殖	zìrán shēngzhí	تابيعي كوبەيۇ
自然属性	zìrán shǔxìng	تابيعي ەرەكشەلىگى
自然条件	zìrán tiáojiàn	تابيعي شارت ـ جاعداي
自然突变	zìrán tūbiàn	تابيعي كەنەت وزگەرۇ
自然选择	zìrán xuǎnzé	تابيعي سۇرىپتالۋ
自然演替	zìrán yǎntì	تابيعي الماسۇ
自然因素	zìrán yīnsù	تابيعي فاكتور
自然植物群落	zìrán zhíwù qúnluò	تابيعي وسىمدىكتەر قاۋمى
自生	zìshēng	تىرشىلىكتىڭ وزدىگىنەن پايدا بولۇى
自我复制	zìwǒ fùzhì	ءوزىن قايتا جاساۋ
自向性	zìxiàngxìng	وسىمدىك مۇشەلەرىنىڭ باعىتتالعىشتىعى
自养植物	zìyǎng zhíwù	اۆتوماتتى وسىمدىكتەر
自由	zìyóu	ەركىن

自由采食	zìyóu cǎishí	ەركىن جەۇ، تويعانشا جايلۇ
自由组合规律	zìyóu zǔhé guīlù	ەركىن بىرىگۇ زاڭى
渍水	zìshuǐ	سۇ باسۇ
综合	zōnghé	جالپىلىق
综合选择	zōnghé xuǎnzé	جاپپاي سۇرىپتاۇ
综合预测	zōnghé yùcè	جالپى تەكسەرۇ
棕背鼠	zōngbèishǔ	كۇلگىن تىشقان
棕萼亚麻	zōng'è yàmá	قوڭىر توستاعانشا زىعىر
棕钙土	zōnggàitǔ	كالتسي قوڭىر توپىراق
棕榈	zōnglú	پالما اعاش
棕榈科	zōnglúkē	پالما اعاش تۇقىمداسى
棕榈酸	zōnglúsuān	پالما قىشقىلى
棕木属	zōngmùshǔ	ارليا تۇسى
棕色	zōngsè	تورى
棕色田鼠	zōngsè tiánshǔ	كۇلگىن تىشقان
棕尾毒蛾	zōngwěi dú'é	شاڭقان كوبەلەك
踪迹	zōngjì	ىز
总苞	zǒngbāo	وراما
总表面积	zǒngbiǎomiànjī	جالپى بەتكى كولەمى
总产量	zǒngchǎnliàng	جالپى ونىم
总称	zǒngchēng	جالپى اتالۇى
总次级生产量	zǒngcìjíshēngchǎnliàng	ەكىنشى رەتكى جالپى وندىرگەن ونەرگيا
总盖度	zǒnggàidù	جالپى جاملعى دارەجەسى
总和	zǒnghé	جينتعى
总消化养分	zǒngxiāohuàyǎngfèn	جالپى قورتىلعان قورەكتىك قۇرام
总增重	zǒngzēngzhòng	جالپى قوسقان سالماق
总之	zǒngzhī	جالپى العاندا
总状分枝式	zǒngzhuàngfēnzhīshì	مونوپوديالى بۇتاقتانۇ
总状花藜	zǒngzhuànghuālí	قوش ىستى الابوتا
总状花序	zǒngzhuàng huāxù	شاشاقتى گۇل شوعىرى
总状土木香	zǒngzhuàng tǔmùxiāng	شوعىر قارا اندىز
纵肌	zòngjī	ساقينالى بۇلشىق ەت
纵脉	zòngmài	تىكپە تامىر
纵轴	zòngzhóu	ۇزىن وس
走茎	zǒujīng	كۇكە تامىر ساباق
菹草	zūcǎo	بۇيىرا شالاڭ

足细胞	zúxìbāo	قورەكتەندىرۇشى كلەتكا
阻力	zŭlì	كەدەرگى كۇش
阻止	zŭzhĭ	تەجەۋ
组成	zŭchéng	قۇرام
组合力	zŭhélì	ۇشتاسۇ قۇاتى
组织	zŭzhī	تكان
组织培养	zŭzhī péiyăng	تكاندى ۇوسىرۇ
钻天杨	zuāntiānyáng	اسەم تەرەك، باي تەرەك
钻心虫	zuānxīnchóng	ۇڭگىگىش قۇرت
钻蛀性螟虫	zuānzhùxìng míngchóng	جۇڭگەرى جەتسم قۇرتى
钻果大蒜芥	zuànguŏ dàsuànjiè	ەدارى سارباس قۇراي
最后产物	zuìhòu chănwù	سوڭعى ۇونىم
最适 pH 值	zuìshì pH zhí	ەڭ لايىقتى PH ەمانى
最终	zuìzhōng	ەڭ اقىرعى
醉马草	zuìmăcăo	جىلقى ۇ ەشوبى
醉马棘豆	zuìmă jídòu	ەتۇيتى كەككرە
昨夜何草	zuóyèhécăo	تاۇ ماساق، قاسقىر جەم
左旋糖	zuŏxuántáng	جەمستى قانت
左右	zuŏyòu	ولك سولعا
左右对称	zuŏyòu duìchèn	ەكى جاقتى سيمەتريا
作用	zuòyòng	رولى، ەتاسىرى
柞木	zuòmù	ەمەن جاڭعاعى
座花针茅	zuòhuā zhēnmáo	وتسرمالى سەلەۇ